"十三五"普通高等教育本科部委级规划教材

服装缝制工艺·男装篇

GARMENT SEWING TECHNOLOGY
MEN'S ARTICLE

陆 鑫 ｜ 主编

穆 红 滕洪军 ｜ 副主编

U0189762

中国纺织出版社

内 容 提 要

本书为"十三五"普通高等教育本科部委级规划教材。

本书全面系统地阐述了基础工艺、典型男装缝制工艺的全过程。从前期的基础知识到后期的裁制与管理，从基础工艺到男装中的西裤、衬衫、西服、西服马夹、夹克、插肩袖大衣等缝制工艺进行了详尽的讲解与分析，涵盖各工序的工艺要求、各品种的工艺流程与质量标准，使学生在学习期间，少走弯路，缩短掌握时间。本书图文并茂，在编写过程中注重与相关知识内容的衔接，免去了以往在学习过程中必须查阅其他相关内容书籍的繁琐。

本书不仅可以作为服装教学用书，对于广大的服装爱好者也是一本良好的自学读物。

图书在版编目(CIP)数据

服装缝制工艺 . 男装篇 / 陆鑫主编 . -- 北京：中国纺织出版社，2019.3（2023.1重印）

"十三五"普通高等教育本科部委级规划教材

ISBN 978-7-5180-5701-6

Ⅰ . ①服… Ⅱ . ①陆… Ⅲ . ①男服—服装缝制—高等学校—教材 Ⅳ . ① TS941.634

中国版本图书馆 CIP 数据核字（2018）第 280703 号

策划编辑：魏 萌　　责任校对：寇晨晨　　责任印制：王艳丽

中国纺织出版社出版发行

地址：北京市朝阳区百子湾东里 A407 号楼　邮政编码：100124

销售电话：010—67004422　传真：010—87155801

http://www.c-textilep.com

E-mail: faxing@c-textilep.com

中国纺织出版社天猫旗舰店

官方微博 http://weibo.com / 2119887771

三河市宏盛印务有限公司印刷　各地新华书店经销

2019 年 3 月第 1 版　2023 年 1 月第 2 次印刷

开本：787×1092　1/16　印张：19.75

字数：320 千字　定价：49.80 元

前言

　　高校为我国经济发展提供高素质人才，高校的教材建设尤其重要。同时，推广服装工艺与操作技巧也是我国服装教育与国际、国内服装产业高级化接轨的主要途径之一。

　　服装缝制工艺是服装从设计构思到服装成品的主要环节之一，是从虚拟三维服装设计转化为服装实物的关键技术，是学习服装专业的核心课程。本教材在内容的设计上，既突出典型男装款式传统缝制工艺技术的传承，又涵盖了现代缝制工艺的实用性，强调对学生自主学习兴趣与能力培养；形式上注重细节，方便读者使用。教材充分考虑了学生自主学习的需要，内容叙述详尽，目标明晰，结构体例完整。内容包括学习要点、典型案例引入、主体工艺（精做）内容、质量标准、简做工艺、弊病修正、思考与练习等板块。其中，主体工艺内容涵盖了各工序的工艺要求与技巧、工位工序的排列与工艺流程等，覆盖面广，能满足不同学生的学习进度与要求。

　　为适应目前服装材料与服装工艺技术最新组合的发展趋势，在教材编写中我们既注重我国传统定制工艺的有益经验，更注重同我国现代服装产业的有机结合。教材采用图文并茂的形式，由浅入深地介绍了典型男装的缝制工艺技术。不仅适合我国高等院校服装专业作为教材使用，还可以作为广大服装从业人员和爱好者的专业参考用书。

　　本书由陆鑫主编，穆红、滕洪军副主编。全书由常熟理工学院与辽东学院八位长期从事服装结构与工艺教学工作的教师共同编写。全书的编写在教学实践的基础上，经多次修改、多次易稿而成。本书第一章、第四章由陆鑫执笔，第二章由吴世刚执笔，第三章由邹平执笔，第五章由穆红执笔，第六章由滕红军执笔，第七章由齐伟执笔，第八章由刘容良执笔，第九章由宋颖执笔。全书由陆鑫统稿并主审，图片由吴世刚统稿。

　　鉴于作者水平有限，教材中难免有疏漏和不足之处，敬请广大师生提出宝贵意见和建议，使之在下一步修订时逐步完善。

编　者

2018 年 7 月

教学内容及课时安排

章 / 课时	课程性质 / 课时	节	课 程 内 容
第一章 / 6	基础理论与训练 / 46	●	服装缝制工艺基础知识
		一	服装生产工程组成
		二	服装缝制常用工具与名词术语
		三	服装材料基础知识
		四	熨烫基础知识
第二章 / 40		●	服装基础工艺
		一	常用手缝工艺
		二	基础机缝工艺
		三	服装部件缝制工艺
第三章 / 40	服装整体应用训练 / 220	●	男西裤缝制工艺
		一	概述
		二	精做男西裤缝制工艺
		三	精做男西裤质量标准
		四	简做男西裤缝制工艺
		五	男西裤常见弊病及修正
第四章 / 20		●	男衬衫缝制工艺
		一	概述
		二	男衬衫缝制工艺
		三	男衬衫质量标准
		四	男衬衫常见弊病及修正
第五章 / 60		●	男西服缝制工艺
		一	概述
		二	精做男西服缝制工艺
		三	精做男西服的质量标准
		四	简做男西服缝制工艺
		五	男西服常见弊病及修正

章 / 课时	课程性质 / 课时	节	课 程 内 容
第六章 / 30		●	男西服马夹缝制工艺
		一	概述
		二	精做男西服马夹缝制工艺
		三	精做男西服马夹质量标准
		四	简做男西服马夹缝制工艺
		五	男西服马夹常见弊病及修正
第七章 / 40	服装整体应用训练 / 220	●	男插肩袖暗门襟大衣缝制工艺
		一	概述
		二	精做男插肩袖暗门襟大衣缝制工艺
		三	精做男插肩袖暗门襟大衣质量标准
		四	简做男插肩袖暗门襟大衣缝制工艺
		五	男插肩袖大衣常见弊病及修正
第八章 / 30		●	男夹克缝制工艺
		一	概述
		二	精做男夹克缝制工艺
		三	精做男夹克质量标准
		四	简做男夹克缝制工艺
		五	男夹克常见弊病及修正
第九章 / 6	质量控制 / 6	●	服装质量控制内容与控制标准
		一	服装制品质量控制内容
		二	服装质量控制技术标准与方法
		三	单服装以外的其他质量控制标准有关说明

注 各院校可根据自身教学特点和教学计划对课程时数进行调整。

目　录

服装整体应用训练

质量控制

基础理论
与训练

服装缝制工艺基础知识

课题名称：服装缝制工艺基础知识

课题内容：服装材料、熨烫基础及生产工序的组成与技术标准

课题时间：6学时

教学目的：通过本章学习，了解服装生产工程组成与各工序的技术标准；掌握熨烫的相关基础知识与技能；掌握服装缝纫专业术语与典型工具的使用，认识常用服装面、辅料及选配要求。

教学方式：启发式、演示式、案例式结合多媒体教学。

教学要求：1.结合多媒体播放，使学生了解企业生产工序的组成。

2.通过教师的演示，使学生掌握典型工具的使用与熨烫的基本技能。

3.通过实物案例讲解，使学生认识常用术语、服装面辅料及选配。

课前／后准备：课前教师需准备企业生产的相关视频、课件；准备需演示与操作的图片、用品与用具。

学生课后根据本章所学，完成简单的熨烫练习与工具使用。并指导学生进行相应的认识实习与调研。

第一章　服装缝制工艺基础知识

世界各国的服装工业如果按缝纫机械的发展阶段划分，自1851年第一台服装缝纫机问世以来，已经经历了三个阶段——普通脚踏式缝纫机、电动缝纫机、电子缝纫机。由于服装工业机械化起步较晚，并且服装的生产工艺都是由若干个独立的工序连缀而成，款式多变、规格多样，因此，服装工业在世界范围内仍是典型的劳动密集型行业。其生产工序的合理性以及操作中的技巧性会直接影响服装企业的效益及服装品质。

第一节　服装生产工程组成

成衣生产方法是根据不同品种、款式和工艺要求制定，整个组织生产过程统称为生产工程。其科学性和合理性直接影响加工的效率及质量。不同的服装产品以及各工厂在生产管理上的不同，其生产过程和工序的具体设计安排会有一些差异，但总体来说，服装生产过程都要由以下四部分组成。

一、准备工作

作为生产前的一项准备工作，要对服装企业生产的产品进行工业样板的制定，对该产品所需的面料、辅料、缝线等原料进行准备，并制定正确的生产工艺文件。本章仅对原料的准备与工业样板的制定进行简要介绍。

1. 原料的准备

原料准备是成衣生产的重要环节，企业通常由技术科根据生产任务制定原料采购计划，由供销部门负责采购。在采购原料时，要保证原料的质量，面辅料必须具备优良的质量，才能保证成衣的质量。面辅料必须符合以下要求：

（1）面料是制成服装的材料，必须是具有良好的加工性能和服用性能的优良产品，且织造疵点不明显。

（2）辅料是适合于面料及使用部位的优良品，耐洗、耐穿、尺寸变化小，具有一定的耐热性，且织造疵点不明显。

（3）衬布必须是适合于面料及使用部位的优良品，耐洗、耐穿，黏合剂必须保持良好的黏合性能且热收缩非常小。

（4）纽扣、拉链及其他装饰件等辅料应是适合于使用部位的优良品，且耐用、耐洗。

（5）缝线应适合于衣料及缝纫部位且是具有足够强度的优质缝线，并且缝线的变色要小，收缩率要低。不能使用对皮肤有刺激的、影响穿着的缝纫线。

2. 工业样板的制定

样板是裁剪与缝制时的主要依据。从广义上讲一套完整的服装样板应包括裁剪样板和工艺样板两大方面。裁剪样板主要作为大批量裁剪时排料、划样等之用，因此基本上是毛样。并且，为方便排料、划样，大批量的服装在加工中除面料样板之外，还应包括里料样板、衬料样板等。裁剪样板制作时，应考虑到原料的缩率、缝份、贴边等。其中，里料样板除考虑原料的缩率、缝份、贴边外，还应比面料略松些，以免衣面吊紧。工艺样板主要作为缝制过程中对衣片或半成品进行修正、定位、定型、定量等用，大多是净样板，也有些是毛样板。如定位样板是供缝制过程中定位使用的，包括袋口定位、驳角定位、串口定位等用。修正样板和定型样板在缝制过程中起标样和修正作用，修正样板通常为毛样板，定型样板通常为净样板，如图1-1所示。

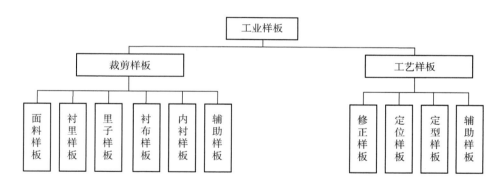

图1-1 工业样板分类

二、裁剪工程

裁剪工程通常是在裁剪车间进行的，主要是把面料、里料、衬料以及其他材料按划样要求剪切成衣片。一般要经过验布、排料、铺料、裁剪、验片、打号、黏合等工序。其重点工序是铺料、排料和裁剪三道工序。

1. 铺料的技术要求

（1）铺料的工艺要求：

①铺料时，无论是单件还是批量铺料，都必须做到每层材料的布边、起始端一定要齐，不得有错层或扭曲的现象。

②铺料时，必须仔细辨别材料的正反面，以保证材料正反面的准确。确认铺料的方

式是属于面面相对，还是正反相对，以避免所裁衣片出现左右不对称现象。

③铺料时，材料的摆放要平整，不能有褶皱，不能用力抻拉面料，使材料变形，以避免所裁出的衣片纱支扭曲变形，影响服装的外形效果。

（2）铺料的方式：无论是单件制作还是批量生产，铺料的方式都有单向铺料与双向铺料两种。

①单向铺料方式：指将材料的幅宽完全展开后再进行排料。若是批量生产则需要按所需长度一层一层断开，将幅宽展开铺排。这种铺料方式还可以分成两种铺排方式，一种是每一层材料的正面或反面都朝一个方向铺料称"单跑皮"，比较适合于有方向性或有图案、条格的材料，但划样时必须避免所裁衣片顺撇；另一种是铺料时，面面相对，排料划样时衣片不宜裁顺。

②双向铺料方式：指将面料来回折叠，形成面面相对或背背相对的方式。适用于无方向性的服装材料，不能用于有方向性的材料。并且，排料划样时可以不必考虑衣片的对称性，进行批量生产时工作效率比较高。

2. 排料的技术要求

（1）排料的工艺要求：

①要保证面料的经纬纱向与款式样板相符合，且面料的经纬纹路（丝缕）不得有明显的扭曲，要经直纬平。

②面料的正、反面要区分准确，反面向外。裁剪划样时，要划在面料的反面，且要注意样板的方向。

③要正确区分面料的方向，对于有绒毛、有方向性图案的面料，不得产生倒毛以及倒顺等影响服装外观的情况（特殊设计除外）。

④要保证排料时的整体性，衣袋、袋盖的纹路（丝缕）需与衣身一致，有条格、有图案的面料衣身、衣袖、衣领、衣袋等必须对条格、图案（特殊设计除外）。

⑤要正确区分面料的方向，对于非对称的款式，排料时要区分出位置方向，对于单层排料的款式，要注意区分其方向性，以免顺撇。

⑥在保证成衣纱向标准的前提下，要节约用料，余料尽可能的留成大幅。

（2）排料的技巧：排料的方式按所排衣料的件数分，可以分为单件排和多件套排两种方式。按操作方法可以分为手工排料和计算机辅助排料两种。单件排料只适用于生产样衣以及小批量规格单一的情况。多件排料一般采用2~4件套排，比单件用料节省用料10%左右。通常进行多件套排时，在符合成衣工艺标准的基础上，很大程度上要依靠经验和技巧，可以参考以下排料技巧：

①纸样排料：工业上排料若直接在衣料上进行衣片的划样排料，计算起来不是很精确，但采用纸样排料就非常方便、有效。可以充分利用门幅的宽度，不断提高面料的利用率。

②先大后小：排料时，先将面积较大的主要衣片样板（如上衣的前/后衣片、大/小袖片等，裤子的前/后裤片等）按成衣的纱向、工艺规定先排好，然后在这些主要衣片样板

的空隙及剩余部分，由大到小逐一铺排小块衣片样板。排主要衣片时，若面料不足，宜先排长度最长的衣片样板；排小部件时，先排不可以拼接的部件样板。

③紧密套排：即衣片样板铺排时，应根据衣片样板边缘的形状，采取平对平、斜对斜、凸对凹的方式，这样就可以减少衣片样板之间的空隙，充分利用面料。

④化整为零：即根据紧密排料的需要，将一些次要的、可以拼接的部件（如前衣片的门襟贴边、领里、育克里等）分别排料，然后在缝纫时再拼接起来。

⑤调剂平衡：服装行业被称为"借"，就是在不影响服装成品尺寸的前提下，将某裁片的围度尺寸增加或缩小，增加或缩小的尺寸在其相关结构裁片上补足的方式。如在一个门幅中，铺排后衣片和小袖片时，却因门幅不够宽而排不下。这时就可以适当缩小后衣片或小袖片的围度尺寸，称作"借"，但"借"来的尺寸，需要增加在前衣片或大袖围度中，称作"还"，这样可以充分地利用面料的幅宽，减少用料。

⑥大小搭配：若是不同规格样板套排时，应当统一排放，大小规格样板相互搭配排料，取长补短，以保证合理用料，节约用料。

3. 裁剪的技术要求

（1）裁剪的工艺要求：

①裁剪顺序：若批量裁剪或进行软料裁剪，划样后应先裁较小衣片，后裁较大衣片（小衣片纱支容易变形）。若单件在面料上直接进行划样裁剪，应先裁大衣片，后裁小衣片（易省料）。衣片之间的对刀剪口要准确，以免影响缝制效果，剪口大小一般为0.2~0.3cm。做好正反标记。

②裁剪技巧：裁剪时，剪刀要保持垂直，裁剪到拐角处，不应直接拐裁，应从两个方向分别进行剪裁，以免上下层衣料错位，造成衣片之间的误差。

③工具使用：裁剪时，剪刀刀口要保持锋利与洁净，以免造成衣片边缘起毛边，或上下衣片错位。采用锥孔作标记时，应注意不得影响成衣的外观；并且，针织衣料不得采用该方法。

（2）经纬纱向的技术规定：

①前衣身：经纱，以前领口宽、前中心线或前胸宽为准，不允斜。

②后衣身：经纱，以背宽线、后领口宽线或腰节以下背中线为准，倾斜不大于0.5cm，条格面料不允斜。

③袖子：经纱，以前袖缝为准，大袖倾斜不大于1cm，小袖倾斜不大于1.5cm。条格面料不允斜，前、后袖缝须对条对格（插肩袖以袖山深线为准）。

④领面：纬纱，以领中心线为准，倾斜不大于0.5cm。条格面料不允斜，后领中心线处纵条须与衣身纵条对齐，领串口处纵条须与驳头处纵条对齐。

⑤袋盖：纬纱，以袋盖前止口线为准，与衣片经向线平行。条格面料与前衣片条格纵横相对合（特殊设计除外）。

⑥挂面：驳领以挂面止口上7~10cm处为准，保持经向。条格面料须与领面对条格（特殊设计除外）。

⑦前裤片：经纱。以烫迹线为准，倾斜不大于1.5cm；条格面料左右片条格对称，且不允斜；左右前中心线横条须对合。

⑧后裤片：经向。以烫迹线为准，左右倾斜不大于2cm；条格面料左右条格对称，且倾斜不大于1.5cm；但内外缝须与前裤片内外缝横条对合；左右后裆缝横格需对合。

⑨裤腰：经纱。高档工艺不允斜；条格面料不允斜。

⑩纱向：有倒顺色差、倒顺毛、阴阳格面料应全身顺向一致（长毛原料应全身向下，顺向一致）。

（3）允许拼接范围：

①挂面：挂面拼接允许两接一拼，且拼接时应避开扣眼位，若是驳领挂面，拼接缝在驳头以下7cm处。

②领里：领里拼接允许两接一拼。

③耳朵皮：允许两接一拼，且拼接时应避开转弯处。

④裤腰：女裤后裤腰允许接一处，高档产品拼接缝必须在侧缝或后裆缝处。

⑤裤裆：裤后裆允许拼角，拼接后必须同后裤片纱向一致。拼接长不超过20cm，宽应大于3cm小于6cm。

⑥拼接技巧：拼接时拼接缝应斜拼，以减少边缘的厚度。若是厚呢料，不能有搭缝，应用手针对拼。

三、缝制工程

缝制工程就是选择适当的缝制工艺、适当的缝制设备和组织程序进行单件或批量服装加工的生产过程。其中，确定缝制工艺方式、缝制质量标准以及批量生产流水设置是重要的内容。这里仅对总的缝制技术要求进行简单的概述，详细的缝制工艺方式、缝制质量标准见各章节的典型服装缝制工艺。

1. 缝制工艺的制定

服装缝制工艺的制定是服装进行缝纫生产的前提，它主要是依据服装款式进行工艺设计或批量服装生产时，技术部门下达的生产任务书和工艺技术指导书所制定的，包括缝制顺序、缝制方法、线迹要求、缝型要求以及技术标准等。

2. 基本概念

（1）针迹：指各类缝针穿刺衣料进行缝纫时，在衣料上所形成的针眼。

（2）线迹：指在衣料上所形成的，两个相邻针眼之间的缝线组织。

（3）线数：指在衣料上所构成线迹的缝纫线条数。

（4）缝迹密度：在规定单位（一般为3cm）的缝迹长度内的线迹数，也称针脚密度。

（5）缝迹：指在衣料上，所形成的相互连接的线迹。

3. 常用缝制线迹（针码密度）要求

（1）明线：每3cm为14~17针。

（2）手工针：每3cm不少于7针，肩缝、袖窿处每3cm不少于9针。

（3）三线包缝（码边）：每3cm不少于9针。

（4）手拱止口：每3cm不少于5针。

（5）三角针：每3cm不少于5针。

（6）锁眼：机锁、细线为12~14针/cm；手锁、粗线不少于9针/cm。

（7）钉扣：细线每孔8根线，粗线每孔4根线，且缠脚高不能小于止口的厚度。

4. 缝制时的工艺技术要求

（1）缝制线迹（针码密度）要求：

①明线：每3cm为14~17针。

②手工针：每3cm不少于7针，肩缝、袖窿处每3厘米不少于9针。

③三线包缝（码边）：每3cm不少于9针。

④手拱止口：每3cm不少于5针。

⑤三角针：每3cm不少于5针。

⑥锁眼：机锁、细线为12~14针/cm；手锁、粗线不少于9针/cm。

⑦钉扣：细线每孔8根线，粗线每孔4根线，且缠脚高不能小于止口的厚度。

（2）缝制时的技术要求：

①缝制时，各部位缝合线路顺直，无跳线、脱线，且缝制整齐牢固、平服美观。

②缝制时，面、底线应松紧适宜，且起针和落针时应倒回针固缝，以免缝线脱落。

③缝合后的部位，不能有针板、送布牙所造成的痕迹。

④缝制滚条、压条时要保证宽窄一致、平服。

⑤缝制袋布时，若无夹里须里外两道线折光。袋布的垫布要折光或包缝。

⑥挖袋时，袋口两端应打结或倒回针，以增加袋口的强度。

⑦袖窿、领串口、袖缝、摆缝、底边、袖口以及挂面里口等部位要叠针，以免衣面与夹里两层不平服。

⑧锁眼时应不偏斜，扣与眼位要相对。钉扣后收线打结须牢固。

⑨商标位置要端正，号型标志要正确、清晰。

⑩成衣规格允差不能超出规定范围。见各章成衣质量标准。

四、整理工程

整理工程是服装成衣生产的最后加工阶段。根据单件或批量订单所加工服装外观要求确定出的整理程序与方式。包括成品外观的后处理（如水洗、磨砂等）、后整理、整烫加工（参见本章第二节内容）、折叠与包装等工序。

1. 服装成品的后整理

（1）成品的污渍整理：成衣的外观质量标准，除了要求板型准确、缝制工艺优良以外，还要求服装产品外观整洁，无沾污。因此，除了在制作过程中注意外，还要对已经存在的污渍进行处理。成品污渍主要包括：裁剪或缝制过程中的粉渍，生产或整理过程中的糨糊渍和胶水渍，熨烫过程中的水渍，使用设备过程中的机油渍和铁锈渍，划样过程中使用的铅笔渍或圆珠笔渍，加工过程中操作人员沾上的汗渍，原料或成品放置时因潮湿而产生的霉斑等。

（2）毛梢整理（线头的处理）：毛梢是缝制加工过程中未剪掉的留在成品服装上的线头，分为两种：缝制过程中在服装上的缝纫线头和衣片上脱落下来的纱线头的是活线头；缝制过程中未被剪断或剪干净的缝纫线头是死线头。其处理方法可以采用安装自动剪线器剪除、手工剪除以及使用吸尘器吸取处理法。

2. 成品包装前的质量控制

成品包装是服装成衣生产的最后一个环节，因此，必须保证要包装的成品质量。若是单件成品也要检查其质量。

（1）整烫完的成品不可立刻折叠，以免破坏定型效果。

（2）整烫完成品不可立刻装入包装袋内，以免热气扩散不良使服装潮湿发霉。

（3）包装前的服装成品不得有色斑或其他污渍。

（4）包装前的服装成品不得有烫黄、烫焦、熨烫极光、失光、波纹等整熨疵点。

（5）成品包装应按要求及尺寸进行折叠，包装的尺码、规格、印字、标志、数量、颜色搭配等必须符合工艺规定。

第二节　服装缝制常用工具与名词术语

一、常用服装缝制工具

1. 测量与裁剪工具（图 1–2）

（1）工作台板：缝纫过程中用的工作台，工作台板要平整，台板上应垫3~4层较硬实的纯棉布，使台面软硬适宜。工作台板的规格为（100~200cm）×（120~180cm）×85cm。

（2）软尺：150cm长的双面塑料软性尺子，主要用于人体测量或检查核实服装各部位成品规格。

（3）直尺：以公制为计量单位，主要用于服装缝制时定位及画线。

（4）弯尺：弯形的尺子。在服装缝制过程中，主要用来修正缝制中变形的弧线。

（5）剪刀：裁剪衣料专用剪刀与剪、拆线头的纱剪。裁剪专用剪刀的刀身长，刀口大，后柄有一定的弯度，可以贴紧工作台，裁剪平铺的面料时误差小。裁剪专用剪刀根据剪口的长短分为不同的号型（9#~12#），剪刀的号越小，剪刀越小。使用时因人而异，选择适合自己的剪刀。

（6）划粉与铅笔：划粉是一种特殊的片状粉笔，有多种不同的颜色，划出的线迹可以拍掉或洗掉。划粉与铅笔主要用来在衣料上划出结构线或修正线。铅笔主要用于白色等浅色衣料。

（7）描线轮：一种带手柄的圆轮，圆轮边缘为锯齿形。主要用于将纸样上的结构线准确地拓到衣料上。

（8）大头针：服装立裁或修正时专用的不锈钢针、铜针或不生锈的细别针。主要用于衣料的暂时固定或修正时固定用。

（9）拆线器：一种带锋利刀刃的尖头小工具。主要用于拆除缝线和不损伤面料纱线。

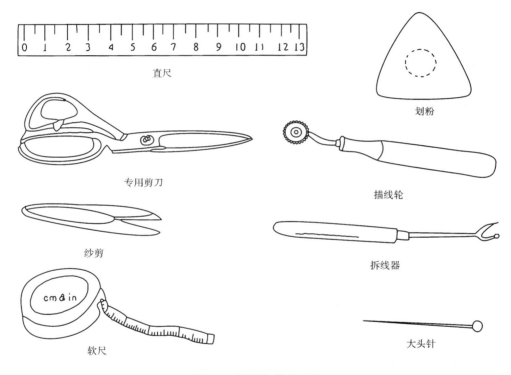

图1-2　测量与裁剪工具

2. 手缝工具与机缝工具（图 1-3）

（1）手针：手工缝制时所用顶端尖锐的钢针，尾端有小孔可以穿线进行缝制。手缝针的品种号型较多，有长短、粗细之分，目前有15个号型。通常针号越小，缝针越长越粗；针号越大，缝针就越短越细。此外，还有一些特殊号码的缝针。选用手针时应根据衣料的厚薄与用途来确定，否则会损伤衣料或增加缝纫难度，不同号型手缝针的用途见表1-1。

（2）插针包：供插针用，通常直径在4~10cm之间，外层用布或呢料包裹，里面放入棉絮、木屑、头发等物。主要起避免针的丢失并防止手针生锈的作用。

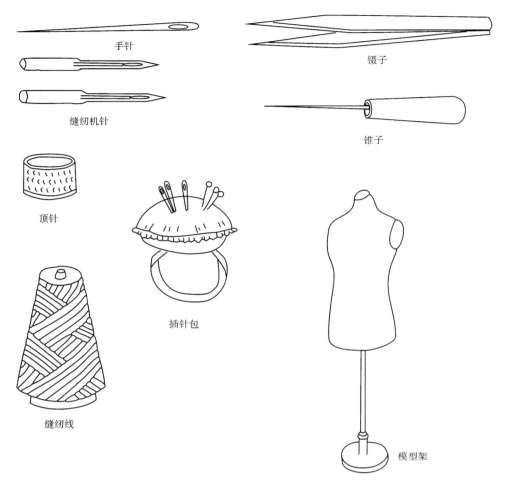

图1-3　手缝工具与机缝工具

表 1-1　手缝针规格与主要用途表　　　　　　　　　　　　　单位：mm

手针号	1	2	3	4	5	6	7	8	9、10	11、12	2/0	3/0
直径	0.96	0.86	0.78	0.78	0.71	0.71	0.61	0.61	0.56	0.48	1.04	1.12
长度	45.5	38	35	33.5	32	30.5	29	27	25	22	47	53
用途	扎鞋底等		锁眼、钉扣		粗料缝纫		一般料缝纫		细料缝纫	薄料缝纫	扎鞋底	

手针号	4/0	5/0	6/0	7/0	8/0	5/0 新	长 6	长 9	3″	3 1/4″	3 1/2″
直径	1.20	0.86	1.06	1.20	1.27	1.04	0.71	0.56	1.22	1.22	1.22
长度	58	66	64	70	45	60	46	33	76	82.9	89
用途	装饰穿花	绗棉衣用	绗被头用	绗被	绒线用针	特殊工种			出口		

（3）顶针：是由铜、铁、铝等金属制成的非封闭指环，可以根据手指的粗细放缩。主要是用于手缝时将其套在右手中指上，顶住针尾帮助手针前进，表面较密的凹型小洞

是为了避免针尾滑出。

（4）缝纫机针：缝纫机针分为家用缝纫机针和工业用缝纫机针两大类。家用缝纫机针结构比较简单。工业用针是工业缝纫机上使用的各种机针。通常为了区别不同缝纫机所用机针，各种机针在号数前都有一个型号，以表示该针所适应的缝纫机种类，如J-70，"J"表示家用缝纫机针；81-80，"80"表示为工业包缝机针；96-90，"96"表示为工业平缝机针等。

缝纫机针的规格也是用号数表示的。缝纫机针不同规格的主要区别在于针的直径的大小不同，没有长短的变化。通常号数越大，针越粗，常用的一般有9#~16#。同手针一样，为保证缝纫质量，缝纫机针的选用是根据衣料的厚薄和所使用线的粗细来决定的，见表1-2。

表1-2 缝纫机针规格与主要用途表

习惯使用针号		9	11	14	16	18
公制针号		65	75	90	100	110
适用的线的种类和号码	棉线	100~120	80~100	60~80	40~60	30~40
	丝线	30	24~30	20	16~18	10~12
	尼龙线	—	3~56	—	—	—
	麻线	—	—	—	—	—
适用缝料种类		丝绸、薄纱以及刺绣等	薄棉、麻、绸缎及刺绣等	斜纹、粗布、薄呢绒、毛涤等	厚棉布、绒布、牛仔布、呢绒等	厚绒布、薄帆布、毡料等

（5）锥子：辅助工具，主要用来为服装裁片扎做标记或进行机缝时挑拔面料和挑翻角时用。也可以用于缝纫过程中对上层衣片的推送，避免上下层衣片的错位。

（6）镊子：钢制的辅助工具。主要用于包缝机穿线或缝纫时疏松缝线、拔取线头时用。

（7）缝纫线：用于衣片缝合时用。其种类很多，若按使用的原料不同可以分为：天然纤维缝纫线（包括棉线、丝光线、蜡光线及软线）、合成纤维缝纫线（包括涤纶和锦纶长丝线、长丝弹力和短纤维线、腈纶和维纶缝纫线）、天然纤维与合成纤维混合缝纫线（包括涤棉混纺缝纫线和包芯缝纫线）等。缝纫线的使用要根据面料的性能、服装的要求、加工工艺方式及要求等来选择。缝纫线应适合于衣料及缝纫部位，并具有足够强度、褪色率低、收缩率要低，不能使用对皮肤有刺激的、影响穿着的缝纫线。

（8）模型架：主要指半身人体胸架，用于在缝制服装时和半成品或成品检验时，观察其各部位结构和缝制是否符合质量标准。

3.常用的服装缝纫设备

服装缝纫设备按不同的工艺要求又分成各种专用机，如工业用高速平缝机、包缝机、锁眼机、钉扣机、打结机、绣花机等。

（1）普通平缝机：平缝机又叫平机、平车等，目前是服装行业的主力机种，适合大部分缝制工序，如图1-4（a）所示。

（2）高速电子平缝机：目前是服装行业的主力机种，适用于大部分缝制工序。机头上方的方形电子控制面板上可调自动倒回针针法。并可自动断线，如图1-4（b）所示。

（3）包缝机：包缝机又叫锁边机。主要是用一种特殊的线迹将裁断的衣料的边缘包锁住，避免脱散。分三线、五线、四线：三线、五线多用于机织服装，四线多用于针织服装。五线车可调成三线用，如图1-4（c）所示。

(a)普通平缝机   (b)高速电子平缝机   (c)五线包缝机

图1-4 常用的服装缝纫设备

二、常用裁剪工艺名词

（1）烫原料：将原料上的折皱印熨烫平整。

（2）排料：按所制款式样板排出用料的定额。

（3）划样：用样板按不同规格在原料上划出衣片的裁剪线条。

（4）铺料：按划样的要求对面料进行铺层。

（5）表层划样：按不同规格用样板在铺好的最上一层料上排划出衣片的裁剪线条。

（6）复查划样：复查衣料表层所划上的裁片数量和质量。

（7）开剪：按衣料表层上所划衣片的轮廓线进行裁剪。

（8）钻眼：用锥子或打孔机在裁片上做出缝制对位标记，位于衣片可缝去部位。

（9）编号：将裁好的衣片和部件按顺序编上号码。

（10）打粉印：用划粉或铅笔在裁片上做出缝制标记。

（11）查裁片眼刀：检查所裁剪好的裁片对眼刀的质量。

（12）配零料：将每一件衣服的零部件用料配齐全。

（13）钉标签：将每片衣片的顺序号标签钉上。

（14）验片：逐片检查裁片的质量和数量。

（15）织补：对检查出的裁片中织造病疵进行修补。

（16）换片：对检查出的质量不合格裁片进行调换。

（17）合片：流水生产安排数量，将裁片按序号、部件种类捆扎。

三、常用缝纫工艺用语

（1）刷花：在裁片需绣花的部位上印刷花印。

（2）撇片：按照样板对毛坯裁片进行修剪。

（3）打线丁：用白棉纱线在裁好的裁片上做出缝制标记，常用于高档服装制作。

（4）剪省缝：将缝制后厚度影响衣服外观的省缝剪开，常用于毛呢服装的制作。

（5）环缝：为防止毛呢服装剪开的省缝与纱线脱散，用线做绕缝。

（6）缉：用缝纫机将裁片进行缝合称为缉线或缉缝。

（7）推门：将平面衣片用归拔烫工艺手段，推烫成立体衣片。

（8）归：通过熨烫将某部位长度缩短。

（9）拔：通过熨烫将某部位长度拔长。

（10）拉还：缉缝时，按需要将某部位衣片拉长变形。

（11）分还：烫合开缝时，按需要将某部位衣片拉长变形。

（12）攘：在缝制过程中，为方便下一道工序的制作，用棉纱线暂时固定，针距一般为4~5cm。

（13）滴：一般指用本色线固定的暗针，只缲1~2根布丝。

（14）眼刀：在裁片边沿用剪刀剪0.3cm深的三角记号，作为对位标记。

（15）捋挺：一般指用于手将裁片轻轻推平整。

（16）抽紧：缉缝过程中缉线太紧，使面料缩短不平。

（17）吃势：按款式设计需要，缝制中把某部位面料缝缩的量。

（18）余势：为了防止缩水，缝制中预备的余量。

（19）平服：平整服贴。

（20）平敷：指粘牵条时，不能有松有紧。

（21）敷：指一层摊平后又盖上一层。

（22）胖势：服装中凸出的部位。

（23）窝势：服装中凹进的部位。

（24）坐势：缝制时，把多余的部分坐进、折平。

（25）烫散：熨烫时向周围推开烫平。

（26）烫煞：熨烫时将面料折缝定型。

（27）起壳：敷衬时，面子松或衬质量差，黏着不好，以至面料上出现皱纹的现象。

（28）露骨：敷衬时面子紧，以至面料上出现棱角现象。

（29）腰吸：指衣服符合人体曲线，在腰部吸进，整体美观合体。

（30）起吊：指带夹里的衣服，面、里长度不符，里子偏短所造成的不平服。

（31）里外容：指在缝制时，里紧面松，形成自然的窝势、扣势。

（32）翘势：指在水平线上向上翘起的弧线。

（33）出手：中式服装俗语，从后领中心点开始至袖口的长度。

（34）毛漏：指衣服的口袋或边缘露出毛茬。

（35）针印：缝针的印迹，或称针花。

（36）极光：服装熨烫时，由于没有盖水布，熨烫后在衣面上出现的亮光。

（37）水花印：熨烫时，喷水过多，出现的水渍印迹。

（38）眼档：扣眼间的距离。

（39）滚条：一般采用斜纱面料裁剪，在服装的边缘包滚一条装饰边。

（40）搅：搭门搭上的量超出预留量。

（41）嵌线：在服装的边缘镶一条0.3cm宽的装饰边。

（42）毛长：包括缝份、贴边份的裁片。

（43）抽拢：用线缝一道后，将线抽紧，使面料起绉。

（44）缉止口：沿服装边缝缉线。

（45）针迹：缝针在缝穿面料时，面料上所留下的针眼。

（46）线迹：两个相邻针眼之间的缝纫线迹。

（47）缝迹密度：在规定单位的缝迹长度内的线迹数，也称针脚密度。

（48）定型：根据面、辅料的特征，通过熨烫使面料形态稳定。

（49）扳紧、扳顺、扳实：指在门里襟扣翻止口时的要求。

（50）涟形：缝迹、衣服某部位不平服。

（51）瘪落：是指所需胖势没有达到。

（52）豁：豁与搅相反，豁开就是搭门量搭不上或不到位。

（53）串口：是与驳口线相交的直开领斜线。

（54）涌：指有一部分多余的起绉。

（55）幅宽：指面料纬向的宽度。

（56）缉省：平面衣片要制成贴合人体的衣服，就要将多余的部分缉掉。

（57）丝缕：指面料的经纬纱向。

（58）飞边：没有缉的镶条或镶边。

四、检验面辅料工艺名称及其他

（1）验色差：对面辅料色泽差进行检查，按色泽归类。

（2）查疵点：对面辅料进行疵点检查，以便合理使用。

（3）查污渍：检查面辅料污渍，以便合理安排使用。

（4）分幅宽：将面辅料按门幅宽窄归类，以便分类使用，提高面辅料利用率。

（5）查衬布色泽：对衬布色泽进行检查，按色泽归类。

（6）查纬斜：对原料纬纱斜度进行检查。

（7）复米：对面、辅料的长度进行复核。

（8）理化试验：对原、辅料的伸缩率、耐热度、色牢度等指标进行实验，以便于掌握面、辅料的性能。

（9）机工：指在缝纫机等缝纫设备上，对服装部件进行缝合及组装等工作的工种。

（10）板工：通过相应的工具，在案板上进行的工作。

第三节　服装材料基础知识

一、服装材料的基本概念与名词术语

1.服装材料的基本概念

服装材料是指构成服装的所有用料，包括服装面料和服装辅料。服装面料是指服装最外层的材料，是构成服装的主材料，又称衣料或面料；服装辅料是指除面料以外的所有用料，包括里料、衬料、垫料、填充料、缝纫线、纽扣、拉链、钩环、绳带、商标、花边、号型尺码带等。

由于服装色彩、服装款式和服装材料是构成服装的三要素，而服装色彩与服装款式是直接由所选用的服装面料来体现出的，其柔软度、悬垂性、挺括性以及厚薄轻重、色彩等直接影响服装的形态，因此，服装材料是服装的基础。

2.常用服装材料术语

（1）纤维：长度比直径大千倍以上的并且具有一定柔韧性的纤细的物体。

（2）纱线：由纤维经过纺纱加工而成具有纺织特性且长度连续的线状集合体。

（3）经纱：与面料的布边相平行的纱线。

（4）直料（经向面料）：当服装面料被断开时，面料的经纱方向长于纬纱方向。

（5）纬纱：是指与衣料的布边相垂直的方向的纱线。

（6）横料（纬向面料）：当服装材料被断开时，纬纱方向长于经纱方向的面料。

（7）斜料：当面料被断开时，斜丝方向长于经纬方向的面料。其倾斜角度不同产生不同的斜料，45°斜称为正斜。

（8）机织物：由经纱线与纬纱线相互交错联结而成的材料。

（9）针织物：由弯成线圈的纱线相互串套联而结成的材料。

（10）平纹织物：按平纹组织织造的，正反两面均平整、紧密的织物。

（11）斜纹织物：按斜纹组织织造的，正面有斜向纹路的织物。

（12）缎纹织物：按缎纹组织织造的，织物表面平滑、光亮的织物。

（13）纯纺织物：是指由同一种纤维织纺而成的织物。

（14）混纺织物：是指由两种或两种以上不同类型的纤维混合纺织而成的织物。

（15）交织物：是指经、纬纱分别采用不同类型原料的纱线纺织而成的织物。

（16）原色布：也称本色布，是指没有经过任何印染加工的坯布。

（17）幅宽：是指在织物纬向上的宽度尺寸。

（18）匹长：是指织物经包装成匹时，在织物经向上的长度尺寸。

（19）缩水率：是指织物进行潮湿处理后，在经向和纬向上比原长度缩短的百分比。

（20）单位质量：是织物在单位面积内的质量。

二、常见服装材料的种类及作用

1. 服装面料

面料是用来制作服装的主材料，并是最能体现服装特征的主体材料。常用的服装面料主要有机织物、针织物、皮革、裘皮、塑料以及非织造布等。由于这些服装材料各自具有自己的特征，因此，选择何种材料，可以决定服装的性能以及用途。如内衣面料直接与人体皮肤相接触，因此，要求选择衣料时，应选择具有吸收人体分泌出的汗液和污垢的能力的材料，如选择全棉或与棉混纺的针织物。又如选择外衣时，也应根据服装的使用场合、外形形态、加工的性能以及季节的不同来选择。一般在要求能够体现穿着者的风度、身份和工作性质为主。通常在社交礼仪场合，服装的材料的选择应具备潇洒、庄重、华丽或高雅的特性，如可以选用丝绸、毛、毛涤、锦缎、软缎等材料。在特殊的体育领域服装材料的选择，应选用高弹、高强、轻质、防水、透气以及具有特殊流体力学性能的高科技材料，以充分发挥其特殊的功能。另外，不同的服装材料的质感相配，也是非常重要的，面料的质感将直接影响造型能力，决定其用于制作服装的类型。或者使所制作的服装挺括，或者使所制作的服装飘逸等。

2. 常用服装里料与种类

里料是指服装的夹里，是用以部分或全部敷盖服装的背面的材料。并且，大多采用轻软、耐磨、表面光滑的织物。主要用以减少人体与服装间的摩擦阻力，以保证服装穿着美观且穿脱方便。而且也可以使服装保暖并耐穿，提高服装的档次及保形效果。按其使用原料的不同可以分为三大类：

（1）天然纤维里料：主要是指棉布里料和真丝里料。

棉布里料主要采用纯棉机织物和针织物，主要适用于夹克、棉衣、牛仔服、运动服以及儿童类服装等。优点：吸湿性好，穿着舒适，不刺激皮肤并且结实耐用。缺点：由于棉布里料不光滑，因此，不易穿脱。

真丝里料主要采用天然真丝织物，主要适用于高档的丝绸以及薄毛质服装。优点：光滑质轻、透气凉爽感好、保养皮肤、静电小且表面光滑易于穿脱。缺点：价格较高，不坚牢，织物中的纱线容易脱落，不耐洗。

（2）化纤里料：主要采用涤纶、锦纶、黏胶、醋酸以及铜氨等纤维织物，可以适用于各种类型的服装。主要有：尼龙绸、塔夫绸、斜纹绸、人丝软缎、美丽绸以及长丝弹性针织物等。优点与缺点：前三种织物吸水性差，易产生静电，舒适性差；比较适用于低档服装以及风雨衣等用。人丝软缎与美丽绸光滑富丽，易于高温定型，因此，适用于中高档服装里料；但其缩水率大，且浸水后平整性差。长丝针织物由于其弹性好，可以用于部分针织服装和弹性服装。

（3）混纺与交织里料：主要采用涤棉混纺、醋酯与黏胶或多种纤维混纺的织物等。特点：结合了天然与化学纤维的优点，成为更理想的服装里料，如涤棉混纺织物里料吸水、坚牢价格适中。并且适合于各种洗涤方式，适用于具有防风功能的服装。醋酯或黏胶人造丝为经纱、黏胶或棉纱为纬纱织成的羽纱，吸湿坚牢，是中高档服装普遍采用的里料。

3. 常用服装衬料与种类

衬料是依附在服装面料与里料之间的材料，根据所需要的服装的形态，衬料可以是一层，也可以是多层。衬料是支撑服装整体或部分的骨骼，起加固、保暖、塑型、稳定结构以及利于加工稳定服装结构与形状等作用。

（1）棉布衬：又称软衬，通常采用不加浆剂处理的、手感较软的平纹本白棉布。主要用于传统的服装工艺上，如大身衬的下脚衬、裤腰等；通常与其他衬配用，用以调节服装各部位的软硬、厚薄的要求。

（2）麻布衬：采用麻平纹或麻混纺平纹布制成。特点是由于麻纤维的刚度大，所以麻衬的硬挺度与弹性较高，是高档西服、大衣等服装的主要用衬。通常用在腰节以上的胸、肩部。

（3）毛衬：包括黑炭衬与马尾衬。黑炭衬是用棉或棉混纺纱线为经纱、牦牛毛或山羊毛与棉或人造棉混纺的纱线为纬纱交织成的平纹布。也有全部采用纯毛的，但成本较高。特点是外观呈黑褐色，硬挺度高、耐高温，纬向弹性好，定型效果强不易变形，主要用于高档服装的胸衬。

马尾衬是用棉纱或棉混纺纱为经纱、马尾鬃为纬纱，手工织成的高档衬料。或采用刚度大、弹性好的粗旦（10旦以上）长丝作芯，包裹以棉纱而纺织成的包芯纱来代替马尾衬。特点是色泽棕褐夹花，幅宽较窄，弹性特别好，耐高温，归拔定型效果好。

（4）领底呢（或领底绒）：是近几年由于新工艺而产生的服装新材料，是高档西装的领底用材料。特点是刚度与弹性极好，可以使西服领平薄、挺实，富有弹性而不易变形。

（5）树脂衬：是在纯棉或涤棉混纺织物上浸轧以树脂胶所形成的衬料。特点：硬挺度与弹性均好，但黏合在衣料上后，手感较板，不适合在软工艺上大面积使用。主要用于需要挺括、定型或需造型的部位，如衬衫领等。

（6）机织热熔黏合衬：简称有纺衬，是以纯棉或棉与化纤混纺的平纹机织物为底布，在其一面涂上热熔胶制成的衬料。特点：使用方便，各方向受力稳定性和抗皱性能较好；规格种类较多，可以根据不同的服装面料质地、不同的部位以及所需服装形态选择不同厚薄、轻重的有纺衬；适用于中高档服装。

（7）针织热熔黏合衬：是以涤纶或锦纶长丝经编针织物或纬经编针织物为底布，涂上热熔胶制成的。特点：衬的弹性较大，适用于针织或弹性服装。

（8）非织造热熔黏合衬：简称无纺衬，是用针刺、浸渍黏合、热印黏合等方法将各种化纤制成底布，涂上热熔胶制成。特点：由于属于非织造物，因此价格低廉，且品种多样，但不耐洗；适用于中低档服装。

（9）腰衬：是近年来所开发的新型材料。是以锦纶或涤纶长丝或涤棉混纺纱线，按所需的腰高织成带状衬。特点是有较大的刚度与强度，不倒不皱；并在其正面织上有凸起的橡胶织纹，增加摩擦力以防止穿着时下滑。

（10）牵条衬：是用棉布或有纺衬或无纺衬按所需宽度制成。牵条衬的主要作用是防止服装易变形的部位在制作过程中扭曲，如衣片的止口、下摆、袖窿、驳口线以及接缝等；常用的宽度有10mm、15mm、20mm。

4. 其他辅料

（1）缝纫线：缝纫线是服装的主要辅料之一，具有功能性与装饰性的作用。其种类很多，若按使用的原料不同可以分为：天然纤维缝纫线（包括棉线、丝光线、蜡光线及软线）、合成纤维缝纫线（包括涤纶和锦纶长丝线、长丝弹力和短纤维线、腈纶和维纶缝纫线）、天然纤维与合成纤维混合缝纫线（包括涤棉混纺缝纫线和包芯缝纫线）等。缝纫线的使用要根据面料的性能、服装的要求、加工工艺方式及要求等来选择。

（2）垫料：垫料是用于服装塑型并修饰人体的辅料，包括垫肩、胸衬、袖窿撑垫等。其中垫肩的种类较多，按使用的材料可以分为棉及棉布垫、海绵垫、泡沫塑料垫、羊毛以及化纤下脚针刺垫等。由于垫肩有厚薄、软硬之分，因此，在使用过程中，要根据服装的种类、使用的目的以及流行趋势来选择。

（3）絮填料：是指填充在服装的表面与夹里之间的，用以提高服装的保暖性能及其他特殊功能（如防辐射、卫生保健等）的辅料。

（4）纽扣：具有装饰与实用功能的辅料，用于服装穿脱或方便穿脱以及装饰。种类繁多，可以按其结构和材质进行分类：按结构可以分为有眼纽扣、有脚纽扣、按扣和盘花扣；按材质可以分为金属扣、塑料扣、胶木扣、电玉扣、有机玻璃扣和贝壳扣、木质扣等。

（5）拉链：具有装饰与实用功能，用于服装穿脱方便以及装饰用辅料。因种类较多、使用方便、利于制作而被广泛使用。按其结构形态和材质分类：按其结构形态不同可以分为闭尾拉链（左右相连）、开尾拉链（左右分离）和隐形拉链等；按材质不同可以分为金属拉链、塑料拉链和尼龙拉链等。并有软硬、厚薄之分。使用时根据服装面料、服装效果以及工艺标准进行选择。

（6）其他：其他常用的辅料还有装饰用的花边、缀片和珠子等；用于显示服装大小、肥瘦的服装号型尺码标志；用于说明服装原料、性能、使用保养方法、洗涤说明与熨烫符号等的产品示明牌以及商标，等等。

三、面、辅料的选配原则

现代服装都是由一种以上的材料所组成，尤其是高档服装更是由多种材料所构成。

各种材料之间在组合中相互作用、相互影响着，同时也影响着服装的效果，因此，多种材料之间的组合必须具有合理的匹配性，并且应以面料为主进行匹配，遵循以下原则。

（1）伸缩率的匹配：任何服装在选配里料、衬、线等辅料时，都应选用伸缩率相一致的材料。若必须选择伸缩率较大的里料与衬料时，则这些材料必须进行预缩处理。

（2）耐热度的匹配：任何服装在选配里料、衬、线等辅料时，特别是必须经过需要高温塑型工艺的胸衬、缝纫线，它们的耐热度不能低于面料的耐热度，以免高温工艺产生烫焦或熔化变形现象。若必须采用耐热度小的里料，熨烫里料时，需降低温度进行熨烫。

（3）质感的匹配：由于不同的服装面料有厚薄、轻重、软硬等不同的质感和风格，因此，在选配服装里料和衬料时（特殊设计除外），其质感特别是软硬度以及厚薄，必须服从面料的质感与服装的轮廓造型。

（4）坚牢度的匹配：服装所配用的辅料若耐洗、耐用性不良，就会降低服装的穿着寿命；反之，则会保护面料，减少面料的摩擦，延长服装的使用寿命。因此选用辅料时也应考虑到其耐洗、耐用性。

（5）颜色的匹配：任何服装除款式需要之外，所选配的辅料，特别是里料与缝纫线的颜色，应与面料的颜色相同或相似；浅色面料绝对不可以选配深色里料或衬料，以免服装的表面出现色差或污染浅色面料。若无相同颜色的缝纫线，对于高档服装在选配时宁深一色，不浅一色。

（6）价格和档次的匹配：服装材料无论是面料还是辅料，都有价格高低、档次高低的区别。若高档面料选配低档辅料，会影响服装的效果或档次；若低档面料选配高档辅料，则会提高服装的成本。因此，在里料、衬料、纽扣或线等辅料的选用上应考虑其匹配性。

第四节　熨烫基础知识

熨烫是服装缝制工艺的一个重要工序，服装制作中常以"三分做、七分烫"来强调熨烫在缝制工艺中的重要性。尤其是制作高档服装的熨烫则更为重要。

一、熨烫的工具及使用

常用的服装熨烫工具，如图1-5所示。

1. 熨斗

电熨斗是手工熨烫的主要设备，可分为普通电熨斗、调温电熨斗和蒸汽电熨斗，是

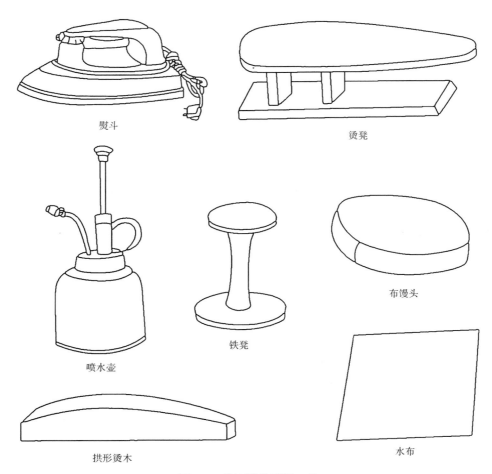

熨斗　　　　　　　　　　　　烫凳

喷水壶　　　　　铁凳　　　　布馒头

拱形烫木　　　　　　　　水布

图1-5　常用服装熨烫工具

服装熨烫的主要工具。服装在制作过程中的熨烫、归拔以及服装制成后的整烫定型都是通过熨斗来完成。熨斗功率有300~1500W，常用的普通电熨斗和调温电熨斗重量有1~8kg，在使用中应根据面料的厚度、面料的耐热性来选择使用。轻型的适于熨制衬衫等薄型面料的服装，重型的适于熨制呢绒等厚型面料的服装；熨烫零部件可用300W或500W的小功率熨斗，熨烫呢料类成品服装则应选用700W或1000W功率较大的熨斗，熨烫面积大、压力大，可提高工作效率和熨烫定型效果。

2. 烫台

常用的烫台有抽气烫台和简易烫台。抽气烫台在熨烫时，可以把衣服中蒸气抽掉，使熨烫后的部件或衣服快速定型、干燥；简易烫台需包上垫呢，以保证产品洁净，吸收熨斗喷出的水分，因此，一般用棉质的线毯或呢毯等。表面包上一层白粗布。烫台的硬度要适度，以免影响熨烫效果。

3. 喷水壶

喷水壶能喷出均匀的水雾，润湿需熨烫的部位，使熨烫后更加平服及达到熨烫效果。

4. 烫凳

烫凳主要用于熨烫呈弧线或筒状的服装部位，如裤侧缝、肩缝、袖缝等。凳面要铺上旧棉花，中央稍厚四周略薄，外包棉布，软硬适度。

5. 铁凳

铁凳主要用于熨烫半成品中不易摆平呈弧形的服装部位，如垫在袖窿里烫肩缝、袖山头等。凳面需铺上棉花，外包白棉布，软硬适度。

6. 拱形烫木

外形中间高，两头低，呈弓形。用于服装半成品中的后袖缝、摆缝等弧形缝，以避免走形。

7. 布馒头

布馒头是由粗布做面、内装木屑做成，外形似馒头。分圆形和椭圆形两种。常用于熨烫服装的胸部、臀部、驳口等已形成胖势和弯势的部位。

8. 水布

水布是熨烫服装时为避免服装表面烫出亮光和污渍而敷盖上的一层白棉布。可采用干烫、喷水或全部浸湿等方法。

二、熨烫的作用

成品服装是立体的，符合人体曲线的立体造型，在服装裁剪时，通常采取利用弧线、分割线、收省、打褶等手段来完成平面衣料向立体转化的过程，但这些手段有很大的局限性，特别是对一些传统的中山装、西装等不能随意分割的服装款式，收省会破坏其总体风格。在缝制过程中，除运用缝纫工艺中的收省和打褶以外，还要借助熨烫加工的手段来达到平面衣片向立体的完美转化。归纳起来熨烫的作用在服装制作中主要表现在以下几方面：

1. 对服装面料的整理作用

服装面料在裁剪以前，通过喷水熨烫，使其预缩并调整线路，去除折皱等。即产前熨烫。

2. 熨烫在服装缝制过程中的辅助作用

服装的中间熨烫贯穿于加工始终，包括部件定型熨烫、分缝熨烫和归拔烫等。其中，部件定型熨烫和分缝熨烫是为了提高缝制的质量减少缝制时的难度。归拔烫是利用衣料的热塑变形原理，适当改变衣料纤维的伸缩度及衣料经纬组织的密度和方向，形成立体的造型，以符合人体美观和舒适的要求，即推、归、拔、烫的工艺处理。

3. 对成品服装的定型作用

对缝制完成的成品服装通过熨烫定型，使服装外形平整、挺括、丰满，褶裥和线条挺直，即成品熨烫。对服装的最终造型起稳定作用。

三、熨烫的工艺条件

温度、湿度、压力和时间是决定熨烫效果的工艺条件。只有正确控制这四个条件，才能达到熨烫效果。否则，不但达不到最佳效果，还可能损坏面料，出现质量问题。

1. 温度

熨烫的工艺条件中，最重要的是温度的控制，它与织物的性能有关。因此，在熨烫之前，要运用所学的服装材料知识，根据面料的性能及允许受热温度，确定该面料的正确熨烫温度。温度过高、超过面料允许受热温度，面料易烫黄、烫焦、变形，甚至熔融。温度过低，虽然不损伤面料，但达不到熨烫效果。熨斗温度的控制，可按自动调温装置的刻度调整，还可以根据经验用目测、耳听声音的方法来鉴别。具体方法见表1-3。

表1-3 滴水法测试熨斗的温度

熨斗温度	100℃以下	100℃~120℃	120℃~140℃	140℃~160℃	160℃~180℃	180℃以上
水滴的形状	水滴形状不散开	水滴散开，水滴周围起小水泡	水滴扩散成水泡，并向周围溅出小水珠	水滴迅速转变为滚动的水珠	水滴迅速散开，蒸发成水汽	水滴成水汽迅速消失
水滴声音	无声	长的"哧—哧—"声	略短的"哧—"声	短的"哧！"声	短促的"扑哧"声	极短的"扑哧"声或无声
适应面料	氯纶织物、丙纶混纺织物	腈纶织物、纯锦纶织物	维纶织物、厚锦纶织物	涤棉混纺织物、涤毛混纺织物、涤纶长丝交织物、纯涤纶织物	薄质绸料、缎料、柞丝、人造棉、人造丝、人造毛织物、麻类、棉布、精纺、中厚毛料	盖水布熨烫厚毛呢织物

2. 湿度

熨烫时的湿度对熨烫的效果影响很大，它与织物的性能与熨烫方法有关，一般的熨烫，都要对面料喷水或水蒸气，以提高纤维的可塑性。特别是纯毛织物的吸湿性和保温性好，弹性好，导热性差，因此，必须加湿熨烫。但是，即使加湿熨烫，在熨烫衣料的正面时，也必须加盖水布。加湿熨烫时，可在干烫的基础上，适当提高熨烫温度。因此，熨烫时的湿度应根据面料的吸湿性、回弹性以及熨烫方法来确定，如归拔重点部位时，需湿度高。

3. 压力和时间

熨烫除掌握适当的湿度外，还要控制压力与时间。熨烫压力的轻重与时间的长短，是依据面料厚薄与回弹性而决定的。通常薄而疏的衣料和回弹性差的衣料，熨烫时所用压力轻，时间也稍短。厚而密、回弹性好的衣料，熨烫时间较长，压力也加重，但也不宜在某一部位停留的时间过长或过压，以免烫坏衣料或留下熨斗痕迹。

熨烫的四个工艺条件是相辅相成的。熨烫时的湿度高时，熨烫的温度可偏高，但温度高时，时间应短，压力应小。反之，温度低或干烫时，熨烫温度应偏低。温度偏低，则可以放慢熨斗移动的速度，停留时间稍长，同时加大压力。

四、手工熨烫的常用工艺形式

手工熨烫时的工艺很多，但归纳起来，常用的有分缝熨烫，扣缝熨烫，平烫，及推、归、拔烫的工艺处理。

1. 分缝熨烫

在服装缝制过程中，将缝合的衣缝用熨斗烫开，这一工艺称分缝熨烫。由于服装上衣缝所在的部位不同，分缝方法也不同，大致合为三种方法。这三种方法有时是独立的，有时又是相互配合的。

（1）平分缝熨烫：就是在分缝熨烫时，用手或用熨斗尖将缝份分开，同时，熨斗跟上向前烫平。烫时要求不伸不缩，摆平即可。根据面料性能选择干烫还是湿烫。

（2）拔分缝熨烫：主要用于衣服熨烫时需拔开的部位的缝份，如分烫裤子的下裆缝、上衣的袖底缝等。熨烫分缝时，熨斗加大压力，随着熨斗的走向，另一只手将缝份拉紧，使其伸长而不吊起，熨斗往返用力分烫［图1-6（a）］。

（3）归缩分缝熨烫：主要用于衣服熨烫时斜丝部位的缝份，以防斜丝伸长如上衣的外袖缝、肩缝等斜弧处。同时还要借助铁凳（烫肩缝）、拱形烫木（外袖缝）等辅助工具。熨烫分缝时，熨斗尖分烫，另一支手的中指和拇指按住衣缝与两侧，熨斗前行时，熨斗前部稍抬起，用力竖直压烫［图1-6（b）］。

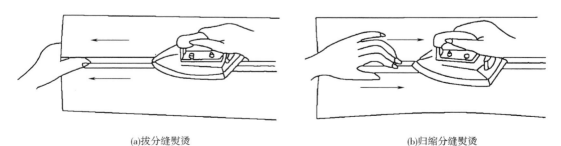

(a)拔分缝熨烫　　　　　　　　　　　　　　　(b)归缩分缝熨烫

图1-6　分缝熨烫手势

2. **扣缝熨烫**（图 1-7）

在服装缝制过程中，需将毛口的缝边折转折烫成净边，或将底边扣折成净边，即称扣缝熨烫。扣缝熨烫，常用的有两种，即平扣缝熨烫和缩扣缝熨烫。在扣烫时，熨烫动作应轻重互相配合。

（1）平扣缝熨烫：也称直扣缝熨烫，常用于裤腰的直腰边扣转，或精做上装里子摆缝、背缝、袖缝等部位的扣折。方法：扣烫时，将所需扣烫的缝份，沿熨斗的走向逐渐折转。熨斗尖轻微地跟在后向前移动，然后熨斗底部稍用力来回熨烫。扣烫时，轻重要相结合。

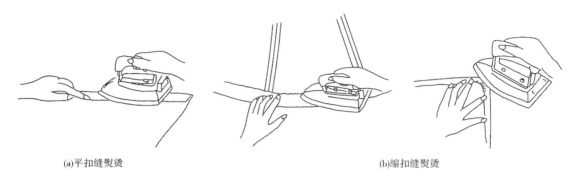

(a)平扣缝熨烫   (b)缩扣缝熨烫

图1-7　扣缝熨烫手势

（2）缩扣缝熨烫：主要用于扣烫圆角袋角或上装底边弧线。扣烫时，需按净样板或净线来扣折。方法：先将直边烫死，然后再扣圆角或弧线，以食指和拇指捏住缝份折转，熨斗随后跟上，利用熨斗尖的侧面，把圆角或圆弧处缝份逐渐往里归缩平服。扣烫完成后，要保证口处均平服，里层不能有折叠。熨斗起落要轻重相配合。

3. **平烫**

平烫是不改变衣料的尺寸和形状，只要求将衣料烫平整。不能拉长或归拢衣片。熨斗用力均匀沿衣料的直丝缕方向有规律地移动。

4. **推、归、拔**

推、归、拔的工艺性很强，是使织物通过热塑变形和定型，达到对平面衣片的立体塑造。因此，必须有相应的湿度，且熨烫部位应准确，符合人体型。

（1）推：推是归的继续，是通过熨斗的熨烫运动，将归拢与后层势推向所需部位，给予定位。

（2）归：即归拢，通过热处理使衣片某部位缩短。归烫时，需归拢与部位靠身、喷水，推进衣片中需归拢部位，同时熨斗用力由归拢部位的内部向外部，做弧线形熨烫。反复进行直至达到所需效果，如图1-8（a）所示。

（3）拔：即拔开，将衣片某部位经过热处理后使其伸长。拔烫时，将需拔开的部位靠身、喷水，拉紧衣片中需拔开的部位，同时熨斗用力向拔长部位由外至内，做弧线熨烫。应反复熨烫。直至达到所需效果，如图1-8（b）所示。

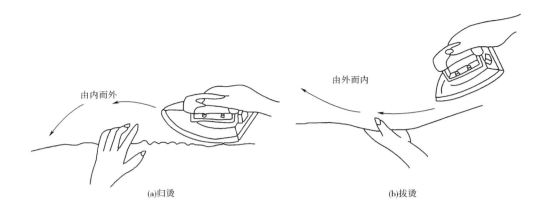

图1-8　归烫、拔烫

五、熨烫的注意事项

（1）熨斗在熨烫时，不能在同一部位停留时间过长，移动中需注意轻重，快慢的配合，应有规律，不能无规则地推来推去，以免弄乱衣料的经纬丝纹或烫坏衣料。

（2）用熨斗熨烫时，应尽量在衣料的反面进行熨烫，以达到熨烫的要求。如必须在衣料正面熨烫时，应盖上水布，以免表面烫出极光。

（3）由于衣服是符合人体型的立体造型的，因此除了某些部位需平烫外，立体部位应借助某些辅助工具，塑造立体造型。同时，注意两手的互相配合，不拿熨斗的手应随熨斗走向对服装的某些部位作拉伸或归拢等辅助性帮助。

（4）熨斗熨烫时，温度、湿度、时间和压力应与衣料的性能相配合，并根据需要和所烫部位选择适当的熨烫方式。

六、黏合衬的黏合技巧

1. 黏合衬的黏合方式

黏合衬在现代服装工艺制作中，由于其使用简便，功能齐全，成为中、高、低档服装使用最普遍的衬料。虽然其使用方法简单，但若使用不当，也会影响服装的效果。因此，要了解其使用常识。

黏合衬的黏合方法有两种：即手工黏合与机器黏合。机器黏合又分为滚动黏合与平压黏合两种。

相比之下机器黏合的效果要好于手工黏合的效果。但若使用滚动式黏合机，面料与黏合衬容易错位，最好用手工辅助一下。方法：先用手工进行假性黏合，假性黏合时，熨斗的温度要低于100℃，熨斗要轻压，在同一个部位停留的时间要短，以黏合衬易撕脱为准，然后再送到机器上黏合。

2. 手工或机器黏衬的工艺技巧

（1）黏合衬的厚度、质地应与面料的厚薄、质地相符合；高档服装制作工艺中因其要进行归拔工艺处理，因此，应使用弹性好的、黏牢度高的有纺衬。

（2）黏合衬的颜色要尽量与面料的颜色一致。浅色面料不可配用深色衬；不透明的深色面料可以配用浅色衬。

（3）对于没有经过高温预缩的面料，其需进行黏合的部分，在裁剪时四周应留出余量，以防止面料经过高温黏合衣片尺寸缩小。

（4）黏合衬裁剪时，通常使用同衣片相同的纱向。但由于高档服装需进行推、归、拔烫的工艺处理，因此对于高档工艺的黏合衬在裁剪时，最好采用45°斜纱裁剪，因为45°斜纱的弹性好，有一定的拉伸度，易于归拔。

（5）在裁剪黏合衬时，为避免黏合衬的胶粘到熨斗或黏合机上，因此，裁好的衬布应比面料的四边均小0.2~0.3cm。

（6）黏合衬在进行黏合之前，用手轻揉使其松软，然后再进行黏合。假性黏合或手工黏合时，应先在工作台上将衣片铺平后，再把黏合衬放在衣片上，使衣片在下，黏合衬在上。

（7）若是手工操作，操作时熨斗的温度最好控制在130~160℃之间，以免温度过高会引起黏合衬脱胶，衣片起泡；若温度过低，则黏合不牢固。

（8）机器黏合时，应先确定面料或黏合衬的适应温度，以免产生面料烫焦、烫缩或黏合衬脱胶的现象。机器黏合不能同一部件反复黏合，以免脱胶。

（9）进行手工或假性黏合时，黏合面积较大的部件时（如前衣片），最好先进行点状熔接，应先从中间开始进行黏合，然后再逐步向四周扩散黏合。

（10）进行手工或假性黏合时，工作台板要平整，不能有凹凸。手工黏合时，最好事先准备好冷熨斗，及时将黏合好的部分冷却、定型。黏合好的衣片一定要将衣片放平待冷却之后，才能进行下一道工序，以防止裁片变形。

思考与练习

1. 服装生产工程是由几部分组成的，每部分的主要工序。

2. 服装样板分几类，特点以及作用是怎样的。

3. 举例说出裁剪工序的工艺要求。

4. 单件与批量裁剪时有何区别。

5. 举例说出缝制时的技术标准。

6. 举例说出排料的工艺要求与技巧。

7. 整理工程包括哪些内容。

8. 成品包装前的注意事项有哪些。

9. 常用的服装缝纫工具有哪些及所起作用。

10.简述常用裁剪工艺与缝纫工艺名词的含义。

11.服装材料的概念。

12.举例说明常用的服装里料及其功能。

13.举例说明常用的服装衬料及其功能。

14.服装面、辅料的选配原则是什么。

15.熨烫工具有哪些，它们各有什么用处。

16.熨烫有什么作用。

17.熨烫的工艺条件有哪些，如何控制。

18.手工熨烫工艺有哪些，它们各有什么特点。

19.熨烫时应注意哪些事项。

20.简述黏合衬的黏合技巧。

21.手针与缝纫机针的选配原则。

服装基础工艺

课题名称： 服装基础工艺

课题内容： 手缝工艺、机缝工艺、部件制作工艺

课题时间： 40 学时

教学目的： 通过服装基础工艺的学习和实训，了解整体服装的形成过程，分析基础制作工艺的特点、分布与分类，在面对不同款式，不同造型变化的服装时，能运用基础工艺，进行工艺设计和创新，实现举一反三、灵活应用的技术能力。

教学方式： 模块教学、演示教学和分组教学。

教学要求： 1. 引导学生的感性认识，激发学生的学习兴趣。

2. 使学生了解服装基础工艺的应用范围，进行针对性训练。

3. 在熟练掌握基础技能基础上，能创新基础工艺方法。

课前 / 后准备： 了解和分析从自身到市场的各式各类服装的组成部件。查阅相关的教材和图书，或通过网络搜索和观看相关的基础工艺视频，作为上课前的认知准备。准备课程训练的相关材料，如针、线和布等。课后除了需要完成课内没有完成的实训项目，还需要完成为了强化技能的拓展项目。

第二章 服装基础工艺

　　服装基础工艺是成衣缝制工艺的基础知识和技术。作为服装技术人员，只有深入理解这些知识，熟练掌握这些技能，具有扎实的基本功才能缝制出美观上乘的服装，从而满足人们对服装的个性化需求。

第一节 常用手缝工艺

　　手缝工艺，就是用手针穿刺衣片进行缝纫的过程。

　　最早的手针是距今10万年前发现的远古时代的骨针，后来人类在14世纪又发明了铜针，可见手缝工艺的悠久历史。现代服装先进的加工设备不断创新，但手缝工艺仍然是成衣缝制的基本手段之一，在各类服装的制作中，仍被广泛采用。特别是在高档服装制作中，手缝工艺是不可缺少的工艺形式。如果运用得当，在质量与艺术效果上都是机缝工艺无法取代的。

一、手缝的准备工作（表 2-1）

表 2-1　手缝的准备工作

序号	操作内容	操作图示	操作方法	注意事项
1	穿针引线	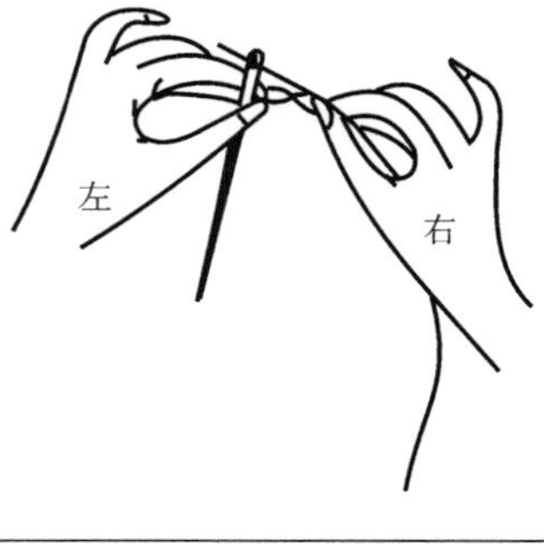 左　　　右	针上有一椭圆形的针眼，用指甲将线撸平，左手拇指和食指捏针，右手拇指和食指拿线，线头伸出1cm，穿入针眼中，线头过针眼随即拉出	线端用剪刀剪净或用手指捻光

续表

序号	操作内容	操作图示	操作方法	注意事项
2	拿针方法		戴上顶针，右手拇指和食指捏住手缝针中后段，用顶针抵住针尾，帮助手缝针向前运行	用手指肚捏住针的后半部
3	打起针结		右手拿针，左手捏住线头，并将线在食指上绕一圈，顺势将线头转入线圈内，并拉紧线圈	线结打得光洁，尽量少露线头
4	打止针结		当缝到最后一针时，左手把线捏住，离止针位置2~3cm处，用右手将针套进缝针的圈内，左手勾住线圈，右手将线拉紧成结，使结正好扣紧在布面上	线结要紧贴布面，缝线不会滑动

二、手缝针法及工艺要求

1. 缝针（表2-2）

表2-2　缝针

图示/cm	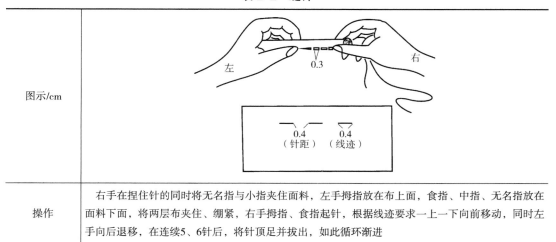
操作	右手在捏住针的同时将无名指与小指夹住面料，左手拇指放在布上面，食指、中指、无名指放在面料下面，将两层布夹住、绷紧，右手拇指、食指起针，根据线迹要求一上一下向前移动，同时左手向后退移，在连续5、6针后，将针顶足并拔出，如此循环渐进

续表

用途	缝针是针距相等的手缝针法。又称拱针，是一切手缝针法的基础，其针法练习目的是使手指配合协调、灵活。缝针可分为短针和长针，用途很广。例如，短针可用于袖山头吃势（抽袖包），圆角处抽缩缝份；长针可用于假缝及缉缝前的固定
工艺要求	针距大小要一致，线迹上下要均匀、顺直整齐或圆顺，缝线松紧要适宜。短针针距与线迹为0.15~0.2cm，长针针距与线迹为0.3~0.4cm
补充说明	开始练习可用一层，反复练习时用双层或三层（线迹是指缝物上两个相邻针眼之间的缝线迹，针距是指缝针刺穿缝料时，在缝料上形成的针眼之间的距离，又称针脚）

2. 攦针（表2-3）

表2-3 攦针

图示/cm	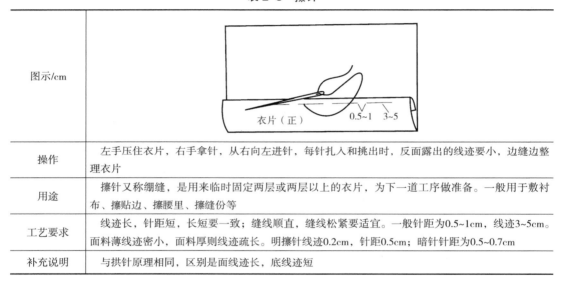 衣片（正）　　　0.5~1　3~5
操作	左手压住衣片，右手拿针，从右向左进针，每针扎入和挑出时，反面露出的线迹要小，边缝边整理衣片
用途	攦针又称绷缝，是用来临时固定两层或两层以上的衣片，为下一道工序做准备。一般用于敷衬布、攦贴边、攦腰里、攦缝份等
工艺要求	线迹长，针距短，长短要一致；缝线顺直，缝线松紧要适宜。一般针距为0.5~1cm，线迹3~5cm。面料薄线迹密小，面料厚则线迹疏长。明攦针线迹0.2cm，针距0.5cm；暗针针距为0.5~0.7cm
补充说明	与拱针原理相同，区别是面线迹长，底线迹短

3. 打线丁（表2-4）

表2-4 打线丁

图示/cm	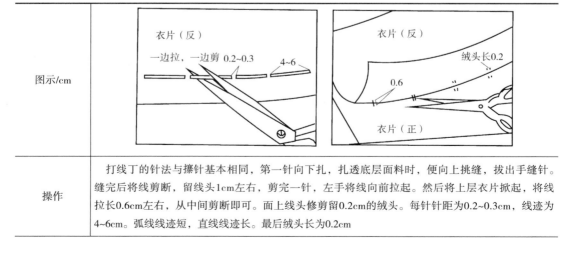 衣片（反）　　　　　　　　　衣片（反） 一边拉，一边剪 0.2~0.3　4~6　　　　绒头长0.2 0.6 衣片（正）
操作	打线丁的针法与攦针基本相同，第一针向下扎，扎透底层面料时，便向上挑缝，拔出手缝针。缝完后将线剪断，留线头1cm左右，剪完一针，左手将线向前拉起。然后将上层衣片掀起，将线拉长0.6cm左右，从中间剪断即可。面上线头修剪留0.2cm的绒头。每针针距为0.2~0.3cm，线迹为4~6cm。弧线线迹短，直线线迹长。最后绒头长为0.2cm

续表

用途	用白棉纱在衣片上做出缝制标记。主要目的是把上层面料的粉印用线丁精确地反映到下层面料上，是服装各部位的准确和对称的保证措施
工艺要求	线丁长短适宜，针脚直顺，距离均匀，不可剪破衣片
补充说明	应用技巧： （1）打线丁一般采用白色棉线，一是棉线较涩，绒头长，不易脱落，二是熨烫后不掉色 （2）打线丁前将裁片铺平，纱支摆正，上下层一定要对准对齐 （3）打线丁要自上而下，先纵后横，线丁的针距不宜过大，但也不能太密，起到标记作用即可 （4）线丁的绒头不宜过长，容易脱落；但也不易过短，容易剪破衣片，做好衣服后不易取下。一般绒头控制在0.2cm （5）剪线丁时，剪刀一定要端正，用剪尖去剪，以防剪破衣片 （6）为使线丁牢固，剪完后须用手轻轻拍打线丁，使绒线头散开

4. 环针（表2-5）

表2-5　环针

图示/cm	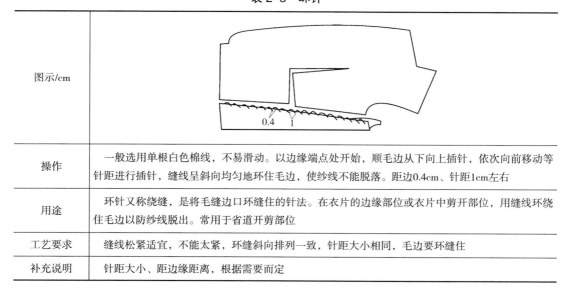
操作	一般选用单根白色棉线，不易滑动。以边缘端点处开始，顺毛边从下向上插针，依次向前移动等针距进行插针，缝线呈斜向均匀地环住毛边，使纱线不能脱落。距边0.4cm、针距1cm左右
用途	环针又称绕缝，是将毛缝边口环缝住的针法。在衣片的边缘部位或衣片中剪开部位，用缝线环绕住毛边以防纱线脱出。常用于省道开剪部位
工艺要求	缝线松紧适宜，不能太紧，环缝斜向排列一致，针距大小相同，毛边要环缝住
补充说明	针距大小、距边缘距离，根据需要而定

5. 缲针（表2-6）

表2-6　缲针

图示/cm	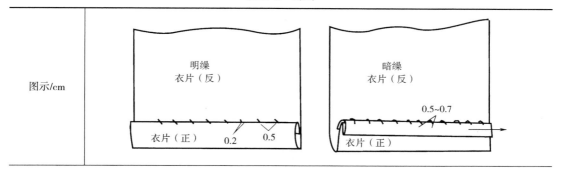

操作	（1）明缲针操作：先把衣片贴边折转扣烫好。第一针以贴边中间向左上挑出，使线结藏在中间，第二针在离开第一针向左约0.2cm挑过衣片大身和贴边口，针距为0.5cm，针穿过衣片大身时，只能挑起一两根纱丝，从右向左，循环往复进行 （2）暗缲针操作：整个针法自右向左进行。先把贴边翻开一点，在贴边缲线旁起针，然后针尖挑起衣片的一两根纱线，接着挑起贴边并向前0.5~0.7cm，使缝线藏在贴边内，缝线不能拉紧。明缲针线迹0.2cm，针距0.5cm；暗缲针针距为0.5~0.7cm
用途	缲针分为明缲针和暗缲针两种。明缲针是线迹略露在外面的针法，多用于中式服装的贴边处；暗缲针是线迹在贴边缝口内侧的针法，常用于毛呢服装下摆贴边的滚边内侧
工艺要求	明缲针、暗缲针的正面都不能露线迹，反面线迹要整齐，针距相等，线松紧适宜
补充说明	缲针以挑线为主，要做到既整齐又隐蔽

6. 三角针（表2-7）

表2-7　三角针

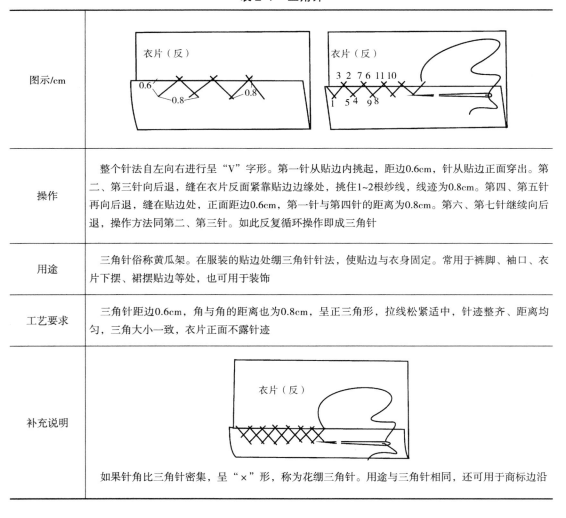

操作	整个针法自左向右进行呈"V"字形。第一针从贴边内挑起，距边0.6cm，针从贴边正面穿出。第二、第三针向后退，缝在衣片反面紧靠贴边边缘处，挑住1~2根纱线，线迹为0.8cm。第四、第五针再向后退，缝在贴边处，正面距边0.6cm，第一针与第四针的距离为0.8cm。第六、第七针继续向后退，操作方法同第二、第三针。如此反复循环操作即成三角针
用途	三角针俗称黄瓜架。在服装的贴边处缲三角针针法，使贴边与衣身固定。常用于裤脚、袖口、衣片下摆、裙摆贴边等处，也可用于装饰
工艺要求	三角针距边0.6cm，角与角的距离也为0.8cm，呈正三角形，拉线松紧适中，针迹整齐、距离均匀，三角大小一致，衣片正面不露针迹
补充说明	如果针角比三角针密集，呈"×"形，称为花绷三角针。用途与三角针相同，还可用于商标边沿

7. 倒钩针（表2-8）

表2-8 倒钩针

图示/cm	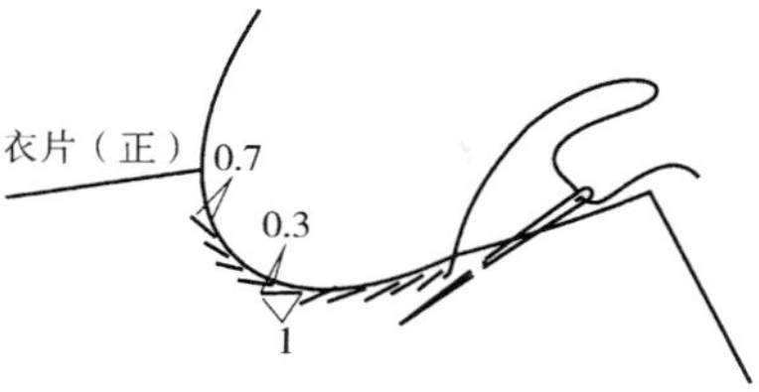 衣片（正）0.7 0.3 1
操作	进针方向由左向右，或由前向后。第一针距毛边0.7cm从反面扎到正面，第二针向后退1cm将针扎入反面，同时向前0.3cm，针再从衣片正面穿出，这是第三针。如此反复循环即为倒钩针。注意每针拉线时，要使线将衣片略拉紧些，起到不还口的作用
用途	倒钩针呈倒钩形针法，又称倒扎针。主要作用是加强牢度，使衣片斜丝部位不还口。常用于衣片的斜丝部位，如袖窿、领口等处。有时也起归拢作用
工艺要求	线迹平整、均匀，拉线松紧适宜。倒钩针为重叠线迹，线迹为1cm，针距0.3cm，斜纱部位针码要小，全部线迹在缝份内
补充说明	缝线的松紧可按衣片各部位归紧多少的需要，灵活掌握

8. 星点针（表2-9）

表2-9 星点针

图示/cm	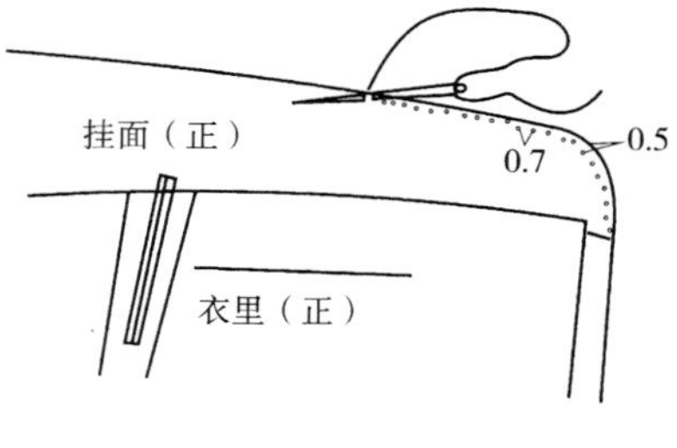 挂面（正）0.7 0.5 衣里（正）
操作	第一针距止口边0.5cm从反面向正面挑出，线结留在夹层中，第二针退后一根纱，在衣片中间扎在缝份上，向前0.7cm左右挑出，运针方向自右向左，循环往复进行，注意西服正面止口处不露针脚，做装饰用时，衣片正面呈星点状。针距0.7cm左右，也可根据需要而定
用途	星点针常用于西服挂面止口处，防止挂面反吐。此针法用在衣片正面时，做装饰用
工艺要求	针距相等，星点整齐；拉线松紧适宜、一致；衣片正面不露针脚

9. 贯针（表 2-10）

表 2-10　贯针

图示/cm	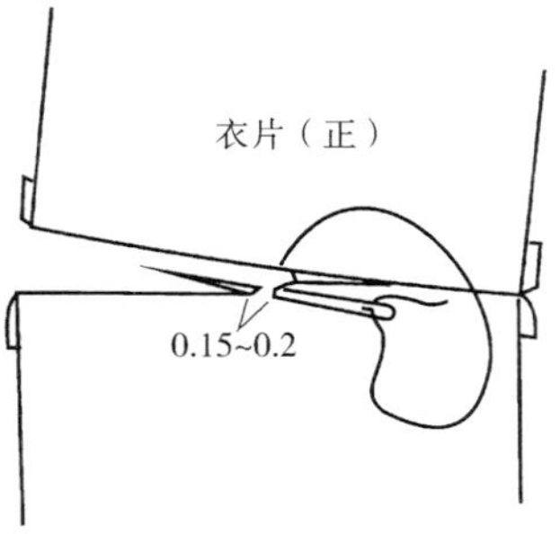
操作	运针方向自右向左，起针的线结藏在衣片折缝里，针迹在缝子夹层内，上下对串针脚为 0.15~0.2cm，正面不露针迹。此种针法尤其适合领面与驳头对格对条的处理
用途	贯针用于缝份折光后对接的针法，能直观解决斜纱部位的缝合。一般用于西服领串口部位，又称串针，贯针在正面不露线迹
工艺要求	上下松紧适宜，不涟不涌，串口缝直顺，拉线松紧一致

10. 拉线襻（表 2-11）

表 2-11　拉线襻

图示/cm	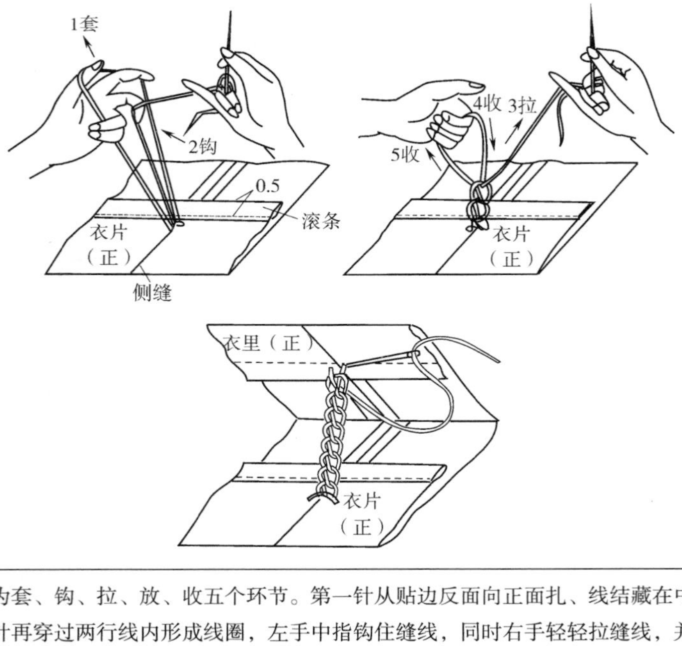
操作	操作要点为套、钩、拉、放、收五个环节。第一针从贴边反面向正面扎、线结藏在中间，先缝两行重叠线，针再穿过两行线内形成线圈，左手中指钩住缝线，同时右手轻轻拉缝线，并脱下左手上的线圈，用右手拉，左手放，使线襻成结。如此循环往复至需要长度，最后将针穿过摆缝贴边，在贴边里边打止针结
用途	拉线襻是用单线或多股线编成线带，在服装上起固定作用。用在衣领下角作纽襻用，或连接衣身面和衣身里贴边之用
工艺要求	线襻均匀、直顺，拉线松紧一致

11. 打套结（表2-12）

表2-12　打套结

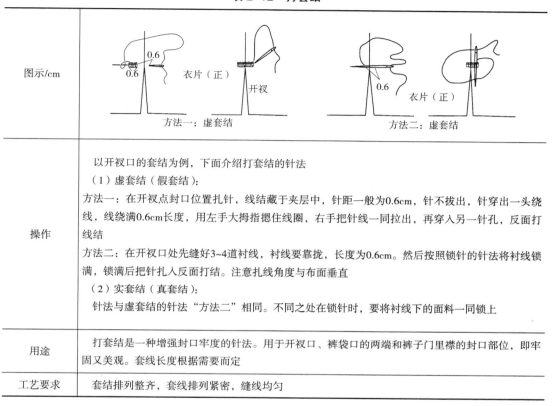

图示/cm	方法一：虚套结　　　　　　　　　　　　　　　　　方法二：虚套结
操作	以开衩口的套结为例，下面介绍打套结的针法 （1）虚套结（假套结）： 方法一：在开衩点封口位置扎针，线结藏于夹层中，针距一般为0.6cm，针不拔出，针穿出一头绕线，线绕满0.6cm长度，用左手大拇指摁住线圈，右手把针线一同拉出，再穿入另一针孔，反面打线结 方法二：在开衩口处先缝好3~4道衬线，衬线要靠拢，长度为0.6cm。然后按照锁针的针法将衬线锁满，锁满后把针扎入反面打结。注意扎线角度与布面垂直 （2）实套结（真套结）： 　针法与虚套结的针法"方法二"相同。不同之处在锁针时，要将衬线下的面料一同锁上
用途	打套结是一种增强封口牢度的针法。用于开衩口、裤袋口的两端和裤子门里襟的封口部位，即牢固又美观。套线长度根据需要而定
工艺要求	套结排列整齐，套线排列紧密，缝线均匀

12. 锁针（表2-13）

表2-13　锁针

图示/cm	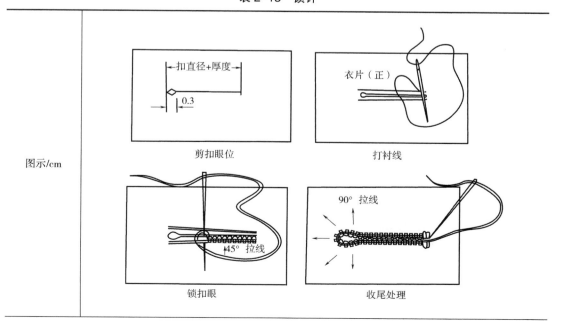 剪扣眼位　　　　　　　　　　打衬线 锁扣眼　　　　　　　　　　收尾处理

操作	锁眼方法有圆头锁眼法和平头锁眼法。锁扣眼共五大步骤，只有每个步骤准确无误，才能锁好扣眼 （1）圆头锁眼法： ☆画扣眼位：纽眼等于纽扣直径加上纽扣厚度，眼位有竖直和水平两种，竖直画时要与搭门线相吻合，水平画时要超过搭门0.15~0.3cm ☆剪扣眼位：衣片对折、上下扣眼位线对准、不能歪斜，居中剪0.5cm，再将衣片展开剪到所需长度。在纽头部位剪成0.2~0.3cm菱形，以便容纳扣线柱 ☆打衬线：其作用是使锁完后的扣眼立体美观。在扣眼周围0.3cm左右打衬线，起针线结留在夹层内。衬线松紧适度，太松影响扣眼整齐、坚固，太紧则扣眼起皱 ☆锁扣眼：从扣眼左边尾端锁起，左手捏住上下两层布料，不能移动。针从衬线尾端穿出，将针尾后的线套在针的前面，然后拔针拉线，将线向右上方倾斜45°角拉紧，拉整齐。锁至圆头时，拉线要与衣片成90°角，针距也适当放大，才能保证圆头整齐美观。全部针法由里向外，由下向上锁缝。注意拉线用力均匀，倾斜度要一致 ☆收尾：锁至尾部时，最后一针与第一针衔接起来缝两行封线，然后将针从扣眼中穿出，再将针从封线外侧扎入扣眼反面，在反面打结，最后将线结拉入衣料的夹层内 （2）平头锁眼法：平头扣眼不用剪圆头，不打衬线，头尾两端都封口。其余锁法同锁圆头扣眼
用途	锁针是手工锁眼的针法，又称锁扣眼。它是服装缝制工艺中不可缺少的一种针法，常用于手锁扣眼、锁钉裤钩、明钉领钩，以及圆孔、腰带襻等。扣眼分为平头和圆头、实用和装饰之分。平头扣眼多用于衬衫和内衣
工艺要求	眼位正确，针脚整齐平服，针距均匀、宽窄一致，圆头圆顺、不毛漏。锁针要坚固、美观光洁

13. 钉扣（表2-14）

表2-14 钉扣

图示/cm	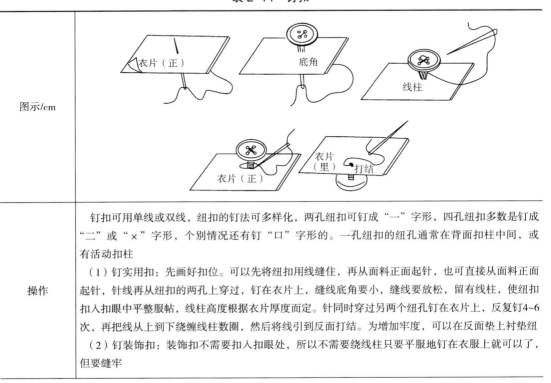
操作	钉扣可用单线或双线，纽扣的钉法可多样化，两孔纽扣可钉成"一"字形，四孔纽扣多数是钉成"二"或"×"字形，个别情况还有钉"口"字形的。一孔纽扣的纽孔通常在背面扣柱中间，或有活动扣柱 （1）钉实用扣：先画好扣位。可以先将纽扣用线缝住，再从面料正面起针，也可直接从面料正面起针，针线再从纽扣的两孔上穿过，钉在衣片上，缝线底角要小，缝线要放松，留有线柱，使纽扣扣入扣眼中平整服帖，线柱高度根据衣片厚度而定。针同时穿过另两个纽孔钉在衣片上，反复钉4~6次，再把线从上到下绕缠线柱数圈，然后将线引到反面打结。为增加牢度，可以在反面垫上衬垫纽 （2）钉装饰扣：装饰扣不需要扣入扣眼处，所以不需要绕线柱只要平服地钉在衣服上就可以了，但要缝牢

续表

用途	钉扣是将纽扣钉在衣服的纽位上，用于服装门襟开口处。纽扣分为实用扣和装饰扣两种。从材质上分为木质、金属、塑料、有机玻璃和贝壳等多种式样。从纽孔看有明孔和暗孔两种，明孔有四孔和二孔之分，暗孔只在扣的背面有一孔，正面无孔
工艺要求	线柱紧固，扣位准确。线柱高矮要合适，衣服扣上后要平服

14. 包扣（表2-15）

表2-15　包扣

图示/cm	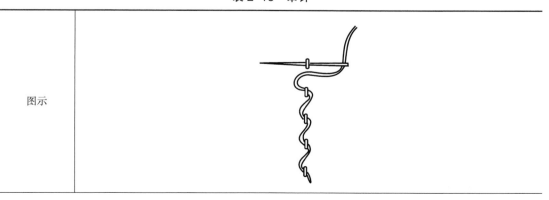
操作	剪一圆形面料，直径为扣直径2倍，用手针沿面料边缘0.5cm拱缝一圈，然后将扣放至面料中间，凸心向外，随之抽紧缝线，再用倒钩针法缝牢，最后钉在衣服上
用途	包扣是扣子上包一层布料，作为装饰，通常用本料布。多用于女装和童装上
工艺要求	包扣圆而丰满，坚固平服

三、装饰手针工艺

装饰手针工艺是增强服装及家居纺织品装饰性的重要工艺手段，给人以美的享受。有刺绣、钉珠、做布花、扳网等各种工艺形式。

其中，手工刺绣属装饰手针工艺中的一大类，手工刺绣又称刺绣，是将绣线通过手针的一定规律的运行做成线迹，形成刺绣图案的工艺形式。我国的四大名绣有苏绣、湘绣、蜀绣、粤绣等，都是属于手工刺绣的范畴。手工刺绣有平面绣、立体绣、花线绣、绒线绣、劈丝绣、双面绣、雕绣、贴布绣、抽丝绣、包梗绣、十字绣等形式。

1. 串针（表2-16）

表2-16　串针

图示	

操作	先将绣针用行针针迹，再用另一种绣线在其间穿过。此针法可用两种颜色的绣线
用途	串针是一种装饰性的针法，是针法中的基础，多用于女装和童装的门襟、上口及袋口等处的装饰
工艺要求	行针线迹直顺，绣线松紧适宜

2. 旋针（表2-17）

表2-17　旋针

图示	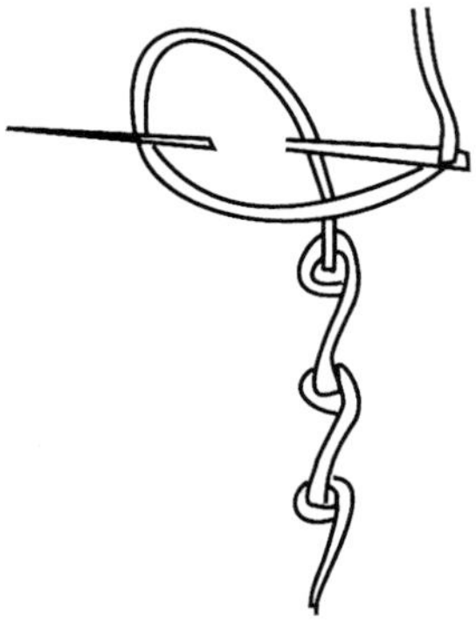
操作	针法是间隔一定距离，打一套结，再继续向前，周而复始，形成涡形线迹
用途	旋针是一种国外传入的针法，日本称之为涡形花。多用于花卉图案的枝梗、茎藤等
工艺要求	套结大小一致，间隔距离相等，绣线松紧适宜

3. 竹节针（表2-18）

表2-18　竹节针

图示	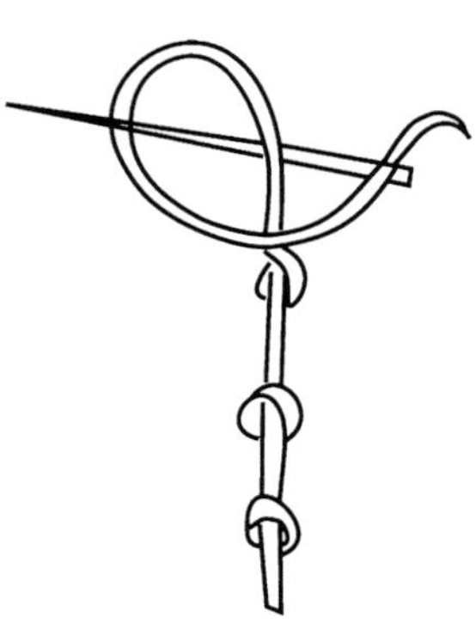
操作	将绣线沿着图案线条，每隔一定距离打一线结，并和衣料一起绣牢
用途	竹节针因它绣成的形状很像竹节而得名。此针法在日本比较流行。多用于图案的轮廓边缘，或枝、梗等线条处
工艺要求	线结大小一致，距离相等，线迹松紧适中

4. 山形针（表2-19）

表2-19　山形针

图示	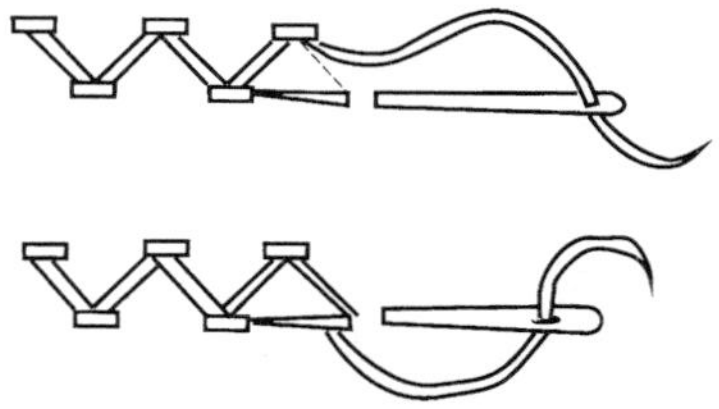
操作	针法与线迹和三角针相似，只是在斜行针迹的两端加一倒回针
用途	山形针是一种装饰性针法，因绣成的形状很像山而得名。多用于装饰育克或服装部件的边缘部位
工艺要求	倒回针的线不宜过长，山形线迹排列整齐、均匀

5. 嫩芽针（表2-20）

表2-20　嫩芽针

图示	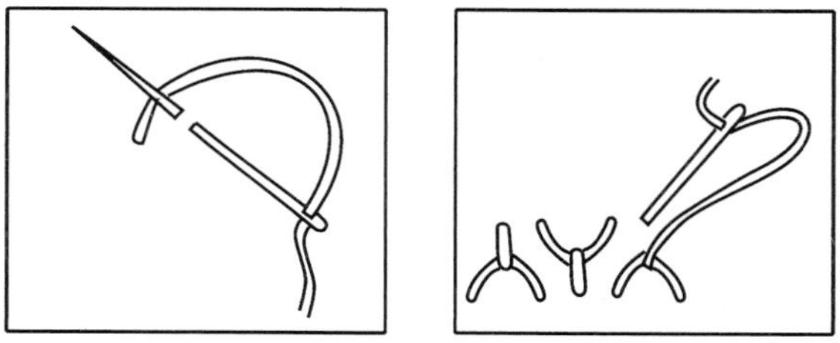
操作	针法是将套环形针法分开绣成嫩芽状，绣线可细可粗。粗者可用开司米线，细者可用丝线，根据用途不同加以选择
用途	亦称丫形针。多用于儿童、少女服装
工艺要求	嫩芽状绣线排列整齐、美观，直线状亦可弧线状排列，拉线松紧适中

6. 叶瓣针（表2-21）

表2-21　叶瓣针

图示	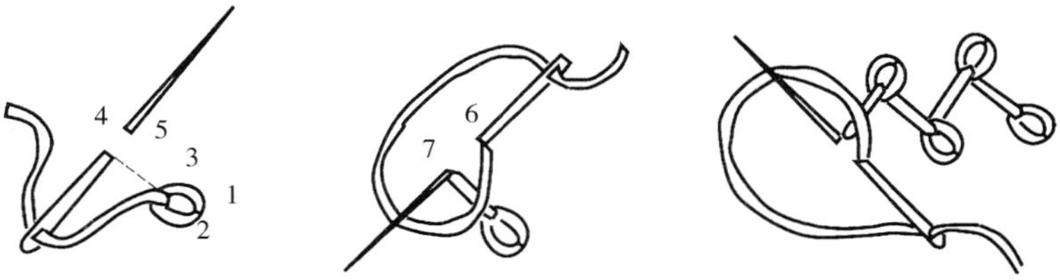
操作	针法是将套环的线加长，使连接各套环的线成为锯齿形
用途	叶瓣针是一种装饰性针法，因针法两侧的绣线呈叶瓣状而得名。用于服装边缘部位的装饰
工艺要求	叶瓣大小均匀，排列整齐，绣线松紧适宜

7. 链条针（表2-22）

表2-22　链条针

图示	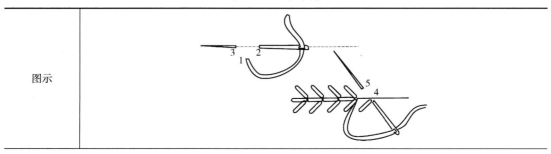
	正套　　　　　　　　　　　　　　　反套
操作	针法分为正套和反套两种。正套刺绣时，先用绣线绣出一个线环，并将绣线压在绣针底下拉过，这样在线环与线环之间，就可一针扣一针连接，做成链条状。反套刺绣时，先将针线引向正面，再与前一针并齐的位置将绣针插下，压住绣线，然后在线脚并齐的地方绣第二针，逐针向上做成。作阔链条时，则两边起针距离大，且挑针角度形成针形
用途	链条针又称锁链针，线迹一环紧扣一环如链条状。可用作图案的轮廓或线条之用，亦可用于服装边缘上的装饰
工艺要求	线环大小一致，链条均匀

8. 绕针绣（表2-23）

表2-23　绕针绣

图示	
操作	针法是先绣回形针迹，再用线缠绕在原来的针迹中，产生捻线的视感，用粗丝线效果好
用途	绕针绣是缠绕绣线的一种针法，具有装饰性。多用于毛呢服装的门襟边缘
工艺要求	回形针迹长短一致，不宜太长；绕线松紧适宜，排列有规律

9. 水草针（表2-24）

表2-24　水草针

图示	

续表

操作	针法是先绣下斜线，再绣横线和斜线，循环往复，形成水草图形
用途	水草针属装饰性针法，绣线形状如水草而得名。一般用于服装的边缘部位，起装饰作用
工艺要求	线迹长短、宽窄一致，水草形状排列整齐

10. 珠针（表2-25）

表2-25 珠针

图示	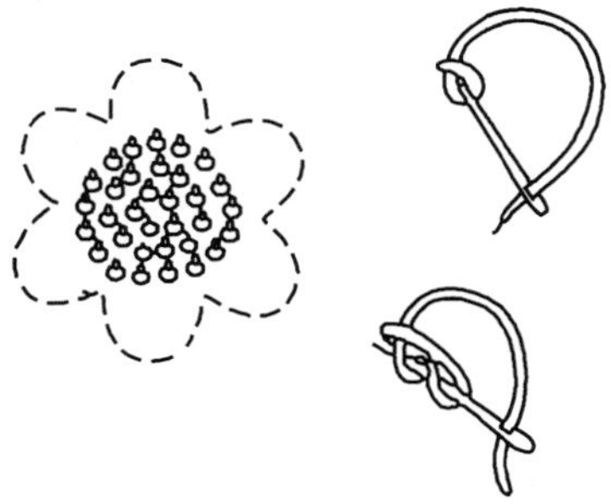
操作	针法是绣针穿出布面后，将线在针上缠绕两圈，再拔出针向线迹旁刺入即成。也就是布面上打一线结，出针和进针越近，珠结就越紧
用途	珠针亦称打子绣，用于绣花蕊或点状图案
工艺要求	在花蕊中打珠针要求排列均匀，并可饰金色或银色绣线

11. 绕针（表2-26）

表2-26 绕针

图示	
操作	针法是将绣针挑出布面后，用绣线在绣针上缠绕数圈，圈数视花蕊大小而定。然后将针仍旧刺下布面，将线从线环中穿过。这样绕成的绣环可以是长条形或环形
用途	绕针迹称螺丝针，常用于花蕾及小花朵刺绣
工艺要求	绕针的线环扣得结实紧密，绕线松紧适宜

12. 十字针（表2-27）

表2-27 十字针

图示	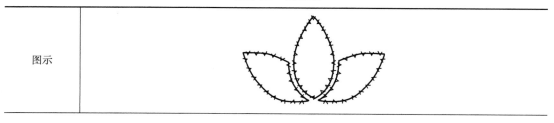
操作	其针法有两种。一种是将十字对称针迹一次挑成；另一种是先从上到下挑好同一方向的一行，然后再从下到上挑另一方向的另一行。在此基础上可改绣成米字形双下字针
用途	十字针亦称十字挑花，是我国的传统针法之一。十字针迹排列可形成各种图形，用于图案或服装上，用途广，艺术性强。有单色和彩色之分
工艺要求	针迹排列整齐，行距清晰，十字大小均匀。拉线要轻重一致，过重则面料易拉皱、拉破，过轻则绣线容易起毛

13. 杨树花针（表2-28）

表2-28 杨树花针

图示	一针花　　　　二针花　　　　三针花
操作	方法是一上一下地向上挑起，绣线必须在针尖下穿过，挑出；二针花为二上二下向上挑起；三针花为三上三下挑起
用途	杨树花针亦称花绷针。常用于女长大衣、短大衣的衣里下摆贴边处。针法可分为一针花、二针花和三针花等
工艺要求	绣线松紧适宜，图案顺直，针脚均匀

14. 贴布绣（表2-29）

表2-29 贴布绣

图示	

续表

操作	将异色布按图案裁剪扣烫好后，固定在大片面料上，四周用异色线或同色线作锁边或斜十字针将其锁光
用途	贴布绣又称补花绣，能增加绣品的牢度，多用于童装
工艺要求	贴布平挺，边缘缝线针迹整齐，无毛边

15. 雕绣（表 2-30）

表 2-30　雕绣

图示	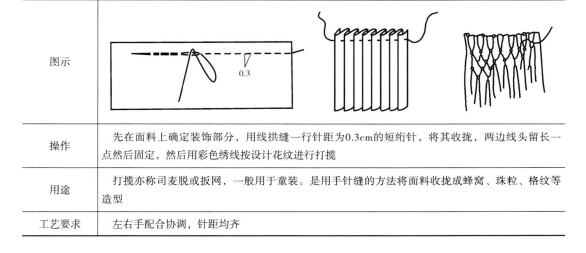
操作	针法是先根据图案要求将边缘的轮廓和线条，用锁边针扣好，然后用小剪子将需要镂空的地方剪去。如果雕绣的面积较大，有损牢度，可加中间线，并在线上同样用锁边针法锁光
用途	雕绣又称镂空绣，难度较高，多用单色绣线制作，用于女衬衫及床上用品。雕绣绣出的图案玲珑、别致，富有艺术情趣
工艺要求	镂空处绣线不能剪断，针迹整齐、紧密、圆润

16. 打揽（表 2-31）

表 2-31　打揽

图示	
操作	先在面料上确定装饰部分，用线拱缝一行针距为0.3cm的短绗针，将其收拢，两边线头留长一点然后固定，然后用彩色绣线按设计花纹进行打揽
用途	打揽亦称司麦脱或扳网，一般用于童装。是用手针缝的方法将面料收拢成蜂窝、珠粒、格纹等造型
工艺要求	左右手配合协调，针距均齐

17.抽丝绣（表2-32）

表2-32　抽丝绣

图示	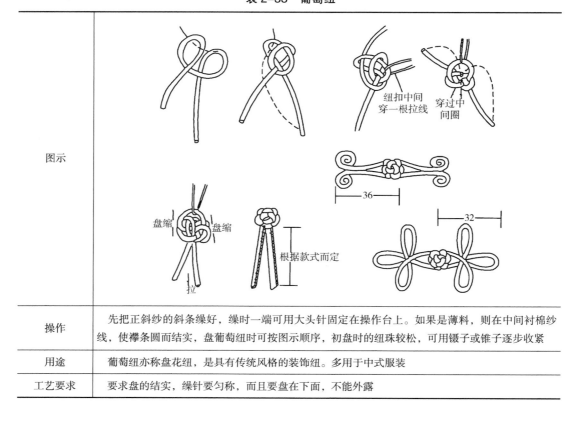
操作	先在面料上抽去一定数量的经纱或纬纱，然后再用线在两边或四周封针或扎牢，使面料纱线不致松散，最后将剩下的面料纱线编绕成各种图案
用途	抽丝绣是刺绣中的一个类别，而不是针法。抽丝有宽有窄，中间扎线、编线的形式多种多样，可用连环状或蛛网状的盘绕。用于服装或装饰物上
工艺要求	抽丝边缘处的纱线不松散，图案整齐、美观

18.葡萄纽（表2-33）

表2-33　葡萄纽

图示	
操作	先把正斜纱的斜条缲好，缲时一端可用大头针固定在操作台上。如果是薄料，则在中间衬棉纱线，使襻条圆而结实，盘葡萄纽时可按图示顺序，初盘时的纽珠较松，可用镊子或锥子逐步收紧
用途	葡萄纽亦称盘花纽，是具有传统风格的装饰纽。多用于中式服装
工艺要求	要求盘的结实，缲针要匀称，而且要盘在下面，不能外露

第二节　基础机缝工艺

　　机缝又称缉缝、车缝，是指用缝纫机械来完成缝制加工服装的过程。其特点是速度快、针迹整齐而且美观。随着缝纫机械的不断发展，在现代服装生产中，机缝工艺已经成为整个缝制工艺中的主要部分，对于初学者而言，精通机缝工艺要领、掌握机缝工艺技巧是十分必要的。

一、机缝工具与设备

　　机缝设备种类繁多，有平缝机、拷边机、钉扣机、锁眼机、扎驳机、开袋机、绱袖机、套结机、绷缝机等。除此以外，在机缝时还需要剪子、镊子、锥子等辅助工具。

二、机缝前的准备工作（表 2-34）

表 2-34　机缝前的准备工作

序号	操作内容	操作图示	操作方法	注意事项
1	空车缉纸训练	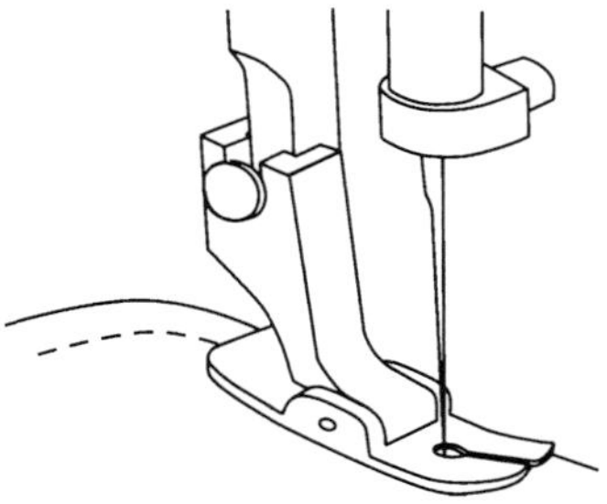	不引线进行缉纸练习，使手、脚、眼协调配合。先缉直线，后缉弧线，然后进行平行直线和弧线的练习，还可以练习缝制不同的几何形状	做到纸上的针孔整齐，直线不弯，弧线圆顺
2	调节面、底线	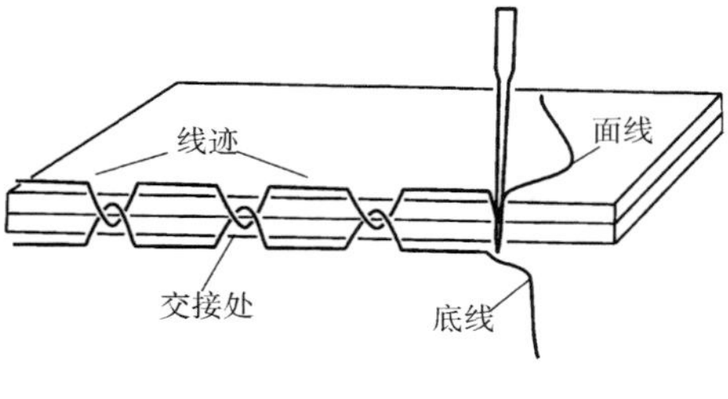	注意线的松紧调节，要使缝迹的面底线一致，并保持面线与底线的交接处于缝物的中间。面线紧、底线松的现象，称为浮面线，可以调松面线压线器，或拧紧梭壳螺丝；如果面线松，底线紧，称为浮底线，可以调紧面线压线器，或拧松梭壳螺丝	先调底线，根据底线配合调整面线，才能保证成衣线迹整齐、牢固、美观

三、基本缝型

1. 平缝（表 2-35）

表 2-35　平缝

图示	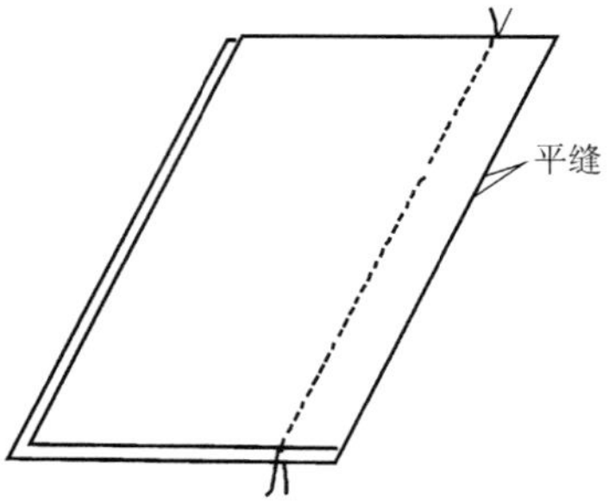 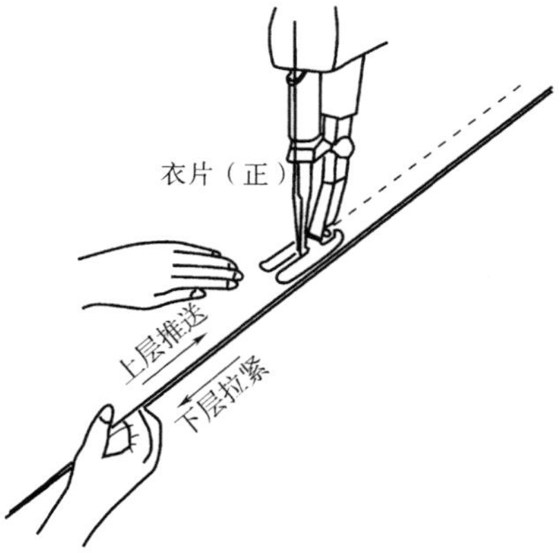 平缝 衣片（正） 上层推送　下层拉紧
操作	两层面料叠合在一起，按规定的缝份平行地绱一道线。平缝时常出现下层布片"吃"，上层布片"赶"的问题。这是由于下层布片直接与送布牙接触，故下层布片被向前推送；而上层布片与压脚接触，这时上层布片向后推送。当机缝一段距离后，上下层面料会受力不同产生滑移，出现上层布片长，下层布片短的现象。为了克服这种弊病，在缝纫时，用右手将下层衣片略拉紧，左手助力上层布片适当向前推送，使上、下两层布片同步前进，长短对齐
用途	平缝又称合缝。它是机缝工艺的基础，在机缝中应用最广泛的一种方法，如上装的肩缝、摆缝、袖缝，裤子的侧缝、下裆缝等
工艺要求	绱线要顺直，上下两层布片的起始点要对齐，缝份宽窄一致，布面平整

2. 搭缝（表 2-36）

表 2-36　搭缝

图示	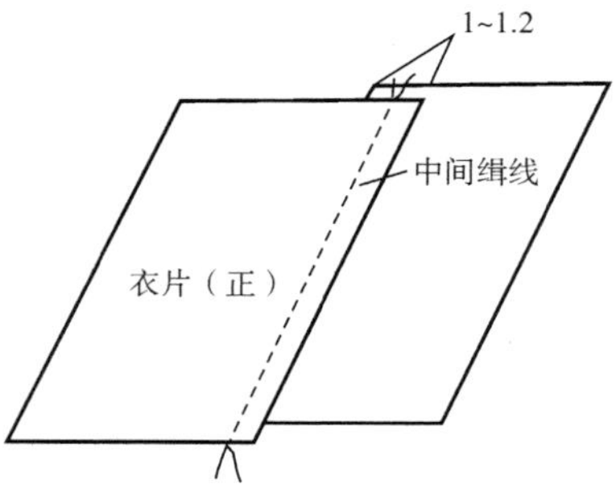 1~1.2 中间绱线 衣片（正）
操作	是将两层要拼接的裁片边相对搭在一起，上下两层重叠 1~1.2cm，然后在中间绱线，注意上下层松紧要一致
用途	搭缝又称搭绱缝，常用于衬布的拼接部位和内部拼接处，特点是拼接的部位厚度小，使外观平服
工艺要求	绱线在搭缝的中间处，线迹要直顺，布片要平服，上下层松紧适中，搭缝处的缝份宽窄要一致

3. 拼缝（表2-37）

表2-37 拼缝

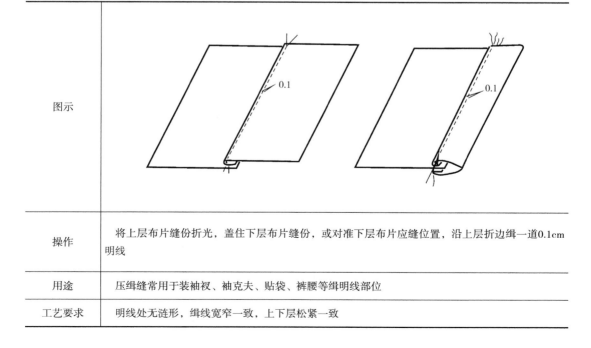

图示	胸衬（正）　0.8
操作	它是把两个毛边边缘对齐，下面垫层薄布条，沿毛边缝0.4cm绱线；再用右手把压脚略抬高一点儿，左手把面料轻微地来回移动，来回往复地绱成三角形线迹
用途	拼缝常用于衬布省道的缝合，使缝合部位变薄
工艺要求	拼缝面平齐、平整，缝子不疏出，三角形线迹均匀

4. 压缉缝（表2-38）

表2-38 压缉缝

图示	0.1　　　0.1
操作	将上层布片缝份折光，盖住下层布片缝份，或对准下层布片应缝位置，沿上层折边缉一道0.1cm明线
用途	压缉缝常用于装袖衩、袖克夫、贴袋、裤腰等缉明线部位
工艺要求	明线处无涟形，缉线宽窄一致，上下层松紧一致

5.漏落缝（表2-39）

表2-39　漏落缝

图示	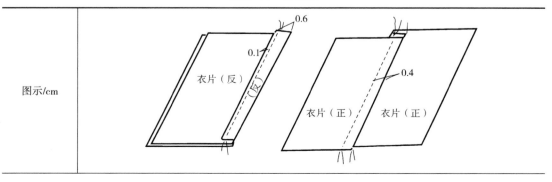
操作	平缝后将缝份分开，明线缉在分缝中
用途	漏落缝常用于固定嵌线
工艺要求	正面不露线迹，缉线松紧适中

6.来去缝（表2-40）

表2-40　来去缝

图示/cm	
操作	来缝是将布片反面相对叠合，沿边0.3cm缉第一道线；去缝是将缝缉合后翻转，缝边用手扣齐，正面相对，后沿边0.6cm缉第二道线
用途	来去缝俗称鸡冠缝，用于薄料衬衫、内衣裤等
工艺要求	正面缝无毛边，反面缝无涟形，缉线顺直

7.内包缝（表2-41）

表2-41　内包缝

图示/cm	

续表

操作	先将两层布片面面相对，下层布片缝份放出0.6cm包转，包转缝份绲住0.1cm，再把包缝折倒，将毛茬盖住，正面绲0.4cm明线
用途	内包缝正面呈单线。用于内衣裤、夹克的缝制
工艺要求	缝内外光洁而牢固，明线处无涟形，明线宽窄一致

8. 外包缝（表2-42）

表2-42　外包缝

图示/cm	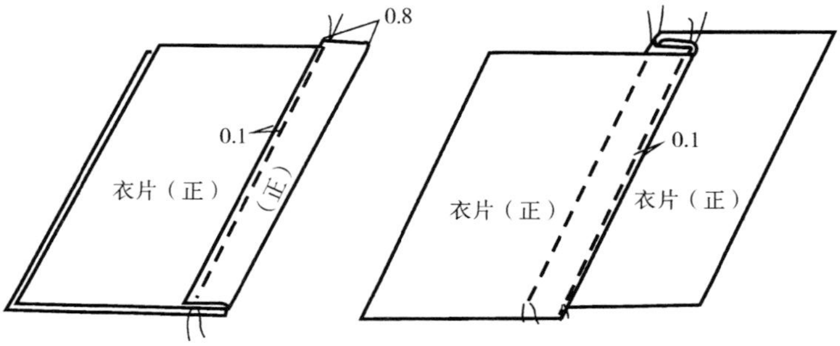
操作	缝制方法与内包缝工艺相反。两层布片反面相对叠合，下层布片缝份放出0.8cm包转，包转缝份绲住0.1cm，再把包缝向毛茬一处坐倒，在正面绲0.1cm明线
用途	外包缝正面明线呈双线，用于双面服装、风雪大衣等的缝制
工艺要求	缝正面无毛茬、无涟形，双明线顺直，宽窄一致，缝份大小一致

9. 贴边缝（表2-43）

表2-43　贴边缝

图示/cm	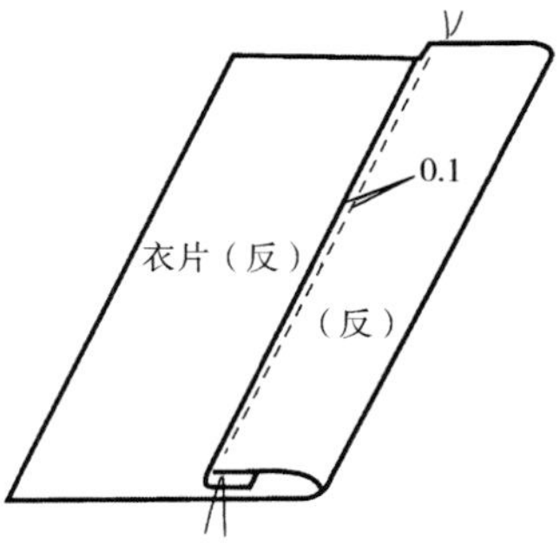
操作	先将布片缝份向反面折光，贴边处根据需要向布片反面再折转，沿贴边上口绲0.1cm明线
用途	贴边缝又称卷边缝，有宽窄两种。宽贴边用于服装袖口、下摆和裤脚口等处；窄贴边用于荷叶边、床单和窗帘等边缘处
工艺要求	绲线平服，上下对齐，宽窄一致，不起涟形

10. 别落缝（表2-44）

表2-44 别落缝

图示/cm	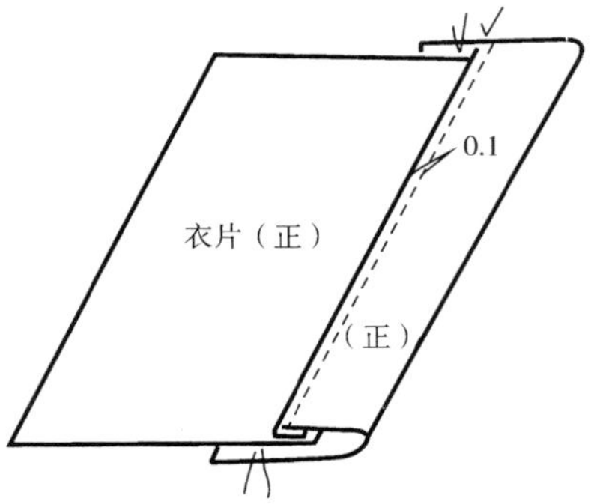
操作	将腰头正面与裤片正面相对进行缉线，然后将腰头正面翻出，缝份向腰头处坐倒，腰里放正，从裤片正面紧贴坐缝缉0.1cm的明线
用途	别落缝是一种明线暗缉的方法，常用于高档裤腰头的缝制
工艺要求	上下层平服，无涟形，明线顺直，宽窄一致

11. 拉吃缝（表2-45）

表2-45 拉吃缝

图示/cm	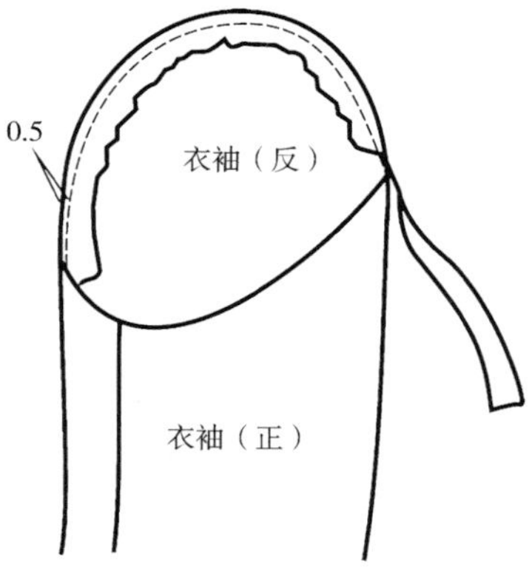
操作	右手拉住装袖布条2cm宽斜纱，左手压住袖山部位，针码要放大，边缉边将下层推送，缉线宽0.5cm，上层布条拉紧，推送程度根据袖山吃势而定
用途	拉吃缝是代替手工抽袖包的一种针法，多用于简制工艺的袖山部位
工艺要求	吃势要均匀，无皱褶，缉线宽不能超过缝份

12. 闷缉缝（表2-46）

表2-46　闷缉缝

图示/cm	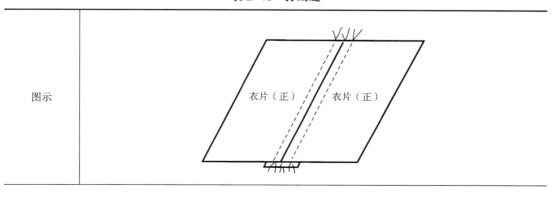
操作	闷缉缝是将面料两边折光，折烫成双层，下层略宽于上层，把衣片夹在中间，沿上层边缘缉0.1cm，把上、中、下三层一起缝牢，缉时注意上层要推送，下层略拉紧
用途	用于安装衬衫袖衩、裤腰头等
工艺要求	上、下层松紧一致，无涟形，缉线宽窄一致，缝份要包匀，不外露

13. 吃缩缝（表2-47）

表2-47　吃缩缝

图示	
操作	缉缝时，上层适当带紧，下层略推送，产生里外容，部件做好后不反吐
用途	吃缩缝用于部件组合部位的边缘缝份处，使部件产生足够的里外容，如袋盖、领、袖襻、腰襻等
工艺要求	部件不吐、不翘，平服

14. 分缉缝（表2-48）

表2-48　分缉缝

图示	

续表

操作	两层布片平缝后将缝份分开，在正面两边各压缉一道明线。明线宽不超过缝份
用途	分缉缝用于衣片拼接部位的装饰和加固
工艺要求	缉线顺直，双明线平行，左右衣片无涟形

15. 坐缉缝（表2-49）

表2-49　坐缉缝

图示/cm	
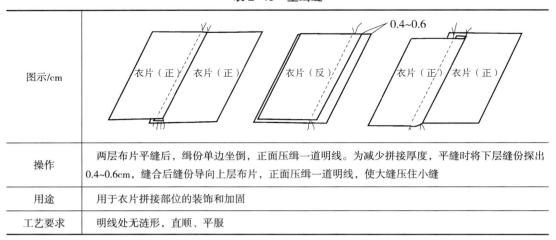	
操作	两层布片平缝后，缉份单边坐倒，正面压缉一道明线。为减少拼接厚度，平缝时将下层缝份探出0.4~0.6cm，缝合后缝份导向上层布片，正面压缉一道明线，使大缝压住小缝
用途	用于衣片拼接部位的装饰和加固
工艺要求	明线处无涟形，直顺、平服

　　以上介绍了一些机缝工艺及其在服装上的运用。实际上有些机缝方法的运用很广泛，有些部位的缝制可以交叉应用，有些部位的缉线宽度也可根据款式要求而定，达到增强牢度和装饰美观的需求，灵活运用。

第三节　服装部件缝制工艺

　　服装是由各类衣片和部件组合而成，服装款式常取决于这些部件的造型变化。要使服装穿着合适美观，端庄秀丽，除了好的款式设计外，各种部件缝制工艺质量的好坏也起着至关重要的作用。

一、口袋缝制工艺

1. 贴袋缝制工艺（表2-50）

　　贴袋是指袋布直接贴缝在服装表面形成的一类口袋。下面以圆角贴袋简做工艺、圆角贴袋精做工艺、立体外贴口袋制作工艺（风琴袋）为例讲解。

表 2-50 贴袋缝制工艺

		1.圆角贴袋简做工艺	
序号	操作步骤	操作图示	操作方法
（1）	备料	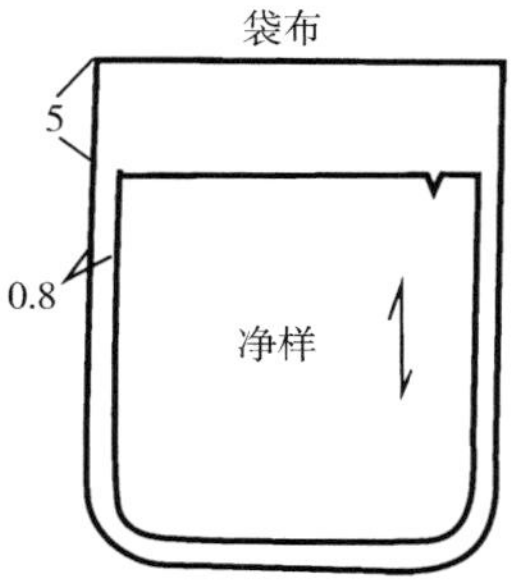	按贴袋净样放缝份0.8cm，上口放5cm，注意袋止口处的面料纱向为经纱
（2）	扣烫袋布	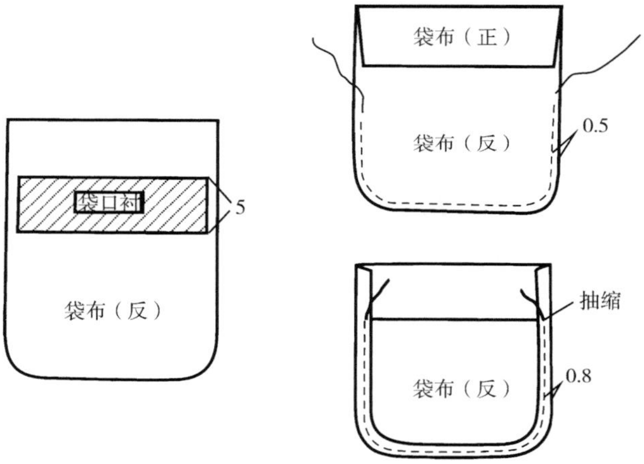	先将袋口粘衬，上口贴边锁边后，按上口净样折转。袋底圆角用大针码距边0.5cm绱线一道，后抽紧底边，缝份向里折转0.8cm，最后用熨斗扣烫压实。或直接用熨斗扣烫圆角。注意两角对称烫圆顺
（3）	钉袋	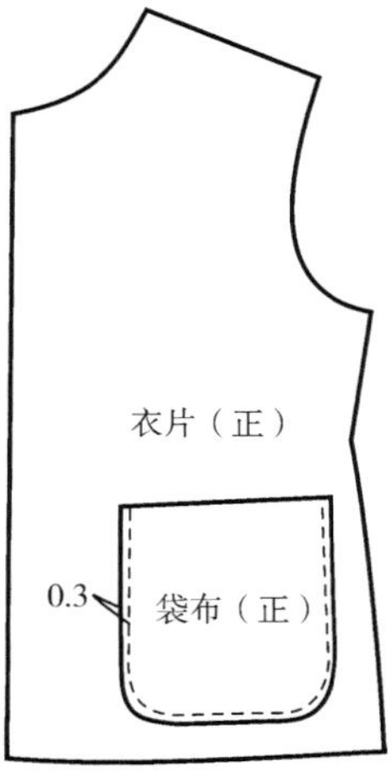	将衣片放在布馒头上，贴袋放正，沿边0.3cm擦线。再按需要袋边绱明线，或用本色线缲暗针
	用途	圆角贴袋指两袋角呈圆形的贴袋，广泛用于男、女童服装上	
	工艺要求	贴袋平服，袋底圆顺，明线顺直，明线松紧一致，宽窄一致，靠止口一处的袋边为经纱	

序号	操作步骤	操作图示	操作方法
		2. 圆角贴袋精作工艺	
（1）	备料	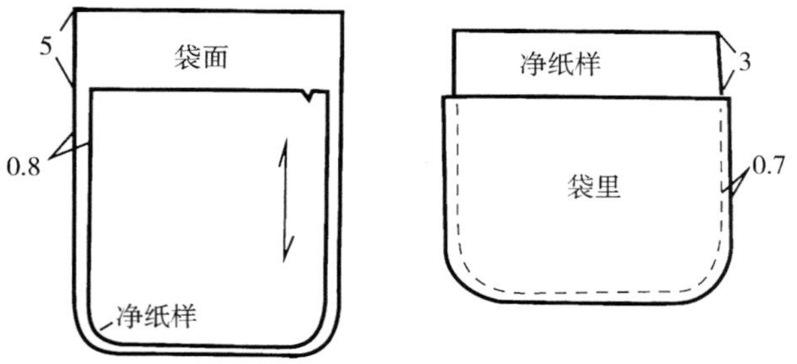 5 袋面 净纸样 3 0.8 袋里 0.7 净纸样	裁贴袋：按贴袋净样放缝份0.8cm，上口放5cm，注意靠袋口处面料纱向为经纱 裁袋里布：以净样上口向下3cm，其他各边放0.7cm
（2）	缝袋面袋里布	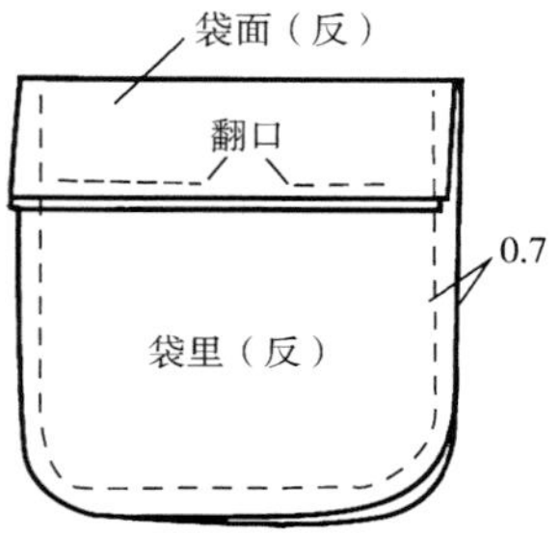 袋面（反） 翻口 0.7 袋里（反）	将袋面袋里的正面相对缝合0.7cm，中间留3cm翻口后，再缝合袋两侧，缉缝时袋里略拉紧
（3）	扣压袋布	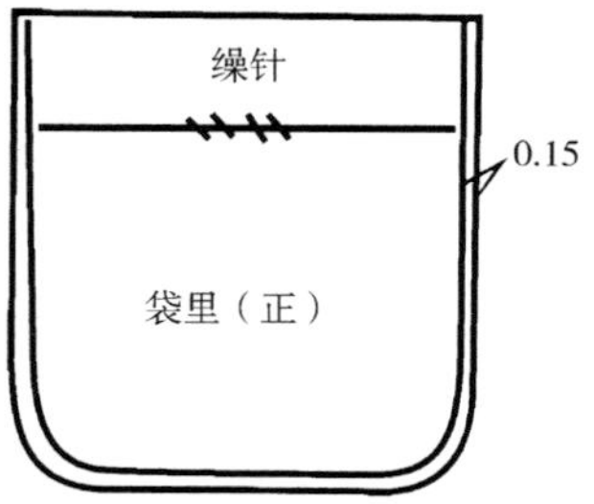 缲针 0.15 袋里（正）	翻过来，封好翻口，烫平，面要均匀探出0.15cm的里外容
（4）	钉袋	图略	与单片钉袋方法相同
	用途	圆角贴袋精做工艺也是两袋角呈圆形的贴袋，但贴袋的反面要加一层里子，常用于高档男装上	
	工艺要求	贴袋平服，袋底圆顺，明线顺直，宽窄一致，面里松紧一致，靠止口一处的袋边为经纱	

序号	操作步骤	操作图示	操作方法
（1）	备料	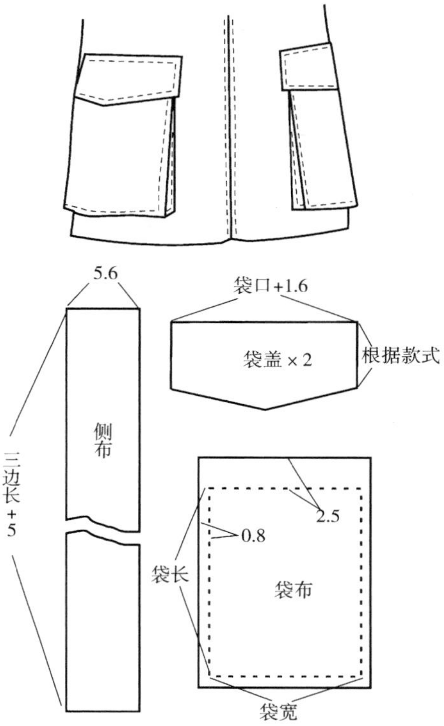	裁袋布：袋口加放2.5cm，其余边各加放0.8cm 裁侧布：长为袋身三边之和再加5cm，宽为5.6cm 裁袋盖：长为袋口加1.6cm，宽度根据款式造型
（2）	缉袋口贴边	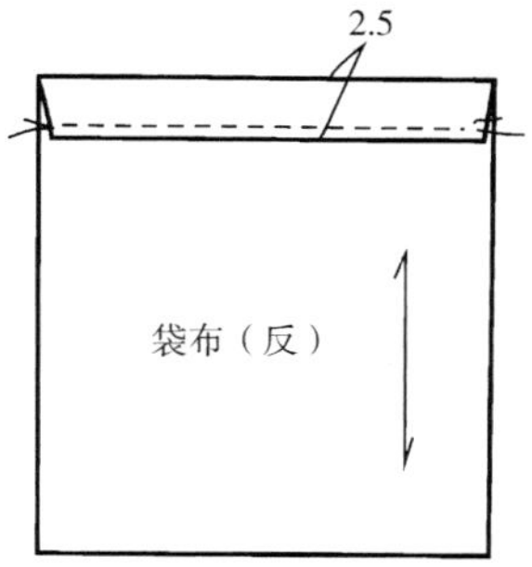	将袋口贴边2.5cm向袋布反面折扣，缉线明线宽2cm，袋口作净
（3）	做侧布	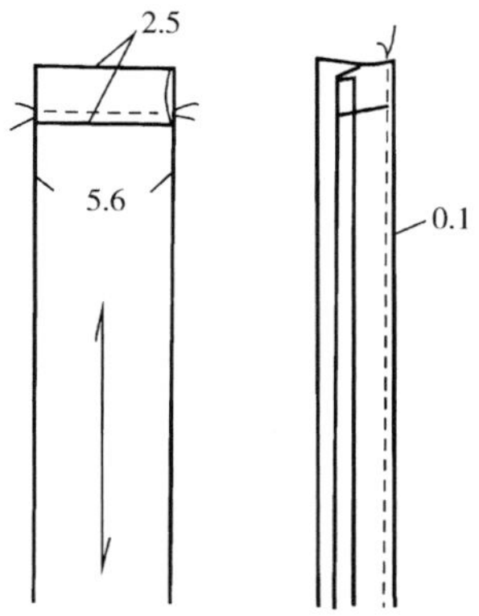	先将侧布袋口处贴边2.5cm扣光烫平，并缉2cm明线使之固定。再将侧布对折，在反面中间缉0.1cm止口线。最后将侧布一边的毛缝扣光烫平

3. 立体外贴口袋制作工艺（风琴袋）

		3. 立体外贴口袋制作工艺（风琴袋）	
序号	操作步骤	操作图示	操作方法
（4）	做袋盖	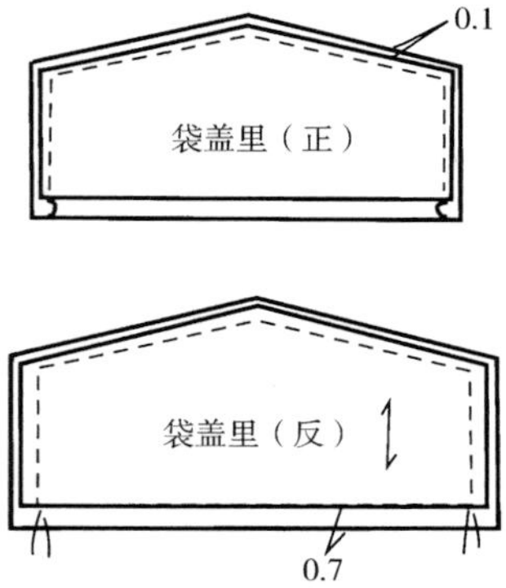 0.1 袋盖里（正） 袋盖里（反） 0.7	将袋盖两边封口，袋盖里略紧。再将正面翻出，缉0.1cm止口。注意袋盖里比袋盖面短0.7cm，使缉袋盖时缝份处平薄
（5）	缉侧布	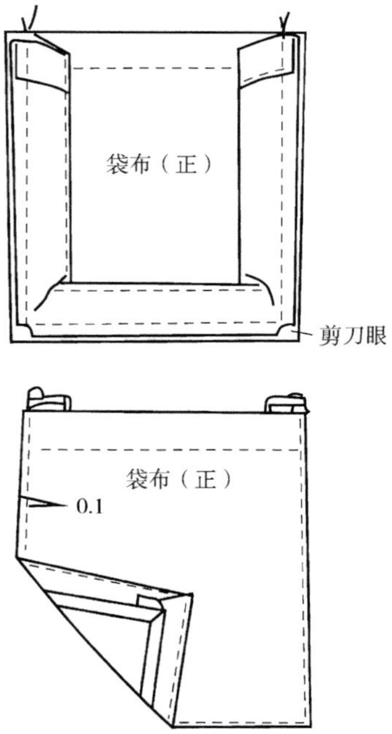 袋布（正） 剪刀眼 袋布（正） 0.1	把侧布另一边缉在袋布边上，两角处打剪口。再把侧布翻进，沿袋布缉0.1cm止口
（6）	固定袋布与袋盖	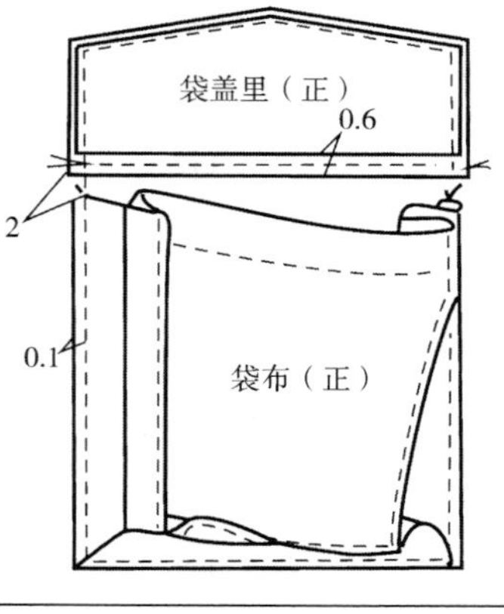 袋盖里（正） 0.6 2 0.1 袋布（正）	将袋布放在衣片上，沿侧布扣净的一边缉0.1cm止口。再将袋盖放在袋口上方，距袋口2cm处缉线固定

续表

3. 立体外贴口袋制作工艺（风琴袋）			
序号	操作步骤	操作图示	操作方法
（7）	缉袋盖明线	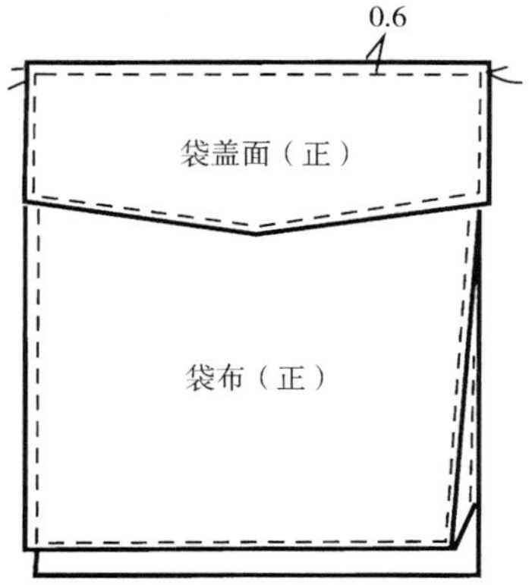	袋盖翻下，缉0.6cm 止口
用途		立体外贴口袋又称风琴袋，是指袋的边沿似手风琴的风箱，能伸缩的口袋。休闲类服装中运用较多	
工艺要求		袋盖要盖住袋布，袋盖平服，不反翘，各处明线顺直，宽窄一致，袋布四角方正，与侧布位置对正	

2. 插袋缝制工艺（表2-51）

插袋是利用服装的衣缝结构制作的一类口袋。下面以侧缝直插袋、侧缝斜插袋、月亮形插袋制作工艺为例说明。

表2-51　插袋缝制工艺

1. 侧缝直插袋			
序号	操作步骤	操作图示	操作方法
（1）	备料	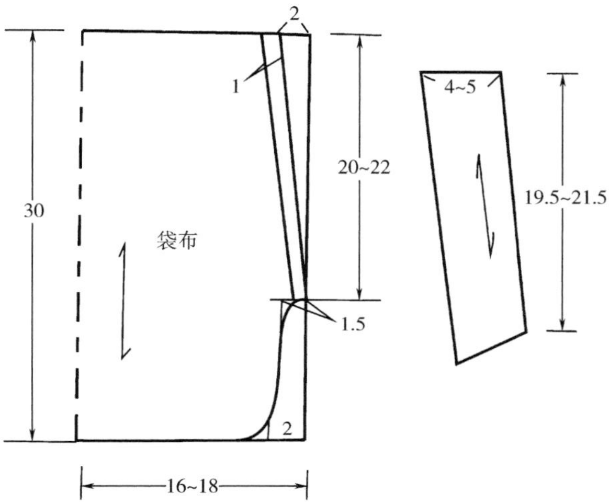	裁袋布：袋布可用棉绸布或涤棉布，长为30cm，宽可根据臀围大小，臀围大者宽度加宽，一般为16~18cm，经纱，但袋口边上下层差1cm 裁垫布：垫布宽4~5cm，为经纱

续表

		1. 侧缝直插袋		
序号	操作步骤	操作图示		操作方法
（2）	做袋布	袋布（里）　0.7　0.6　袋布（里）　2　0.4		将垫布缉在大片袋口距边0.7cm处。同时将袋布底缝合，缝份0.4cm，距袋口2cm左右不缝合。后翻转袋布扣压，大片袋口布沿边扣净0.6cm
（3）	缉袋布、缉袋口	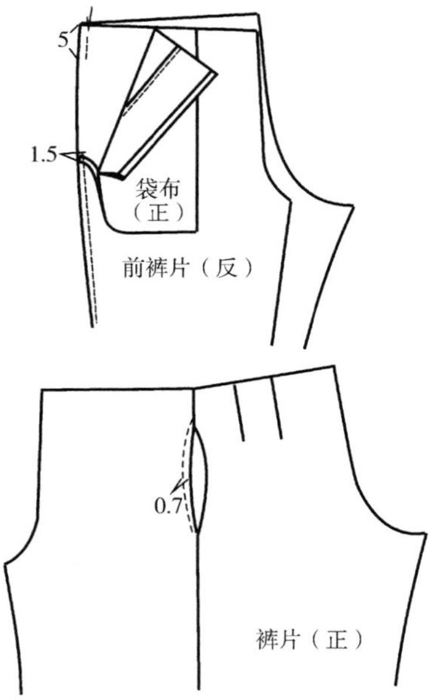 5　1.5　袋布（正）　前裤片（反）　0.7　裤片（正）		将袋布固定在前裤片侧缝，两净线要重合。然后将前、后裤片面面相对、缉侧缝，留出袋口位置不缉。袋口14~16cm，然后分烫侧缝，在前片袋口处缉明线0.7cm。注意袋口不起涟形
（4）	缝袋布后侧	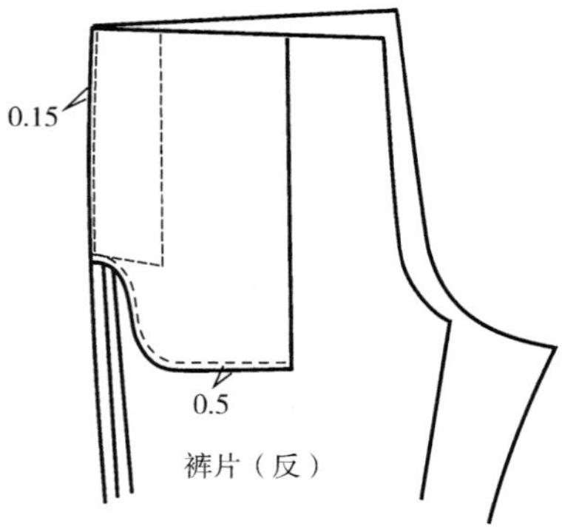 0.15　0.5　裤片（反）		将有折边的侧袋口与后裤片缝份对齐，在边缘处缉0.15cm明线，将袋布固定在后裤片缝份上。再缉袋布底明线0.5cm，侧缝处为分缝

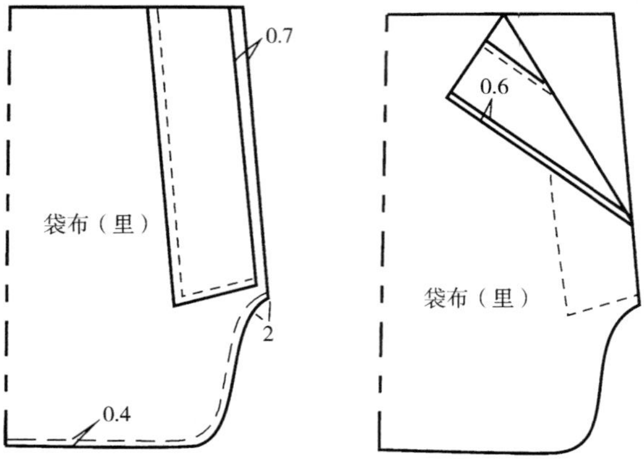

续表

1. 侧缝直插袋			
序号	操作步骤	操作图示	操作方法
（5）	封袋口	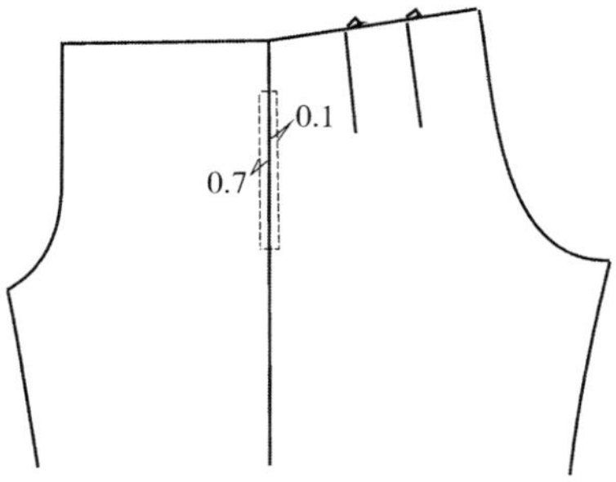	将裤片正面朝上，沿后裤片压缉0.1cm明线，袋口两端缉固定倒回针，袋口封线略向裤口倾斜
	用途	用于侧缝上部的直袋口裤袋，由于直插袋是做在侧缝处，故此袋具有隐蔽性	
	工艺要求	袋口缉线宽度一致、顺直；袋口封线牢固美观、无涟形；袋布、垫布平服，无皱褶，袋布里侧无毛边	
2. 侧缝斜插袋			
序号	操作步骤	操作图示	操作方法
（1）	备料	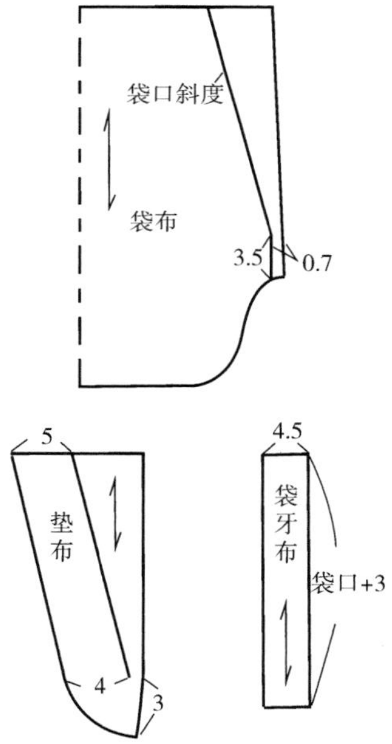	裁袋布：袋布大小基本同直袋，但袋口加长，袋口按裤片袋口倾斜裁剪 裁袋牙：袋牙布为经纱，长为袋口长+3cm，宽为4.5cm 裁垫布：垫袋布宽比袋位加宽5cm，长要比袋位下端加长3cm。垫袋布和袋牙布用裤片相同的面料
（2）	做袋布	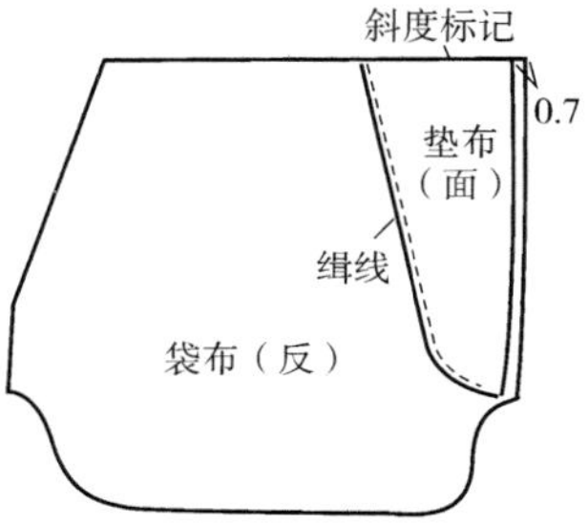	将垫布摆放于袋布上，外口袋布留出0.7cm，垫布内侧缉缝于袋布上

序号	操作步骤	操作图示	操作方法
2. 侧缝斜插袋			
（3）	做袋口	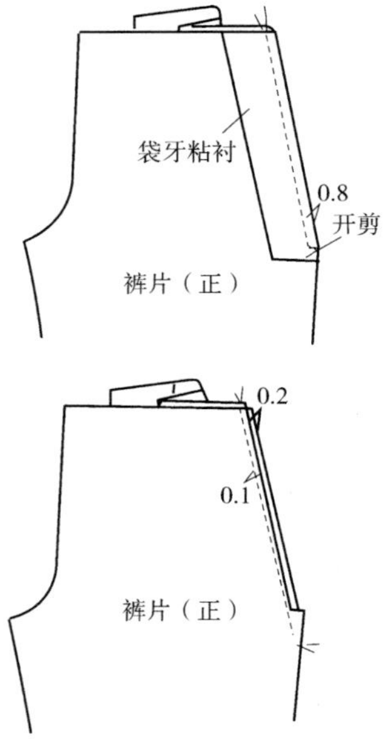	将袋布袋口对准前裤片袋口，用线固定，再把已粘好衬的袋牙摆放好，缉0.8cm缝份。在袋口下端剪眼刀，后将袋牙扣折并凸0.2cm。正面缉袋口明线0.1cm
（4）	封袋口	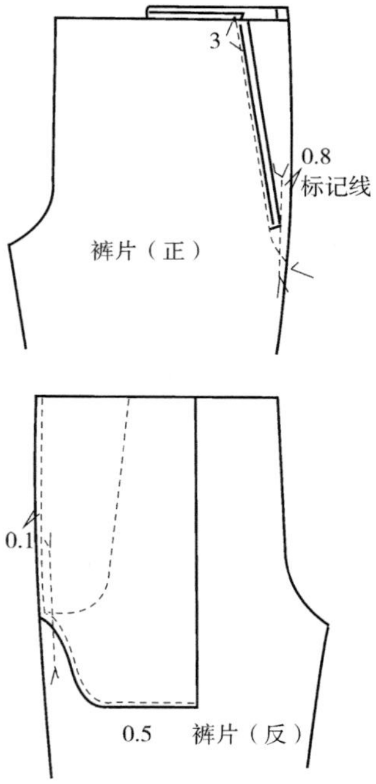	先将袋布底边缝合，后将袋布底边缉0.5cm明线，将袋布、垫布整理好，上袋口按斜袋位置放正，然后封两端袋口，并做好缉侧缝的标记线，使下袋角不露毛口。最后将袋布折光，将袋布与垫布沿边缉0.1cm加以固定
	用途	用于侧缝上端的斜袋口裤袋，袋口呈斜线状，常用于男裤侧袋上		
	工艺要求	袋口不拉伸，不起涟形。袋牙及袋口装饰线顺直，宽窄一致，袋布服帖，无皱褶，垫布位置准确		

续表

序号	操作步骤	操作图示	操作方法
		3.月亮形插袋	
（1）	备料	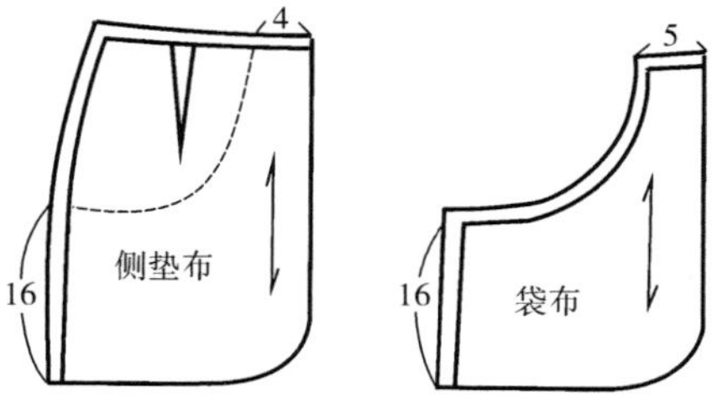 4 5 侧垫布 16 袋布 16	裁袋布：袋布上口与裤片袋口形状相同，宽以袋口宽加放5cm，长加放16cm左右 裁垫布：侧垫布用面料布，外口与裤片相同，里口与袋布相同，腰口留出省位
（2）	做袋口	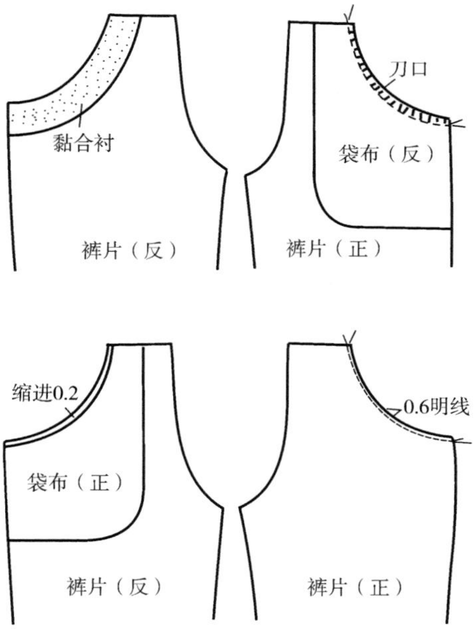 黏合衬 刀口 袋布（反） 裤片（反）裤片（正） 缩进0.2 0.6明线 袋布（正） 裤片（反）裤片（正）	将裤片袋口处贴黏合衬，以防止袋口拉还。袋布与裤片面面相对，沿袋口缉线一道。后剪刀口，但不能剪断缉线。将袋布翻向内侧，袋口处袋布缩进0.2cm，后缉袋口装饰线0.6cm
（3）	缉袋布	图略	将垫布省做好，烫平。再将垫布上的袋口记号与裤片袋口对准，沿袋布边缘缉线一道，后锁边
（4）	缉侧垫布	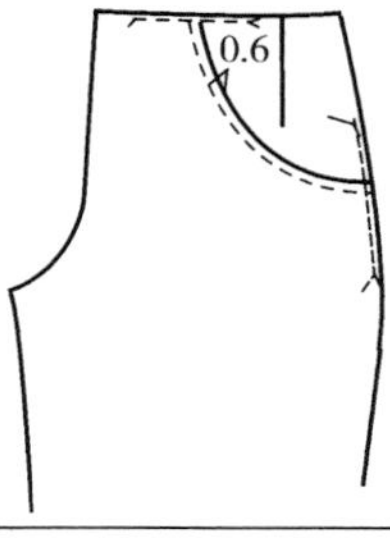 0.6	将裤片摆正，袋布上口和侧边分别固定在裤片上，缉线宽不能超过实际缝份
	用途	月亮形插袋是前裤片上端装的弧形插袋，常用于牛仔裤中	
	工艺要求	袋口明线圆顺美观，无涟形。袋布不反吐，侧垫布平服，袋口弧线圆顺、位置准确	

3. 挖袋缝制工艺（表2-52）

挖袋是袋口在衣身上破坏性切开配以袋牙，袋布置于服装内侧的一类口袋。

表2-52　挖袋缝制工艺

1. 单嵌线口袋简做工艺			
序号	操作步骤	操作图示	操作方法
（1）	备料	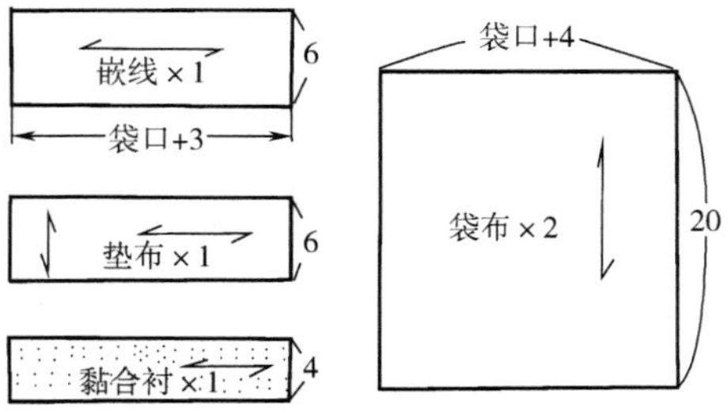	裁嵌线：嵌线用经纱面料，长为袋口长加3cm，宽为6cm 裁垫布：垫布用经纱或纬纱面料，长度同嵌线布长，宽4~6cm 裁袋布：袋布用涤棉布或薄棉布均可，长为20cm，宽为袋口加4cm 裁嵌线衬：嵌线衬布用薄无纺衬黏合衬，长为袋口+（2~3）cm，宽为4cm
（2）	固定袋布	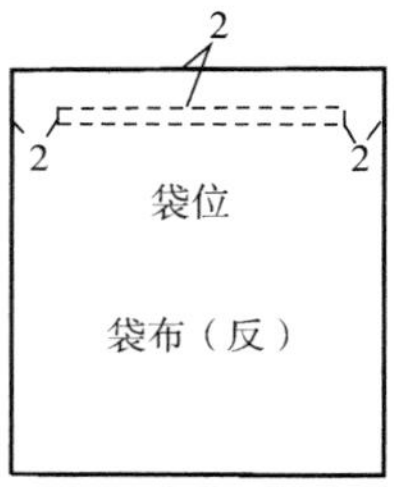	在衣身的反面，将袋布固定于袋口处，上端比袋位多出2cm，左右分别多出2cm，可用手针暂时固定，也可用双面胶条贴牢，注意袋布上口要与袋位平行
（3）	缉袋嵌线、袋垫布	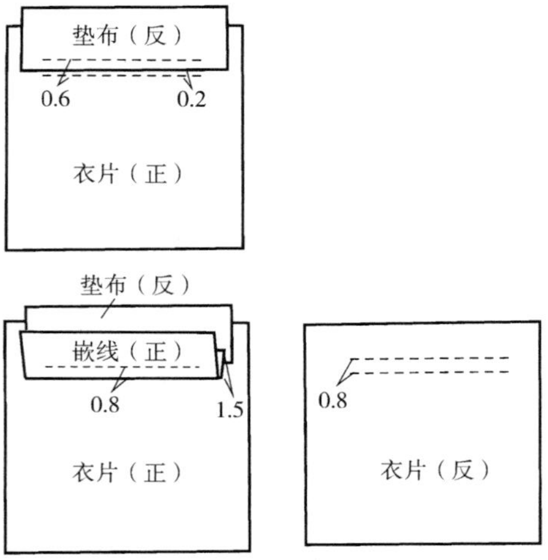	在面料正面画准袋口位置，先将垫布一边与衣片正面相叠，要与袋上口位置放齐，左右居中，垫布缝份为0.6cm。嵌线贴黏合衬，一边向反面扣折1.5cm，将嵌线放于袋位处，距离折叠线0.8cm为缉线位置，按图示放置，将嵌线缉在袋位处。注意，两条缉线平行，长短一致

续表

		1. 单嵌线口袋简做工艺	
序号	操作步骤	操作图示	操作方法
（4）	开袋口	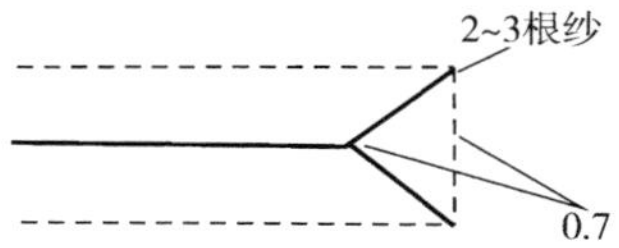 2~3根纱 0.7	沿袋口缉线中间剪开，距两端0.7cm剪三角形，三角形剪距缉线2~3根纱线处止，不能剪断缉线，但也不能离开太多
（5）	固定嵌线	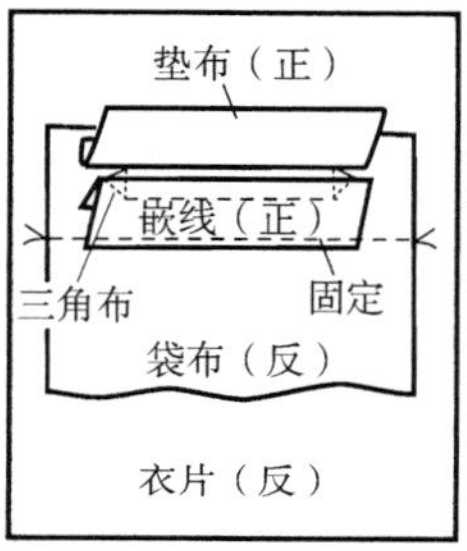 垫布（正） 嵌线（正） 三角布　固定 袋布（反） 衣片（反）	将嵌线翻入袋口，并将其折转，三角布塞进里侧，再将嵌线下端与袋布固定
（6）	装袋布	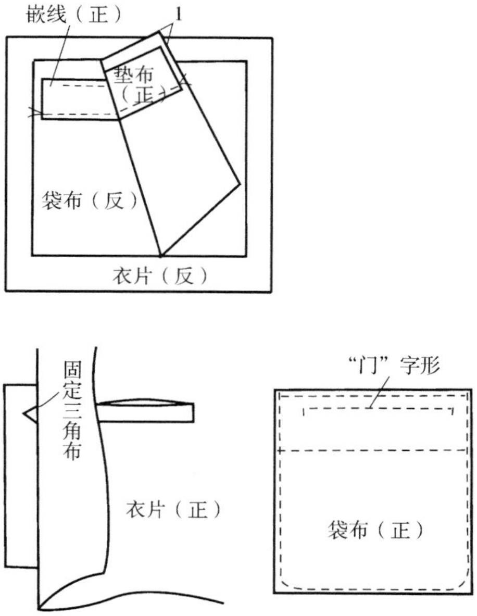 嵌线（正）　1 垫布（正） 袋布（反） 衣片（反） 固定三角布　"门"字形 衣片（正）　袋布（正）	将垫布摆正，再将另一片袋布比齐放好，将垫布下端缉在另一层袋布上。三角布用倒回针固定3~4道。封三角布时，嵌线要带紧，袋角要方正，最后将袋布兜缉一周。注意，上下层袋布松紧要一致
	用途	单嵌线袋是袋口装有一根嵌线，此袋广泛用于上装和下装	
	工艺要求	袋口方正，无毛漏，漏落缝线迹不能偏斜外露，嵌线宽窄一致，松紧适宜。嵌线丝缕正确，为经纱。袋布平整，上下松紧一致	

	2. 单嵌线带盖口袋精做工艺		
序号	操作步骤	操作图示	操作方法
（1）	备料	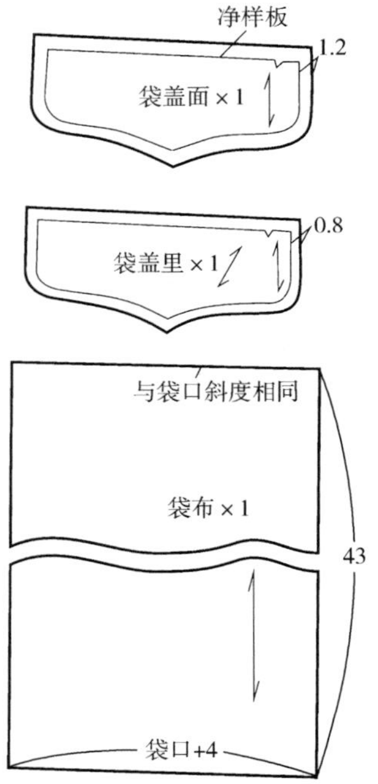	裁袋盖面：袋盖面用面料，以净样板四周加放1.2cm，裁袋盖面注意靠侧缝处的纱支为经纱 裁袋盖里：袋盖里用里子布，以净样板四周加放0.8cm，裁袋盖里注意靠侧缝处的纱支为经纱 裁垫布、嵌线：垫布、嵌线的裁剪与单嵌线相同，但垫布采用里子布 裁袋布：用白细布，袋布上口斜度与袋斜度相同，裁剪方法同单嵌线袋布 裁袋盖衬：一块黏合衬，与袋盖里相同
（2）	做袋盖	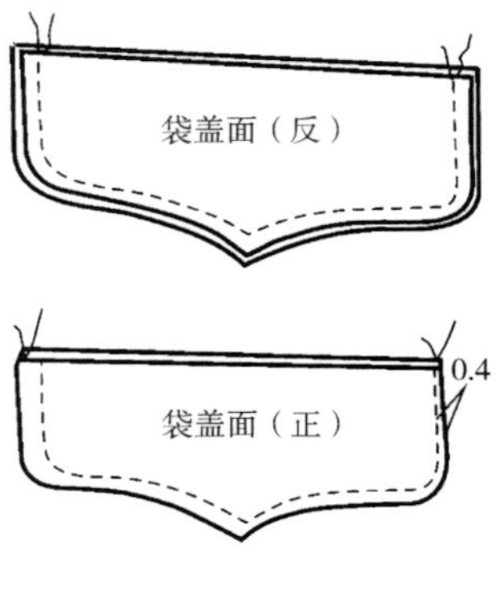	先将袋盖衬贴于袋盖里的反面，冷却后在袋盖衬上画好袋盖净样。再将袋盖面与袋盖里正面相对，面在下，里在上，沿画线向里0.1cm处缉线，缉时注意在两角处面略向里吃，保持里外容，使里略紧，面略松。然后修剪缝份，圆角处留0.3~0.4cm，其他边留0.6cm。将袋盖翻转烫平，袋盖里要缩进0.1cm，最后在袋盖上缉明线装饰线0.4cm

序号	操作步骤	操作图示	操作方法
		2. 单嵌线带盖口袋精做工艺	
（3）	固定袋布	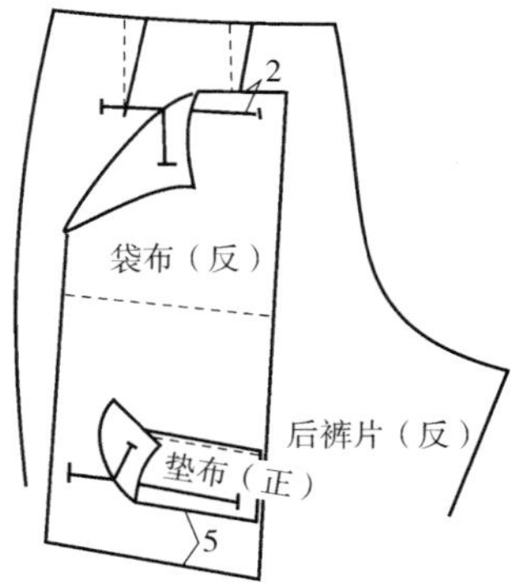 袋布（反） 后裤片（反） 垫布（正） 2　5	将垫布缉缝在袋布一端，离上端5cm，再将袋布另一端固定在袋口位置的反面，同单嵌线。注意，嵌线上的缉线要略短于袋盖缉线，使袋盖翻下后能盖住嵌线
（4）	装袋盖与嵌线	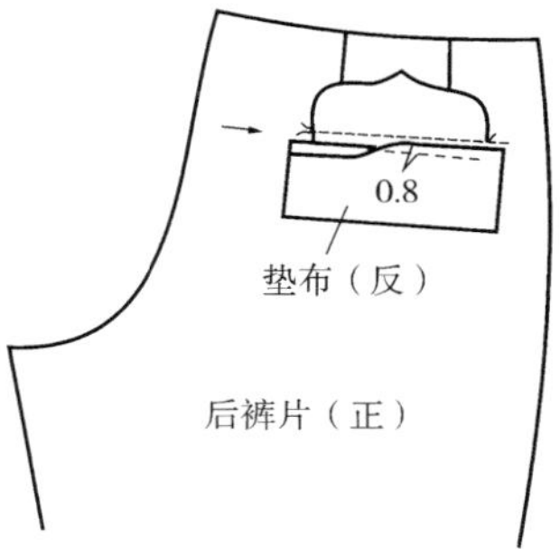 0.8 垫布（反） 后裤片（正）	以袋口位置为准，缉上袋盖和嵌线，两线距离为0.8cm，缉时嵌线略带紧，两头倒回针
（5）	开剪、固定嵌线	图略	袋口开剪同单嵌线，嵌线处烫分开缝，并将嵌线整理0.8cm，缉止口缝0.1cm明线或在里侧暗缉，再将嵌线下端缉缝在袋布上
（6）	合缉袋布	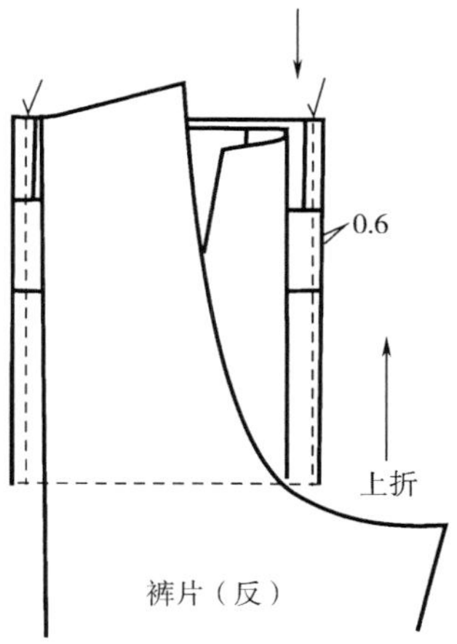 0.6 上折 裤片（反）	将袋布面面相对对折，注意袋垫布位置准确，后缉袋布两边，缝份0.5cm。再将袋布翻出，缉0.6cm止口线一道

		2. 单嵌线带盖口袋精做工艺	
序号	操作步骤	操作图示	操作方法
（7）	封袋口、锁眼	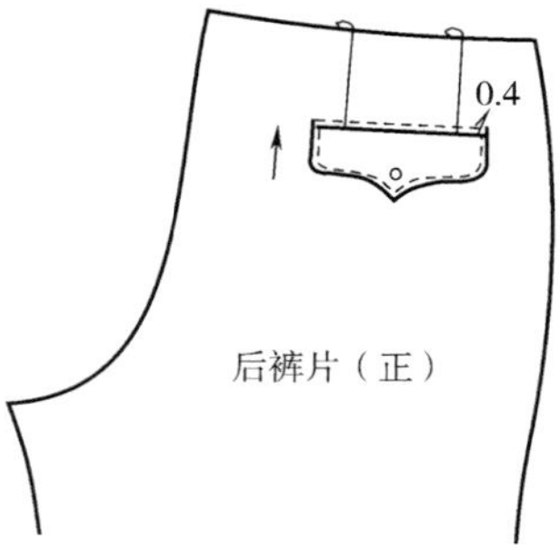 后裤片（正）	将袋盖摆平，门字形封口可明缉，也可暗缉。注意，袋角光洁，方正平服。最后将袋布上口缉牢。后袋盖尖角中间锁扣眼一只，离尖角0.8cm，眼大1.5cm。在袋的相应位置钉纽扣一粒
	用途	在单嵌线口袋的基础上，袋口处再加一袋盖。常用于裤装后袋，上装中也常采用，如中山装	
	工艺要求	袋盖平服，不起翘，不变形。袋角光洁，无毛漏，嵌线宽窄一致，松紧适宜。明线顺直，规范，宽窄一致。袋布平整，不起皱	
		3. 双嵌线口袋简做工艺	
序号	操作步骤	操作图示	操作方法
（1）	备料	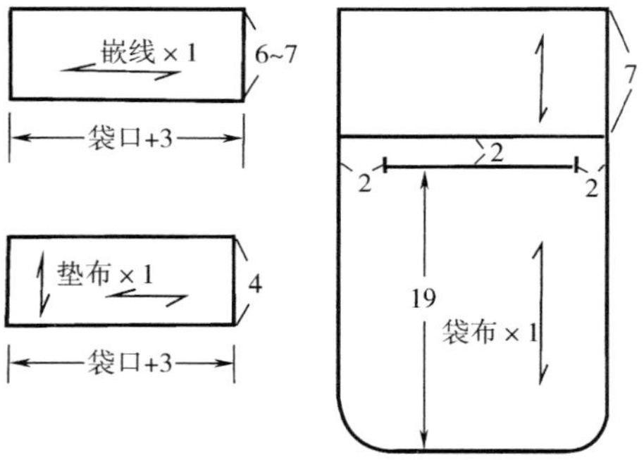	裁嵌线：嵌线一片，长为袋口+3，宽为6~7cm，经纱 裁垫布：垫布一片，长为袋口+3，宽为4cm 裁袋布：袋布两片，一片长，一片短 裁嵌线衬：嵌线衬布用薄无纺黏合衬，一片，长为袋口尺寸加3cm，宽为4cm
（2）	定袋位	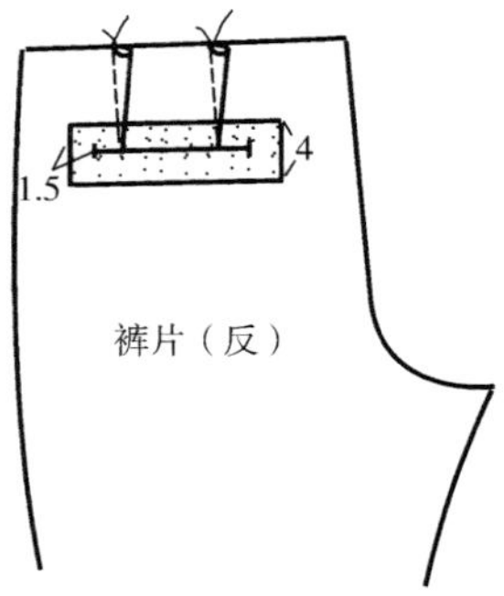 裤片（反）	在后裤片反面的袋口处贴一层薄衬，以防止袋口毛漏，然后按线丁标记将袋位画出，最后在正面再画出袋位。注意，画线不能太粗

序号	操作步骤	操作图示	操作方法
（3）	固定下袋布（小片）	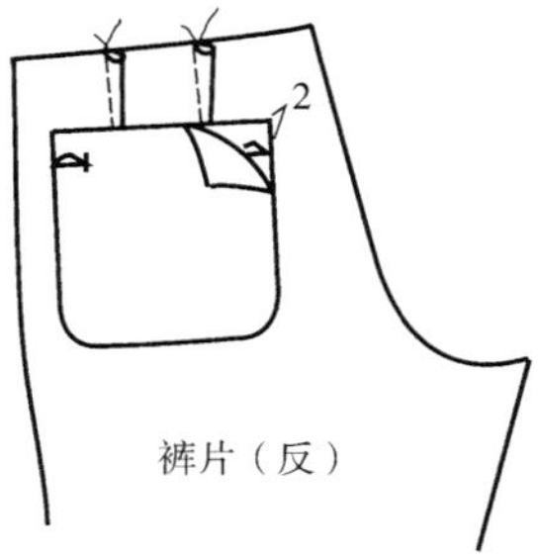 裤片（反）	在裤片反面，把下袋布盖过上袋口线2cm，袋布两端进出距离一致，在袋位处用少许糨糊或双面胶将两层贴合。注意，袋布斜势与裤片腰口起翘斜势相同，袋布横丝要放松
（4）	扣烫嵌线	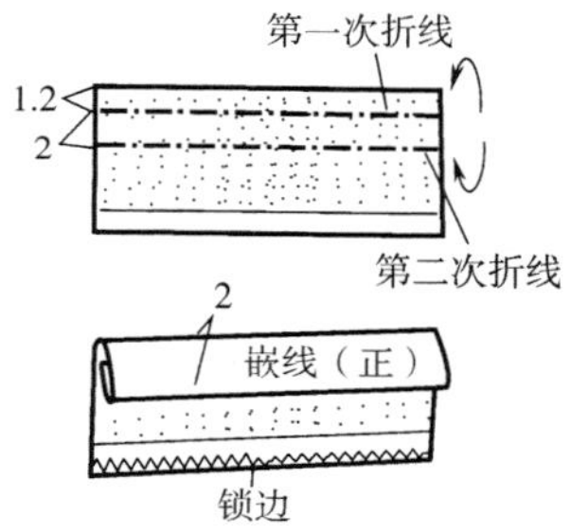 第一次折线　1.2　2　第二次折线　2　嵌线（正）　锁边	上下嵌线为一块面料，在嵌线布的反面贴上无纺衬，沿一边放齐，不用贴满。贴好衬后从有衬布一处进行折烫，第一次折烫距边1.2cm，第二次折烫距第一次折烫2cm，将衬布折在里面。注意，两折线一定要平行，折线为经纱
（5）	缉嵌线	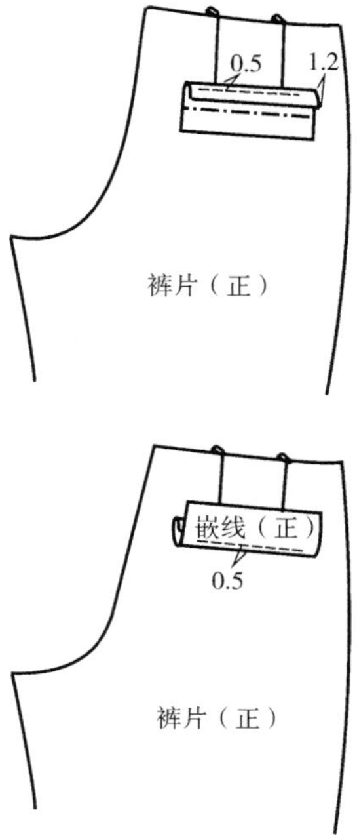 0.5　1.2　裤片（正）　嵌线（正）　0.5　裤片（正）	将嵌线与后裤片面面相对，嵌线的中心线要与袋位重合，左右余量相同。第一次折线放在上方并沿边0.5cm缉第一条嵌线，然后折上第二次折线，距折边0.5cm缉第二条嵌线，两缉线间距为1cm。注意，缉线要平行，长短一致，上下松紧一致，嵌线缉线一定要缉准

表头：3. 双嵌线口袋简做工艺

序号	操作步骤	操作图示	操作方法
		3. 双嵌线口袋简做工艺	
（6）	开袋口	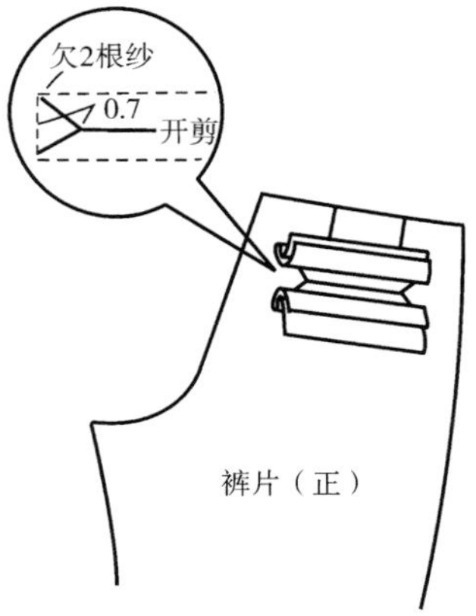 欠2根纱　0.7　开剪　裤片（正）	将上、下折线断开，沿袋口缉线中间开剪，方法同单嵌线口袋
（7）	固定下嵌线	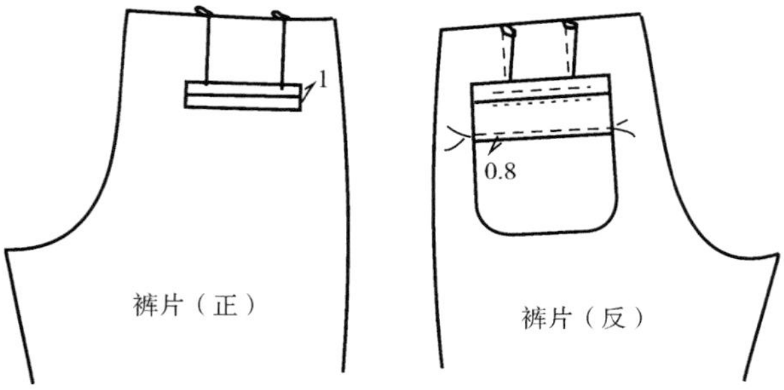 1　裤片（正）　0.8　裤片（反）	先将上、下嵌线翻进，三角折好后进行熨烫，熨烫时注意上、下嵌线分别为0.5cm，袋角方正不毛漏。最后裤片翻开将下嵌线的下端距边0.8cm处与袋布固定
（8）	缉垫布	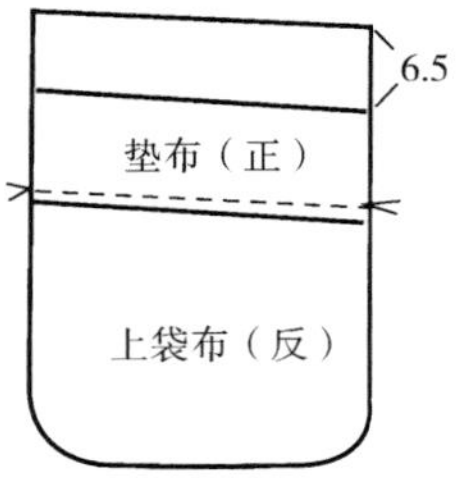 6.5　垫布（正）　上袋布（反）	将垫布固定在另一层袋布上，垫布距袋布上口6.5cm，垫布面朝上，与袋布里相对，沿垫布下口缉线。注意，上、下松紧一致，垫布斜度与袋布腰口斜度一致
（9）	装上袋布	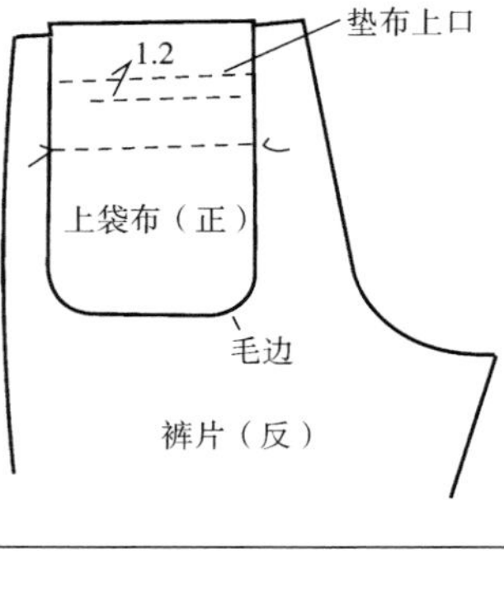 1.2　垫布上口　上袋布（正）　毛边　裤片（反）	将缉好垫布的上袋布与下袋布对齐，垫布上口超过袋口1.2cm，上袋布的上口要与腰口放齐或略长出，但不能短，其他各边均对齐，最后用针暂时固定

3. 双嵌线口袋简做工艺			
序号	操作步骤	操作图示	操作方法
（10）	封门字线、固定袋布	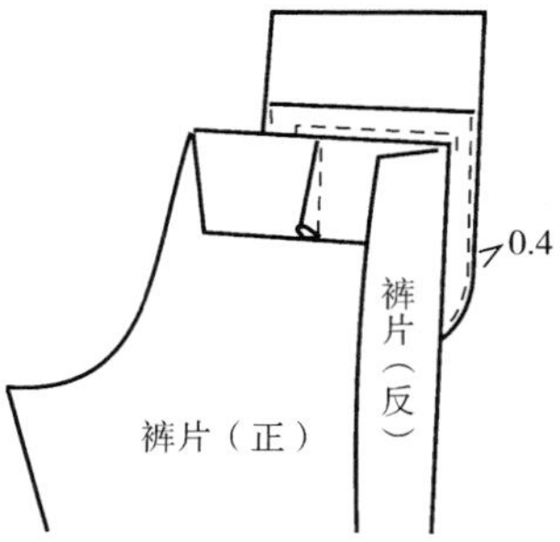	将袋口两边的后裤片翻转，袋上口的后裤片翻下，用门字形线固定袋布与后裤片。注意，嵌线略拉紧，缉来去针3~4道，并把上口向下推成弧线，使袋口不豁开。然后，将上、下袋布放平服，沿边0.4cm缉线固定袋布，如果上、下袋布有误差，可重新进行修正。注意，上下袋布松紧一致
（11）	装袋布滚条	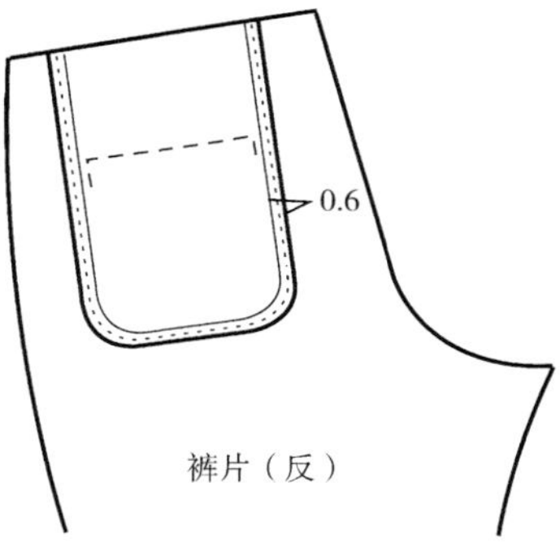	袋布滚条为45°斜纱，宽为2.2cm，两边均扣0.5cm，后沿中间两边对齐折扣，最后为0.6cm宽的滚条。将袋布毛边夹在滚条中，沿滚条缉0.1cm的明线。注意，滚条与袋布服贴，滚条不起涟形，宽窄一致，袋布不毛出，明线顺直、圆顺
	用途	双嵌线袋是口袋上有两根嵌线，常用于男裤后袋，上装口袋等	
	工艺要求	袋口方正无毛出，袋口不裂，两嵌线宽度一致，漏落缝线不能外露。袋布平整。袋口两端不毛漏，不打褶，嵌线处不起涟形	

二、衣领缝制工艺（表 2-53）

衣领包括无领、立领、翻领和驳领，在服装中可以灵活搭配，体现出不同的风格款式。下面以圆形领口、翻领和青果领制作工艺为例说明。

表 2-53　衣领缝制工艺

1.圆形领口缝制工艺				
序号	操作步骤	操作图示			操作方法
（1）	备料	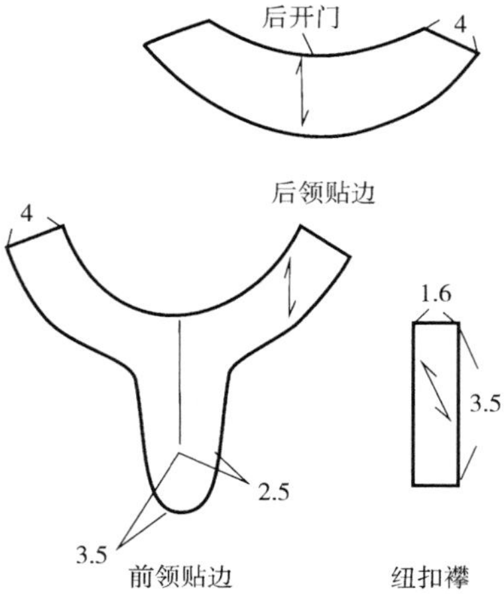 后开门　4　后领贴边　1.6　3.5　2.5　3.5　前领贴边　纽扣襻			裁前后贴边：前、后贴边用面料，纱支方向同衣片，在前、后衣片领口的基础上进行裁剪，前衣片开口及贴边开口暂时不剪开　裁前、后贴边衬：贴边衬用黏合衬，大小与前、后片贴边相同　裁纽扣襻：扣襻布用面料，斜纱长为3~3.5cm，宽为1.6cm
（2）	贴衬、做扣襻、勾领口	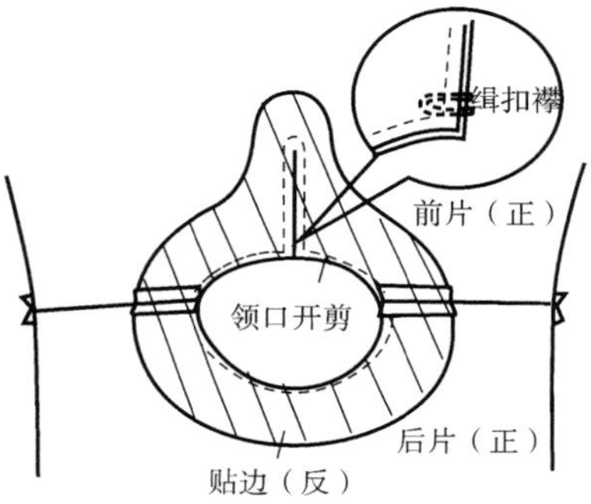 缉扣襻　前片（正）　领口开剪　后片（正）　贴边（反）			将衬布粘于前后贴边的反面。扣襻缉好后翻出，或用手针缲缝　先将前领开口和前贴边开口剪开，再将前、后领口贴边接好肩缝，放在衣片领口的上边，要面面相对，沿领口缝份缉一周，前身领口左上角放一扣襻。注意，上、下肩缝对齐
（3）	做领口	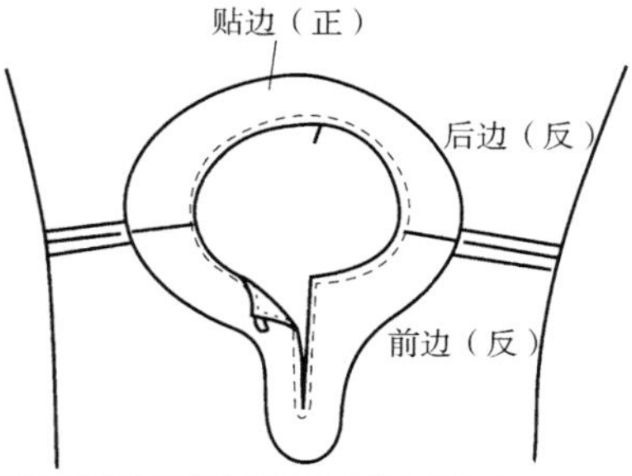 贴边（正）　后边（反）　前边（反）			先将领口缝份修正留0.6cm，后开剪，但不剪断缉线。再翻转领口贴边，熨烫平整，面要0.1cm里外容，最后在领口正面沿边缉明线0.2cm
（4）	整理	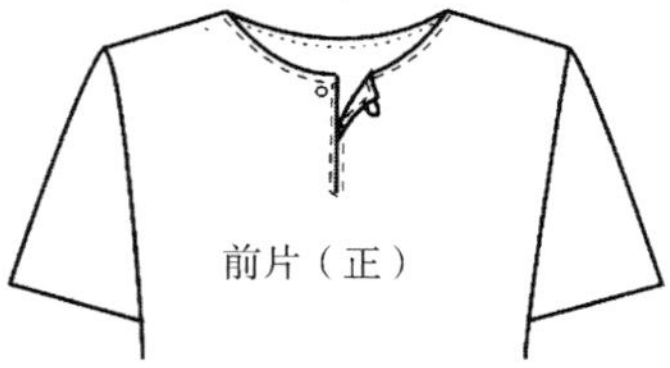 前片（正）			贴边与衣片肩缝处机缝或手缝固定，整烫平服，确定纽扣位置，钉扣
	用途	圆形领口是领圈呈圆弧形，这种工艺方法适用于无领类的领口。用于夏季真丝衫及汗衫类			
	工艺要求	领口平服，领口装饰圆顺，宽窄一致。贴边平服，不起皱，后领开口不毛漏。扣襻大小适宜			

		2. 翻领缝制工艺	
序号	操作步骤	操作图示	操作方法
（1）	备料	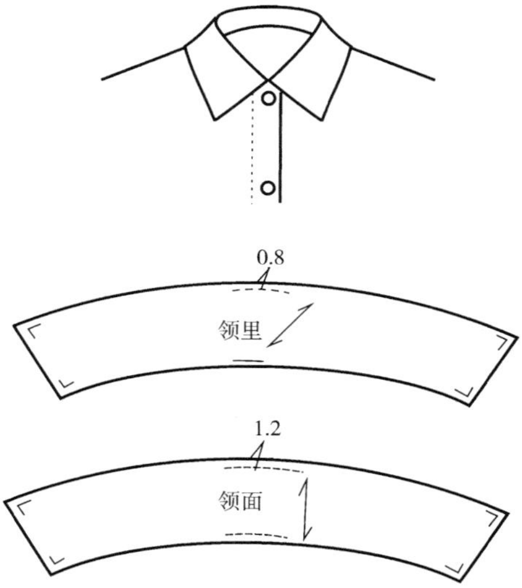	裁领面：用面料，领面以净样四周加放1.2cm，为经纱，不允许拼接 裁领里：用面料，领里以净样四周加放0.8cm，为斜纱，允许拼接 裁领衬：按领里的大小进行裁剪
（2）	做领	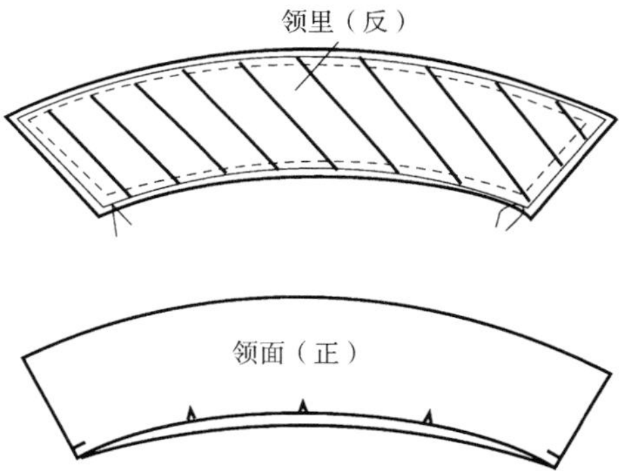	将领衬贴于领里反面，后将领净样画出。再将领面、领里正面相对，领面在下，缉领外口，领面在两角处要有吃势，注意里外容。最后翻转领子，整理领尖，熨烫平整，面有0.1cm里外容，在领子上画出三个缉领点，一是后中心点，二是左、右颈肩点
（3）	缉领方法一	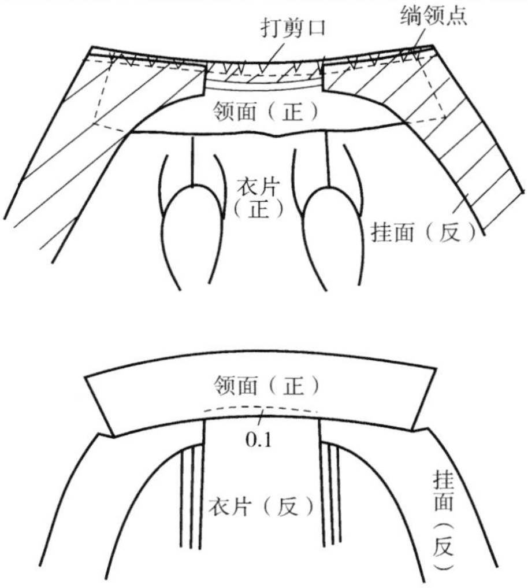	将做好的领子夹在前、后衣片领口中，缉至领嘴终端止，领面中段翻开不缉。翻转挂面贴边，将领面中段领下口折边，沿领下口边缉线0.1cm明线，注意领面要有里外容

续表

<table>
<tr><th colspan="4">2. 翻领缝制工艺</th></tr>
<tr><th>序号</th><th>操作步骤</th><th>操作图示</th><th>操作方法</th></tr>
<tr><td rowspan="2">（4）</td><td>绱领方法二</td><td>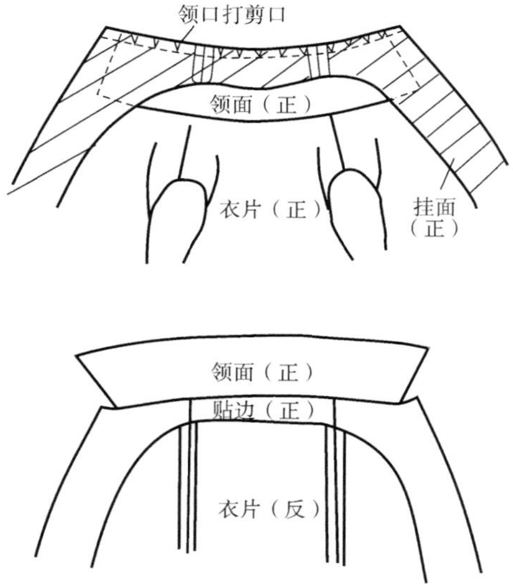
领口打剪口
领面（正）
衣片（正）
挂面（正）
领面（正）
贴边（正）
衣片（反）</td><td>增加一个后领口贴边，将前、后领口贴边缝合。再将制做好的领子夹在中间，沿领嘴终端缉一道，注意三个绱领点对位。最后翻转领子、贴边，熨烫平整。注意领面要有里外容</td></tr>
<tr><td>绱领方法三</td><td>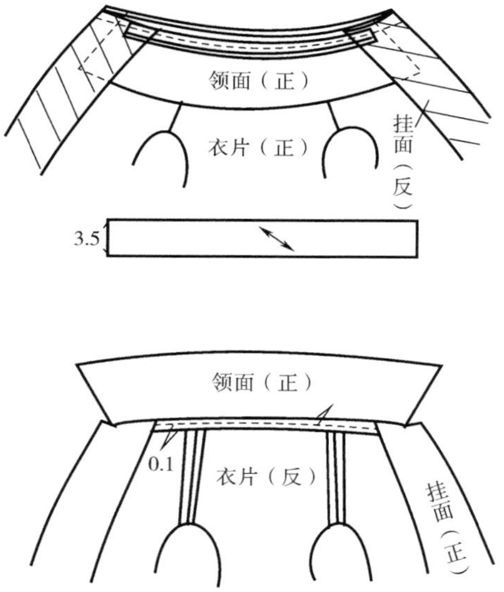
领面（正）
衣片（正）
挂面（反）
3.5
领面（正）
0.1
衣片（反）
挂面（正）</td><td>制作好的领子夹放在挂面贴边领口处，领口中段压放一斜纱条，宽为3.5cm，缉至领嘴终端止。后翻转挂面，将领口中段的斜纱条扣折压缉于前、后衣片上。此方法常用于坦翻领</td></tr>
<tr><td colspan="2">工艺要求</td><td colspan="2">领面松紧适宜，领角不反翘，要窝服。领外口直顺，绱领左、右对称。领里不反吐，不起皱</td></tr>
</table>

续表

序号	操作步骤	操作图示	操作方法
（1）	备料	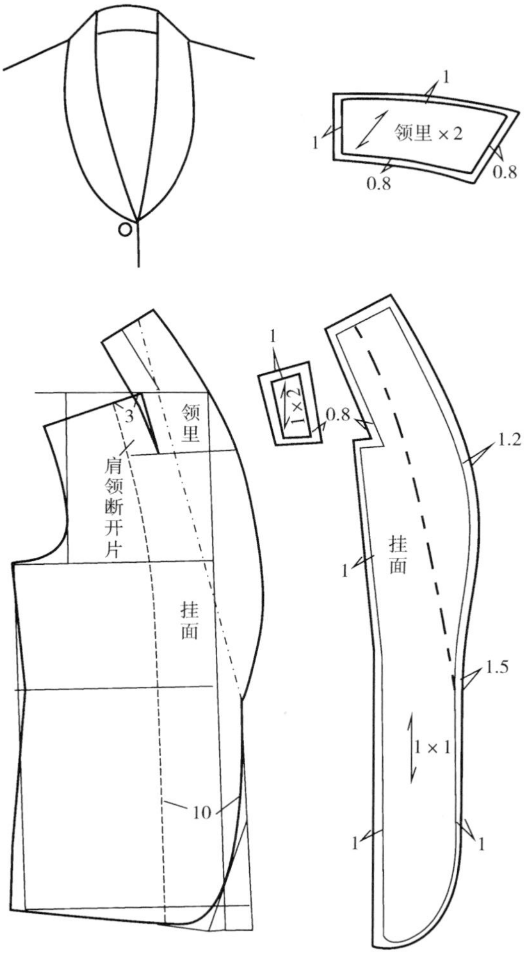	裁挂面：挂面与衣领面连在一起，后中心断开，挂面在下端可拼接，但不能在扣眼位处，用面料 裁领里：领里为斜纱，面料 裁领衬：同领里
（2）	绱领里	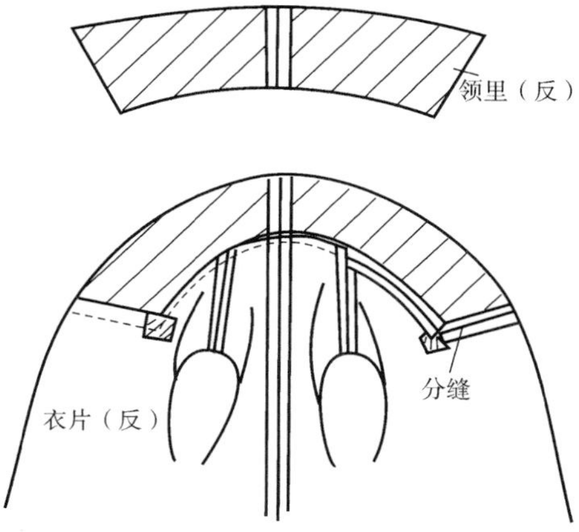	先将挂面与领里粘衬，再将领里缝合烫平，领里与前、后身领口缝合，分缝烫平

（表头）3. 青果领缝制工艺

续表

3. 青果领缝制工艺			
序号	操作步骤	操作图示	操作方法
（3）	合挂面	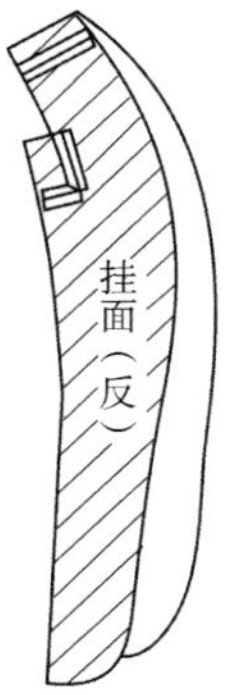	将挂面与肩领断开片缝合并分缝烫平
（4）	绱挂面	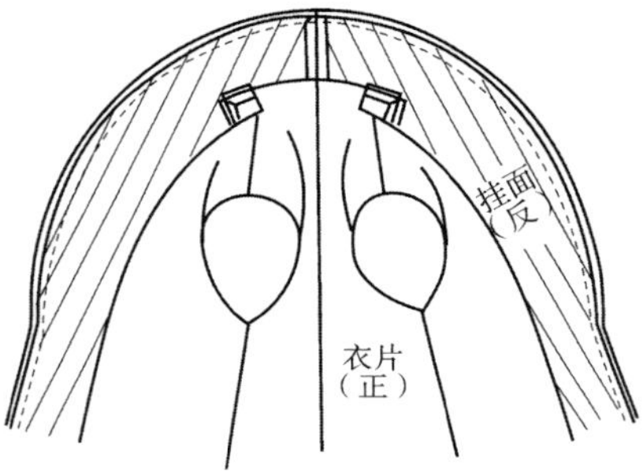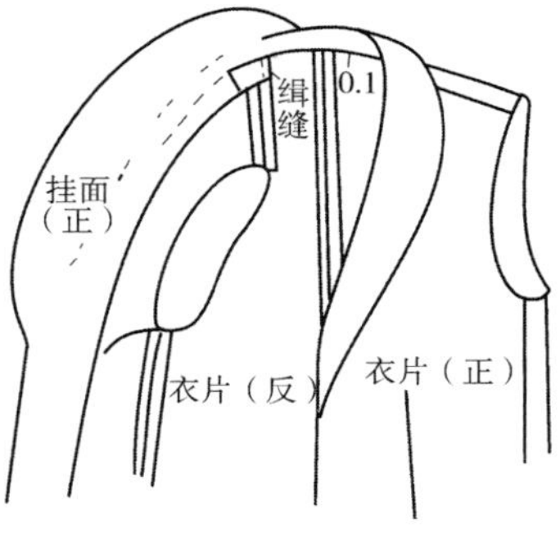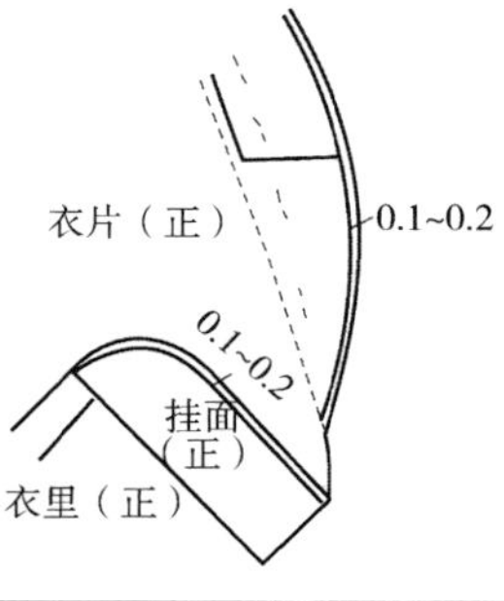	将挂面与前、后衣身和领里摆好，正面相对并缉领外口及止口，注意上、下后中心点对齐。再翻转挂面，青果领止口吐0.2cm，前片止口吐出0.2cm，并烫平领折线。领下口与衣片领口缉线0.1cm，挂面肩部上端与肩缝缝合固定
工艺要求		领面松紧适宜，要贴服于人体。领外口不松不紧，不反翘。领里缩进，不起皱、不起绺。绱领准确，左、右领对称。领外口圆顺，不缺肉，领面不起泡	

三、无袖袖窿缝制工艺（表2-54）

无袖袖窿的缝制工艺有多种方法，主要有滚条工艺和加贴边工艺。滚条工艺有明缉滚条和暗缉滚条，明缉滚条的线迹缉在滚条上，暗缉滚条的线迹缉在滚条下，选择明缉滚条与暗缉滚条要根据工艺设计要求。

加贴边工艺有领袖独立加贴边和领袖整体加贴边工艺。根据袖窿造型、面料的质地合理进行选择。

表2-54　无袖袖窿缝制工艺

1.无袖滚条缝制工艺			
序号	操作步骤	操作图示	操作方法
（1）	备料	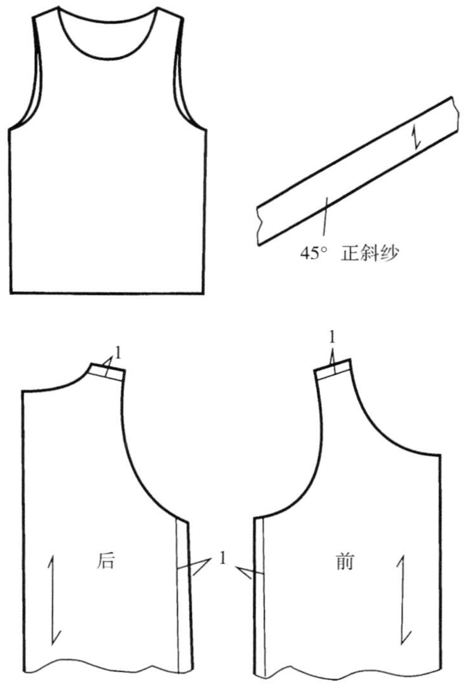 45°正斜纱　　后　1　前　1	滚条采用与衣片相同的面料，为45°正斜纱，长度为前、后袖窿长
（2）	熨烫滚条	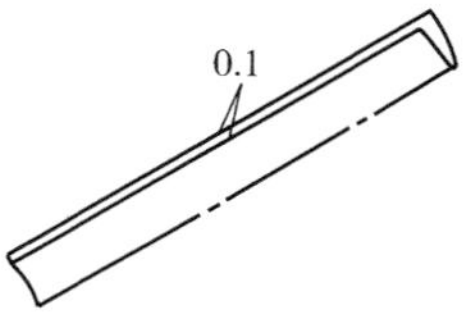 0.1	先将滚条反面相对、对折好后进行扣烫，下层露出0.1cm
（3）	缉肩缝、侧缝	图略	前、后衣片面面相对，将肩缝、侧缝进行缝缉，缝份为1cm

序号	操作步骤	操作图示	操作方法
		1. 无袖滚条缝制工艺	
（4）	固定滚条	（正）0.5	将滚条与衣面相对进行缝缉，缝份为0.5cm，最后将缝份修成0.4cm
（5）	缉滚条明线	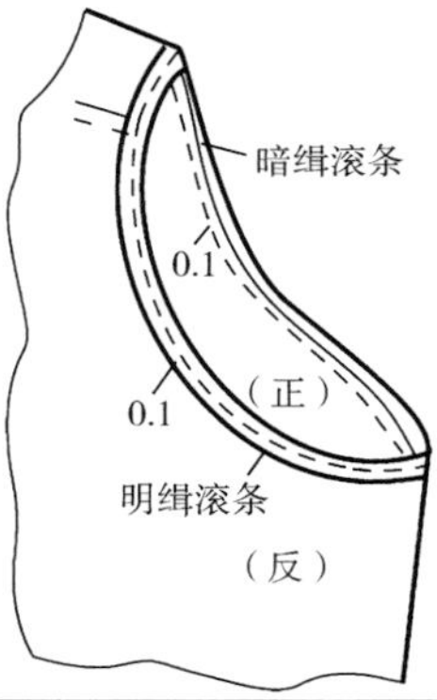 暗缉滚条 0.1 0.1（正）明缉滚条（反）	将滚条翻到衣里处，正面衣身向上，直接将滚条明缉，缉时将滚条包足。明缉滚条的线迹缉在滚条上0.1cm，而暗缉滚条的线迹缉在滚条下0.1cm
	工艺要求	滚条要平服圆顺、宽窄一致，滚条要包足	

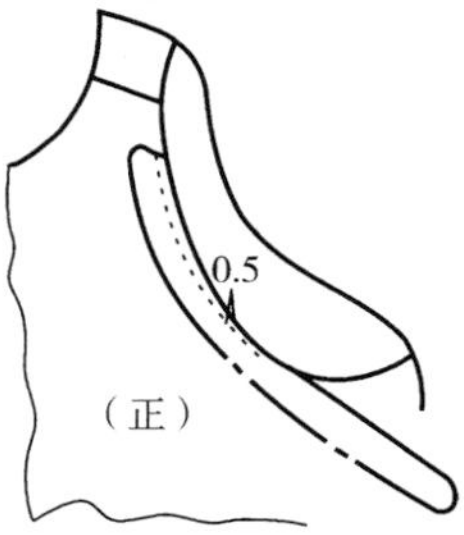

序号	操作步骤	操作图示	操作方法
		2. 无袖贴边缝制工艺	
（1）	备料	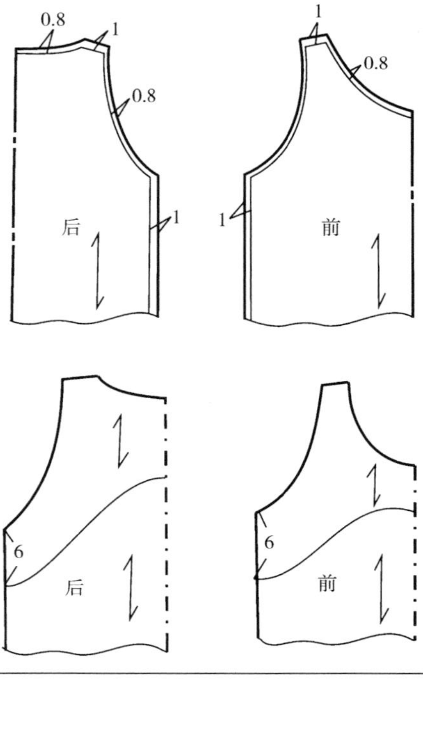 0.8 1 后 1 1 0.8 前 1 6 后 6 前	衣片放缝：在前后衣片中，领口、袖口放0.8cm，肩线放1cm 裁剪贴边：如果衣片有袖窿省，则先将省道进行缝缉，在前、后衣片的基础上裁剪贴边。注意，贴边丝缕与衣片相同

续表

序号	操作步骤	操作图示	操作方法
		2. 无袖贴边缝制工艺	
（2）	缉肩缝、侧缝	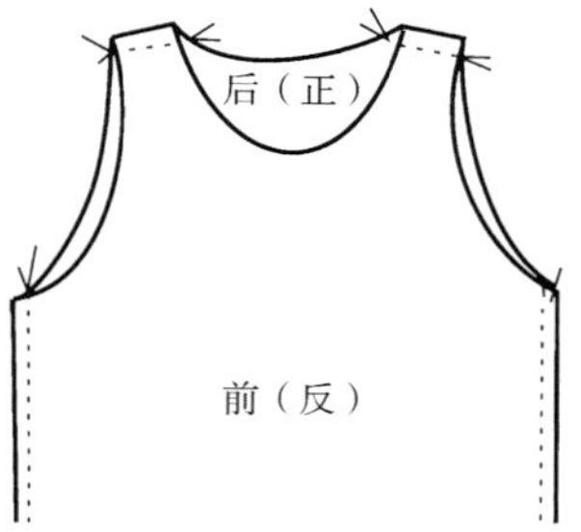 后（正） 前（反）	前、后衣片正面相对，将肩缝、侧缝进行缝缉，缝份为1cm，将各缝缝分开
（3）	缉贴边	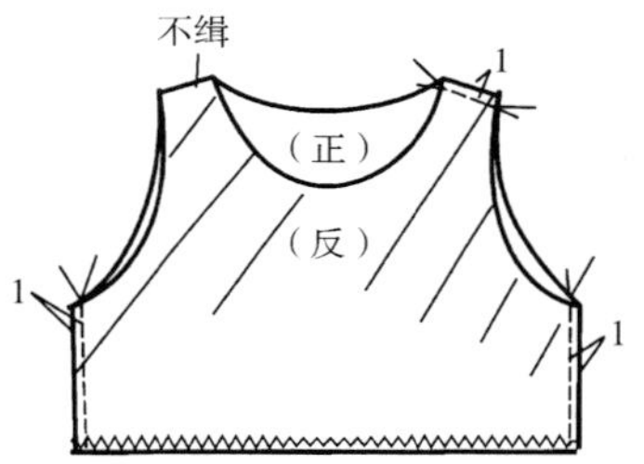 不缉 （正） （反）	在贴边反面粘衬，前、后贴边下口锁边，注意贴边粘好后不变形。贴边面面相对，将侧缝进行缝缉，缉肩缝时，一侧肩缝不缉，待翻出后再缉，各缝缝份烫倒缝
（4）	装贴边	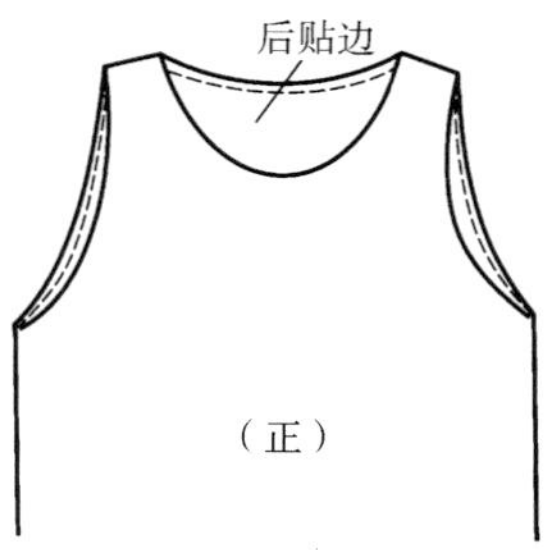 后贴边 （正）	将面子与贴边的各缝对齐，先缉领口，再缉袖隆，注意贴边翻进要正确，缝份转角处打几个刀眼，但不剪断缉线。翻转贴边，熨烫平整，面有0.1cm里外容，贴边与缝份缉0.1cm定型线
	工艺要求	袖口平服，袖口圆顺。贴边平服，不起皱，不毛漏，不反吐	

四、袖衩缝制工艺（表2-55）

袖衩一般有两种做法，滚条式和宝剑头式，高档男衬衫多采用宝剑头式，它又分为扣烫法和翻烫法，这里以翻烫法为例说明。

表 2-55　袖衩缝制工艺

序号	操作步骤	操作图示	操作方法
（1）	备料	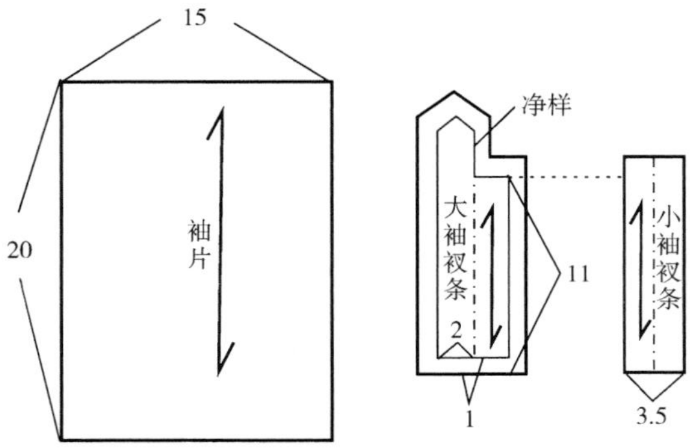	模拟袖片1片，大袖衩条1片，小袖衩条1片
（2）	扣烫袖衩条、剪袖衩	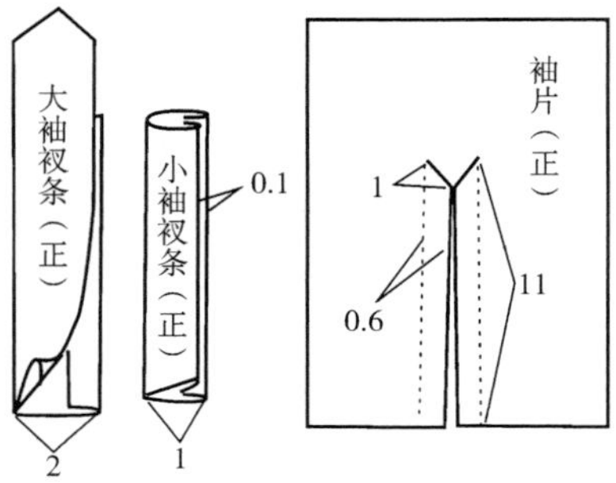	分别扣烫大袖衩条及小袖衩条。然后剪开袖衩，小袖衩条的内止口要稍宽0.1cm
（3）	缉小袖衩条	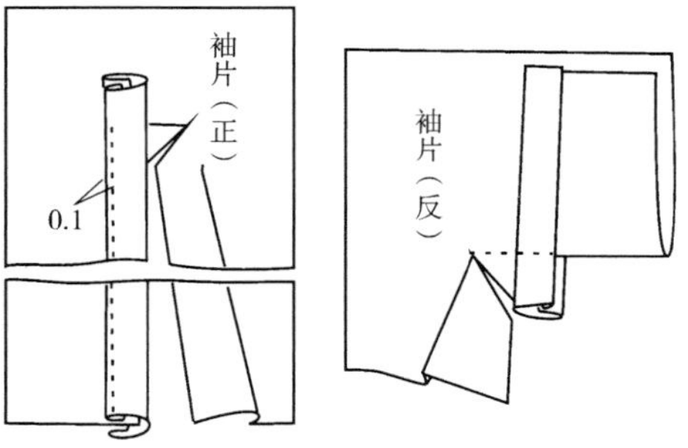	将小袖衩条正面向上，夹住袖衩口一边缝份，袖口处对齐。从三角处起向下缉缝距止口0.1cm 将小袖衩条一边的袖片向正面翻折，把袖衩条上端与三角缝合在一起 小袖衩条下边不能漏缝，也不能缝的过多，应距止口0.2cm
（4）	缉大袖衩条	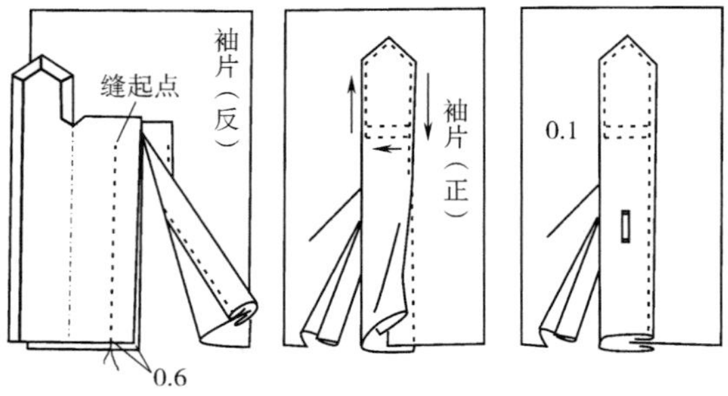	将大袖衩条正面与袖衩反面相对，缝起点与袖开衩剪开处对齐缉缝0.6cm缝份 将宝剑头衩条翻到袖片正面，把小袖衩条移开，按图所示缉缝
	工艺要求	袖衩口平服，衩条顺直，不起皱，不毛漏，不反吐	

五、裤前门襟缝制工艺（表2-56）

　　拉链一般用于服装的开口处，如上衣的前襟部位，裤子的前裆部位，以及袖口、领口和脚口等部位，由于穿脱方便和美观，所以应用广泛。针对裤装门襟处的绱拉链做法有多种，包括简做，斜角扣眼式和宝剑头扣眼式等，这里以斜角扣眼式为例说明。

表2-56　裤前门襟缝制工艺

序号	操作步骤	操作图示	操作方法
（1）	备料	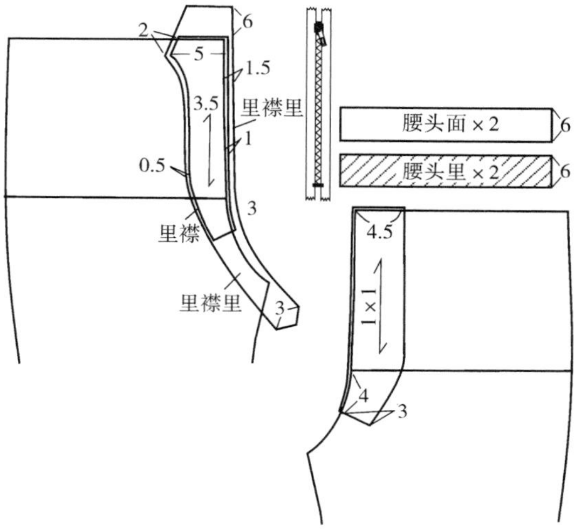	左、右前裤片各1片，门襟、里襟和里襟里，腰头面和腰头里各2片，拉链1条
（2）	贴衬 勾缉里襟	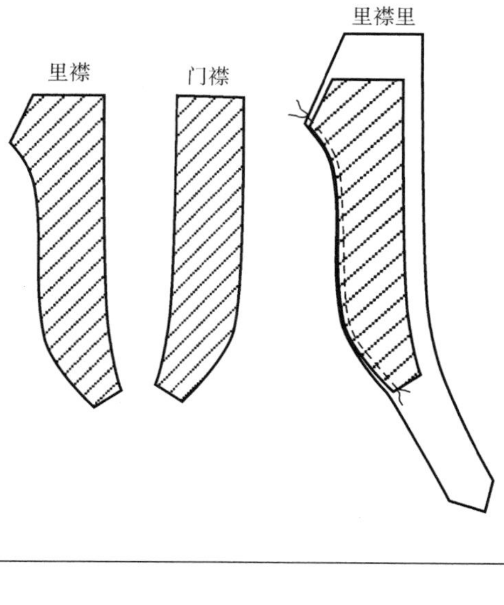	将门里襟贴衬 将里襟和里襟里正面相对按照如图位置勾缉0.5cm

续表

序号	操作步骤	操作图示	操作方法
（3）	翻烫里襟 固定拉链	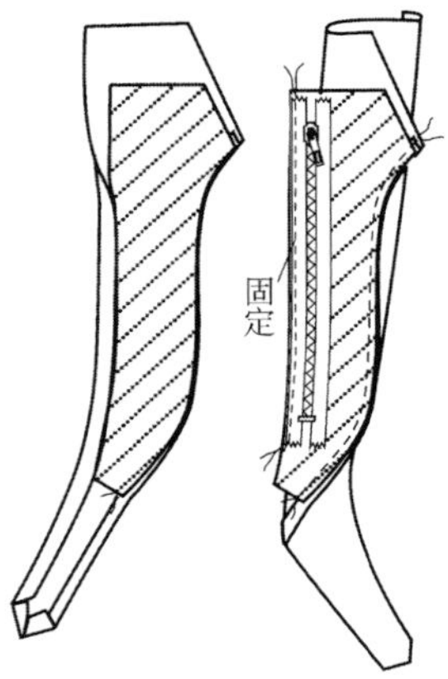	将里襟翻烫，如图示 将里襟里掀开，拉链 正面朝上固定在门襟 边缘
（4）	缉门襟 合小裆	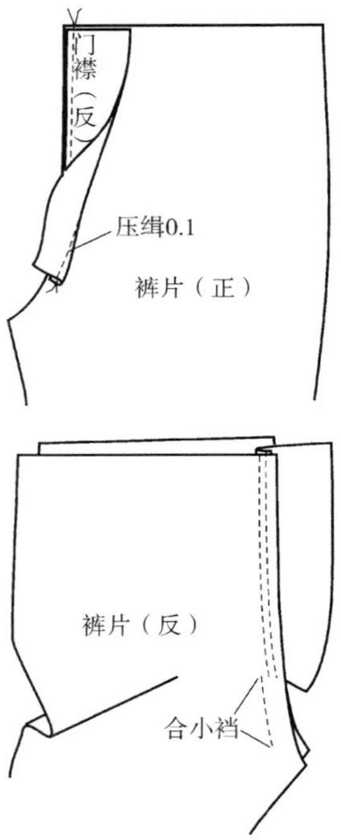	门襟和左前片合缉 0.8cm，缝份导向门襟， 压缉0.1cm固定线 缝合左、右片小裆部 位，要从拉链的止点到 距离裆尖约3cm处
（5）	缉里襟	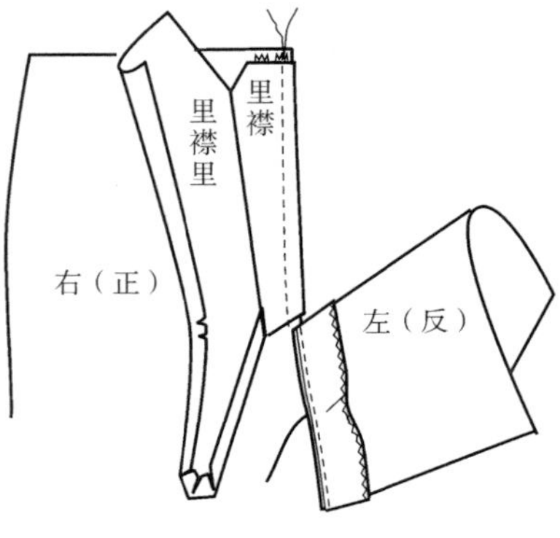	将里襟里掀开，里襟 与右前片边缘对齐，合 缉0.8cm，缉缝终点要 落在小裆缝线的内侧

续表

序号	操作步骤	操作图示	操作方法
（6）	固定右门襟拉链	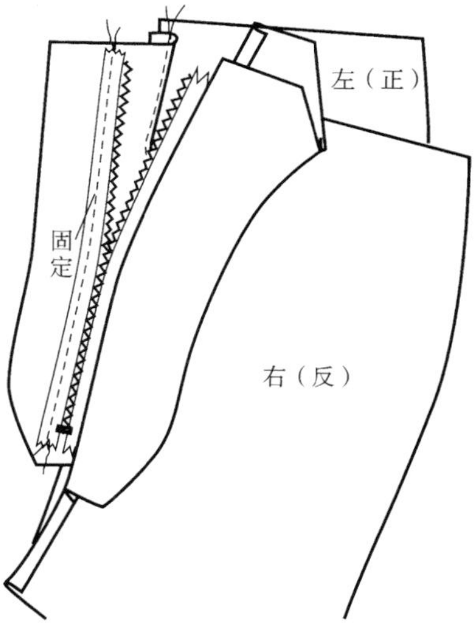	将拉链合上，左、右前裆缝先叠合对齐，然后里襟缝压过门襟缝处约0.2cm，将拉链的另一边固定在门襟上
（7）	做左右腰头	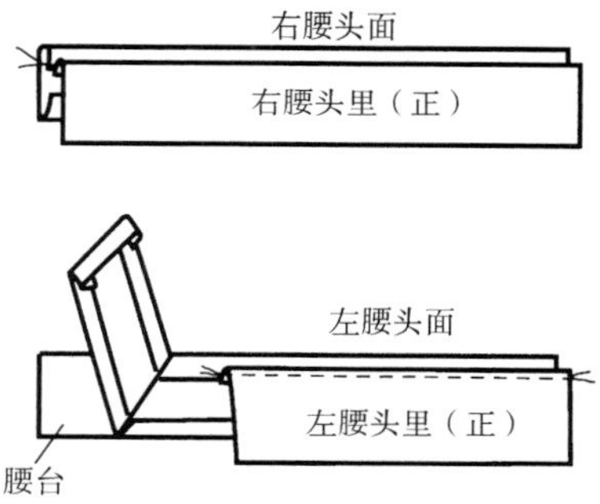	右腰头先将腰头面下边口扣烫0.8cm，上面扣烫1.4cm，压缉0.1cm明线 左腰头先反面对折勾缉腰台，并预留出门襟宽的长度，然后按照右腰头的方法压缝左腰里，要与门襟重叠3cm左右
（8）	做门里襟腰头	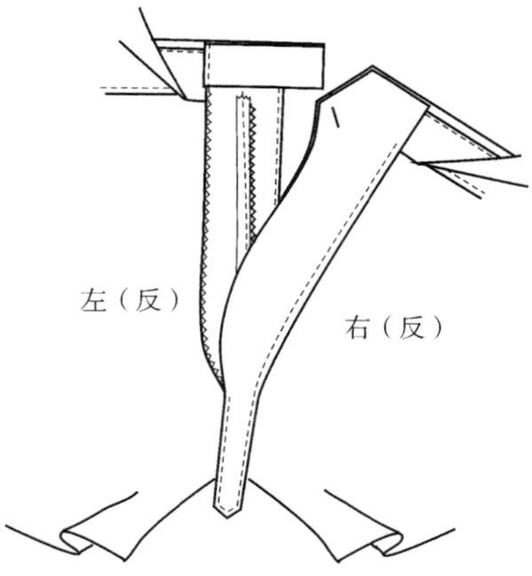	绱右腰头面，勾缉右腰前端，翻烫，将里襟里的直边固定在缝份上 将门襟展开，分别与左腰头缝合，然后将门襟扣缉在腰里上，整理平整压缉门襟明线
	工艺要求	里襟不外露，门里襟搭叠0.3cm。门里襟平整，不起涟形	

思考与练习

1.什么是手缝工艺?

2.常用的手缝针法有哪些? 各针法的工艺要求和用途是什么?

3.常见的锁扣眼方法有几种? 怎样锁好扣眼?

4.打线结的目的是什么? 操作时有什么要求?

5.打线丁的注意事项有哪些?

6.钉扣时为什么要缠绕纽柄? 怎样缠绕才符合要求?

7.线襻的操作五要点是什么?

8.打套结的针法有哪几种?

9.三角针有什么用途? 怎样绷好三角针?

10.什么是手工刺绣?

11.我国有哪四大名绣?

12.怎样制作葡萄纽的襻条?

13.回答各种装饰手针针法的用途及操作方法。

14.回答各种装饰手针针法的工艺要求。

15.什么是机缝? 有哪些特点?

16.机缝主要做好哪些准备工作?

17.什么是浮底线、浮面线? 浮底线、浮面线怎样进行调整?

18.平缝的注意事项是什么?

19.怎样区分内包缝、外包缝?

20.常用的机缝针法有哪些? 各针法的工艺要求和用途有哪些?

21.简述圆角明贴袋的简做与精做的不同之处。

22.风琴袋的工艺要求有哪些?

23.简述各种插袋的制作步骤及工艺要求。

24.袋口处为什么要敷牵带或黏合衬?

25.比较单嵌线与双嵌线制作工艺的不同。

26.翻领绱领方法有几种? 简述其制作工艺。

27.青果领的工艺要求是什么?

28.袖开衩方法有几种? 简述其制作工艺。

29.裤子门襟的工艺要求是什么?

男西裤缝制工艺

课题名称：男西裤缝制工艺

课题内容：高档男西裤的缝制及弊病修正

课题时间：40 学时

教学目的：通过典型西裤缝制工艺的学习，掌握裤子的工艺组合技术与技巧，锻炼
动手操作能力，培养学生裤装工艺及流程的设计能力。

教学方式：示范式、启发式、案例式、评估式。

教学要求：1.在教师示范和指导下，完成高档男西裤的缝制与弊病修正。

2.实操过程中，掌握西裤各环节工艺流程与工艺标准。

3.在完成男西裤缝制基础上，掌握裤子工位工序排列。

课前／后准备：课前准备男西裤面、辅料，制板工具与材料，详见本章用料计算与
排料；同时进行市场调研，对高档男西裤的基本结构与工艺有初步
的认识。

在完成西裤质量评定的基础上，课后根据本章所学，完成高档男西
裤缝制工艺的实训报告。实训报告内容包括男裤排料方案设计、工
位工序排列、工艺流程设计等。

第三章　男西裤缝制工艺

精做通常用于高档产品，因而工艺要求较高。男西裤是裤子缝制工艺中最复杂的品种，学会男西裤精做的缝制方法，其他裤子的缝制就可以无师自通了。

第一节　概述

一、外形概述与款式图

男西裤从外形看，有前裤片两片、后裤片两片、装腰头、串带襻5~7根。其中前裤片有左右插袋各一个，左右正褶裥各两个，前开门装拉链，后裤片左右省各两个，左右后开袋各一个，如图3-1所示。

二、量体加放与规格设计

1.测量的主要部位与方法

（1）裤长：用软尺从髋骨上4cm开始量至踝骨下所需长度，用"L"表示。

（2）臀围：用软尺在臀部最丰满处水平围量一周，用"$H°$"表示。

（3）腰围：用软尺在腰围最细处水平围量一周，用"$W°$"表示。

（4）脚口：根据款式可以按臀围尺寸进行推算或测量。

2.规格设计

（1）裤长：按款式需要，应盖过脚面。

（2）臀围（H）=（净臀围）$H°$+（10~12）cm。

（3）腰围（W）=（净腰围）$W°$+（1~3）cm。

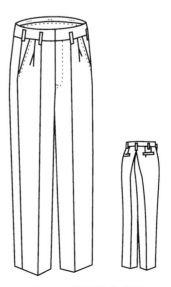

图3-1　男西裤款式图

（4）脚口围：尺寸需与人体的围度或高度成比例。

三、结构图

1. 男西裤成品规格表（表 3-1）

表 3-1　男西裤成品规格表 单位：cm

号型	裤长（L）	臀围（H）	腰围（W）	脚口围
175/92	100	92+12	76+2	42

2. 男西裤结构图（图 3-2）

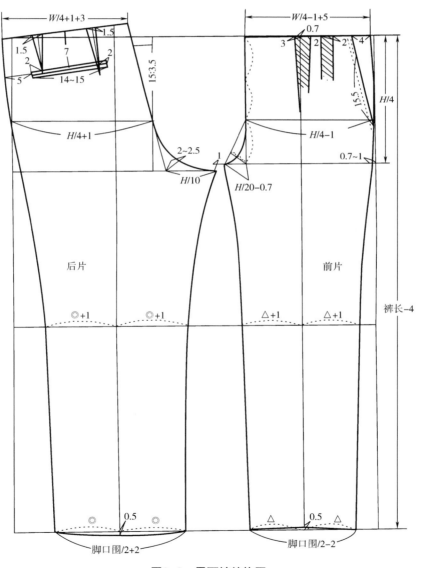

图3-2　男西裤结构图

四、样板图与零辅料裁剪

男西裤样板图是在净样板的基础上进行放缝而成的。裁剪零料时应先裁剪面料部件，后裁剪里料部件。里料最好采用丝绸类，如美丽绸或羽纱等，以便于穿脱。面料样板及面料零辅料裁剪见图3-3。其他零辅料裁剪见图3-4。零辅料部件有：腰头、门襟、里襟、串带、斜插袋垫布、后袋牙布、侧缝袋布、袋口衬、后袋布、大小裤底等。

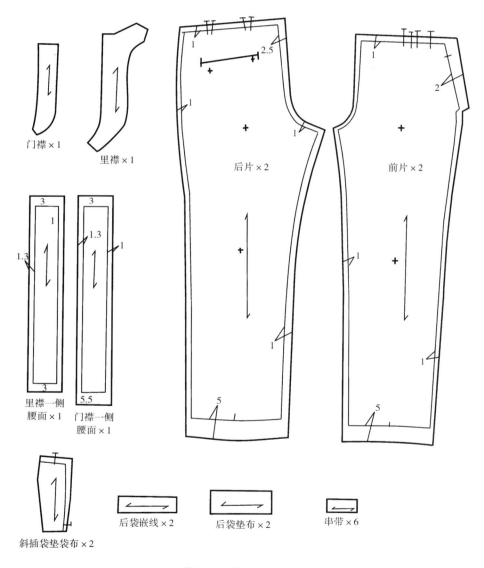

门襟×1

里襟×1

里襟一侧
腰面×1

门襟一侧
腰面×1

后片×2

前片×2

斜插袋垫袋布×2

后袋嵌线×2

后袋垫布×2

串带×6

图3-3 男西裤样板图

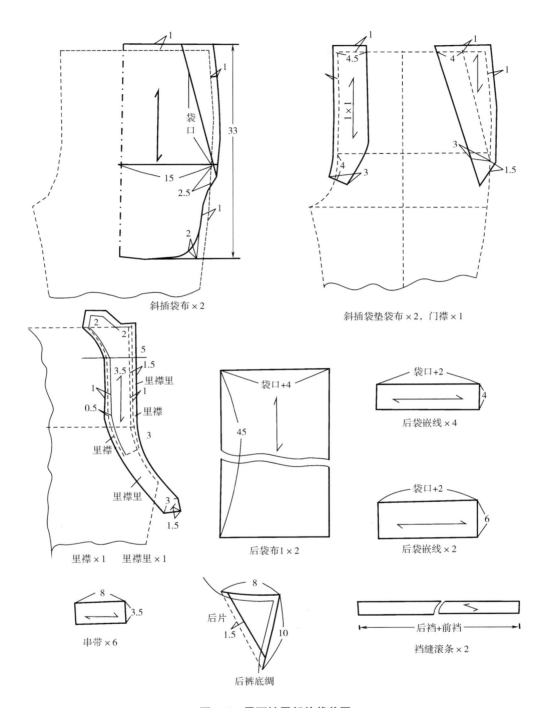

图3-4　男西裤零部件裁剪图

五、用料计算与排料图

1. 男西裤的用料计算

（1）面料：由于所采用的面料的幅宽不同，因此同一规格的男西裤的用料也不相同。常用幅宽面料用料（表3-2）。

表3-2　男西裤面料用料表

面料幅宽/cm	款式	用料/cm	备注
77	卷脚西裤	（裤长+10）×2	若臀围超过117cm时，臀围每增加3cm，另加料6cm
	平角西裤	（裤长+6）×2	
90	卷脚西裤	（裤长+10）×3÷2	最好采用梯形套裁法，但若臀围超过110cm时应单裁
	平角西裤	（裤长+贴边）×3÷2	
144	卷脚西裤	裤长+10	若臀围超过113cm时，臀围每增加3cm，另加料3cm
	平角西裤	裤长+6	

（2）里料用料：裤里料主要用在前片膝盖处，按使用长短分可以分为全里、半里之分。单件算料一般采用纬纱。常用幅宽里料用料（表3-3）。

表3-3　男西裤里料用料表

里料幅宽/cm	全里用料/cm	半里用料/cm
77	（前裤片宽+1）×2	前裤片宽+1
90	（前裤片宽+1）×2	前裤片宽+1
144	前裤片宽+1	（前裤片宽+1）÷2+5

（3）其他辅料：见表3-4。

表3-4　男西裤其他辅料用料表

序号	品名	用量	序号	品名	用量
1	无纺衬	0.3m	5	腰盘衬	腰围尺寸+3cm
2	拉链	一条	6	腰面衬	腰围尺寸+5cm
3	袋布	一米（包括滚条用）	7	纽扣	3粒
4	缝纫线	一小轴	8	挂钩	四合挂钩一套

2. 男西裤排料图

图3-5为男西裤面料排料图，图3-6为男西裤里料排料图。图3-7为男西裤粘衬部位示意图。

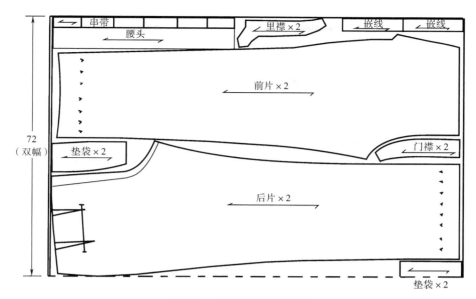

图3-5 男西裤面料排料图

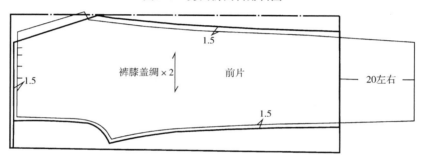

图3-6 男西裤里料排料图

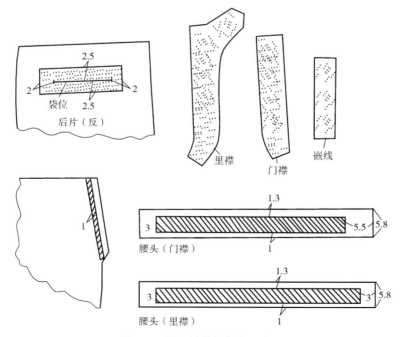

图3-7 男西裤粘衬部位示意图

第二节　精做男西裤缝制工艺

　　男西裤缝制前需做一些必要的准备工作，首先应检查裁片，明确缝份大小；检查裤片与零部件是否有漏裁的；检查眼刀和粉线是否准确，确定无误后，再在裁片上作一些必要的缝制标记，打线丁是精做服装时的常用标记方法。包缝前要先将小裤底与裤绸做临时固定，然后进行包缝。

　　打线丁的部位有：前裤片的裆位、烫迹线、侧袋位、小裆高、中裆高、脚口贴边和后裤片的省位、后袋位、中裆高、后裆缝的做缝等处。

　　包缝（包缝）的部位有：前后裤片（留出前裤片下裆缝不包缝，前裤片裆缝处不包缝，后裤片后裆缝处不包缝）、侧袋垫布、后袋袋垫布、门襟。包缝时各部位不能抻拽，线迹要直顺，不能漏码。

一、推、归、拔烫的工艺处理

　　通过第一章第四节的学习已经知道，要使平面的衣料裤片转化成立体的裤子，除运用缝纫工艺上的收省和打裆以外，还得借助熨烫中的归拔工艺，改变衣料的经纬丝缕位置，达到符合人体曲线的需要。裤子的后片，若不经过归拔熨烫，沿烫迹线折叠后，只是一条直线，后臀部不会形成符合人体的曲线，穿着也不舒适。归拔熨烫时，应在裤片的反面进行，两前片或两后片叠在一起同时进行，以免归拔后，左右片不对称。裤子的归拔是以后裤片为主，前裤片稍归拔即可。

　　1. 前裤片的归拔熨烫

　　（1）先将两片裤前片重叠，在侧袋胖出处归进，在中裆侧缝处拔开，使侧缝腰口至脚口烫成直线。并在拔开中裆的同时，在膝盖烫迹线相应处略归。前裤片烫迹线路与部位如图3-8、图3-9所示。

　　（2）将前上裆胖出处归进在中裆内裆缝处略拔开，将下裆缝烫成直线。并在拔开中裆的同时，在膝盖烫迹线相应处适当归拢，以保证烫迹线造型挺直，如图3-10所示。

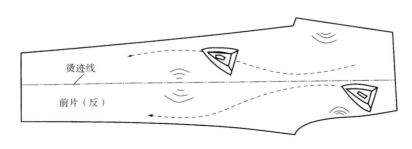

图3-8　前片烫迹线路

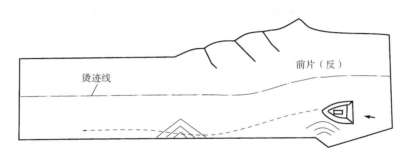

图3-9 归拔侧缝

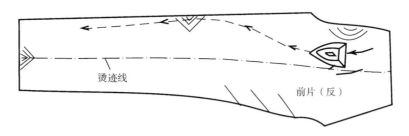

图3-10 归拔下裆缝

（3）将脚口折边处的凹势略拔开。

（4）将两重叠裤片分开，分别将腰口与两裆，按照所做线丁标记用线丁好，再在裤片正面盖上水布，喷水熨烫，如图3-11所示。

图3-11 前烫迹线定型、定位

（5）按前裤片烫迹线的线丁标记将裤片折叠，折叠时裤片正面在外，将下裆缝和侧缝对齐，然后盖上水布，喷水烫平烫迹线，熨烫时烫迹线膝盖处略归拢，使熨烫后的烫迹线形成一条符合人体的曲线；将下裆缝和侧缝烫成直线，如图3-11所示。

2. 后裤片的归拔熨烫

（1）缉后省：按线丁标记，将后省缉好，如有裤开衩时，同时拼合上。省根需缉倒回针进行固缝，但省尖不能缉倒回针，可以继续空机缉3~4针，然后将线头打结。

工艺要求：后省的长短、大小、位置应准确，省尖不能短于袋口。缉线要顺直，左右对称。

（2）烫后省：在裤片的反面将省缝烫倒，省缝倒向一侧。但要将省尖的胖势烫散，并推向腰口的方向，如图3-12所示。

（3）拔下裆：进行后裤片归拔时，在归拔的主要部位喷水应稍多一些，次要部位的喷水应稍少一些，然后将两片裤后片正面相对重叠在一起进行归拔，如图3-13所示。顺序如下：

①将重叠裤片的下裆缝一侧靠身摆好并喷上水。

②将后中缝中段稍归拢，使臀部形成胖势。后裆横丝缕处应拔开。

③以后片的烫迹线为界，将下裆凹势拉出，在中裆部位上下用力拔烫，裆点以下10cm要归拢，中裆以下略归拢，使下裆缝能够形成直线。

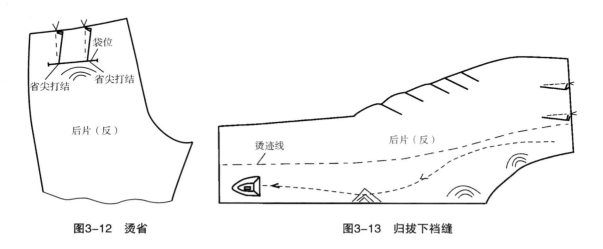

图3-12　烫省　　　　　　　　　　　图3-13　归拔下裆缝

（4）归拔侧缝：侧缝的归拔程度要比下裆缝的归拔小，具体操作方法如下，如图3-14所示。

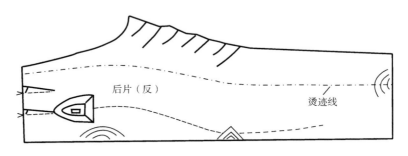

图3-14　归拔侧缝

①将后裤片的侧缝转过来靠身边摆好并喷上水。

②将侧缝臀部处的胖势归直，余势推向臀部。

③以后烫迹线为界，将中裆部位凹势拉出，用熨斗用力拔烫，中裆以下部位略归，使侧缝线能够形成一条直线，并将脚口略归。

④以上步骤完成后，再将另一层裤片翻上来，按上述方法重复一遍，使左右裤片的归拔程度完全一致。

⑤将两个重叠的裤片分开，分别把侧缝与下裆缝对合，面上里内，盖水布进行喷水

熨烫。熨烫时，要将后烫迹线继续用归拔的手段，将后烫迹线烫成符合人体臀部造型的曲线形。为便于熨烫臀部，可将手将裤片的臀部用力向外推出，熨斗跟后，进行熨烫，如图3-15所示。

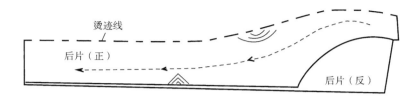

图3-15　归拔后片臀部

3. 归拔的工艺要求

归拔时，操作的位置要准确，归拔要到位，要符合人体的曲线，且左右裤片的归拔效果要对称。要烫干烫挺，但不能烫焦、烫黄或出现极光。并且，归拔完成，待冷却后再进行下一步操作。

二、缝制工艺

1. 做后袋

做后袋有五种类型，即单嵌线、双嵌线、一字嵌线、装袋盖及装扣裤等，但工艺要求基本相同，以下以双嵌线后袋为例进行学习。

（1）贴衬：在后裤片背面的袋口处贴上一层薄无纺衬或有纺衬。并且，其长度和宽度要大于袋长和袋牙宽，如图3-16所示。

（2）确定袋位：在后裤片正面轻划袋位，并且左右袋要同时进行，如图3-16所示。

（3）固定下袋布：在后裤片的反面，将下袋布固定；固定的位置是：袋布上口要高于袋位线2cm，左右要宽于袋口大的两个端点2cm，并用手针固定。固定时，袋布的上口要与腰口平行，如图3-17所示。

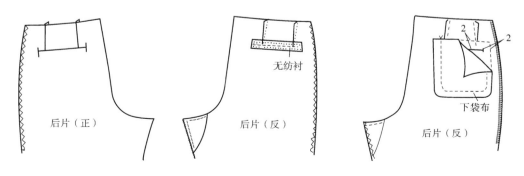

图3-16　确定袋位、粘衬　　　　　图3-17　固定袋布

（4）缉袋嵌线：首先将嵌线贴衬，将针码放小，然后将上下嵌线的正面与后裤片的

正面相对，嵌线的边缝对准袋口线，距袋口线0.5cm，上下各缉一条和袋口等长的线；两端缉倒回针进行固缝，如图3-18所示。

（5）剪袋口：开剪前要先看一下，背面袋布上的嵌线缉线是否平行；嵌线缉线的宽度是否符合标准；上下袋口点是否在一条直线上。确定无误后，再剪开口，由上下袋口线的中间与袋口大的中间开始，剪至距袋端点两端0.6cm处，开始剪三角。并且，剪到端点时，不能剪断缉线，要离开缉线1至2根丝缕，如图3-18所示。

（6）将嵌线布翻向裤片反面，并在马凳上将剪开的缝份劈缝熨烫。并按上下袋牙宽各0.5cm扣好上下袋牙，如图3-18所示。

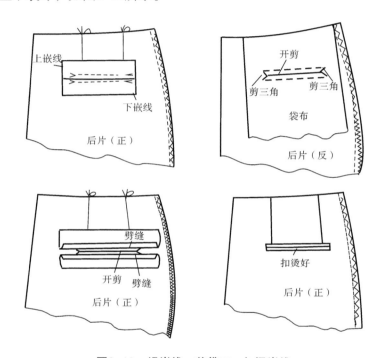

图3-18　缉嵌线、剪袋口、扣烫嵌线

（7）封三角：将两片裤片上的袋布翻起封三角，缉倒回针3~4道。并且，封三角时，封线要直顺，四角要保证方正，上口应略紧0.1cm。

（8）固定嵌线：用漏落缝固定上下嵌线布，或将嵌线布固定在缝份上，如图3-19所示。

（9）缉垫袋布：将垫袋布贴于相应位置上，铺上袋布以确定垫袋布在袋布上的位置，然后用固边缝缉缝。大袋布上口要与腰口对齐或略长出，不能短，如图3-19所示。

（10）装大袋布：将裤片向中央折叠，袋布以下裤片向上折叠，露出下袋布的三边，将上袋布放上，然后沿三边缉0.5cm缝份。缉时不能将嵌线同缉，上袋布要略松于下袋布，如图3-19所示。

（11）封门字形缉线：固定上袋布，将以上刚缉好的袋布三边缝份修成0.3cm后，翻转袋布，将袋口两侧的裤片翻起，大袋布在下，看着小袋布，用门字形缉线固定上下袋布，门字形两边缉倒回针3~4道，长线距袋口0.1cm缉。封线时，注意将袋上口向下推成弧形，以避免袋口豁开，如图3-19所示。

（12）兜缉袋布并固定袋布上口：从袋布上口开始兜缉三边，缉线宽0.5cm。缉时注意里外容，使袋布平服；然后固定袋布上口，把裤片与袋布摆平，将袋布上口与腰口缉线0.3cm固定，再将袋布修剪成与腰口平齐。缉时袋布不能紧于裤片，如图3-19所示。

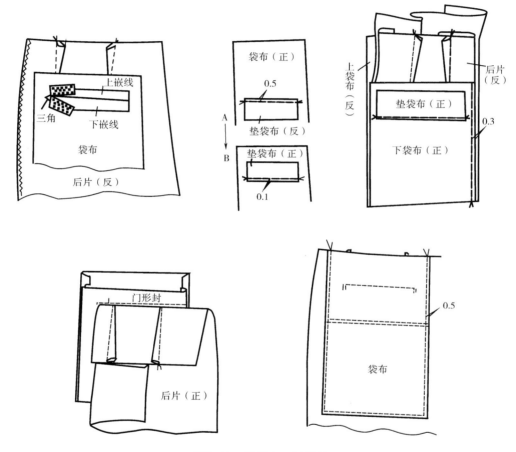

图3-19 装袋布、封袋口

（13）后袋做好后，裤片正面朝上，下垫布馒头盖水布喷水将其熨烫平整。

工艺要求：袋口嵌线宽窄一致，四角方正，上下袋嵌线要并拢，不能豁开，袋口角无裥无毛漏。后袋布止口不能反吐，要顺直平吸，袋布要平整。

2. 固定前片裤绸

（1）将裤片摊平，裤绸侧缝与下裆缝与裤片对应处对齐并包缝。

（2）在腰口处用棉线绷缝固定。

3. 做前插袋

（1）缉前插袋垫袋布：缉时左右袋应同时缉。先摆成对称以免缉成一顺，缉到距侧缝1cm时不缉死。将袋布扣净，如图3-20所示。

（2）粘衬：粘袋口加固衬以防斜丝被拉长变形，要粘在袋口线的外侧，如图3-20所示。

（3）缉明线：将未缉袋垫布的一侧袋布对准前裤片袋口线，扣烫袋口折边，缉袋口明线，可缉成双明线，也可缉成单明线，缉双明线时，第一条线应距袋口边0.1cm，第二条线距第一条0.6cm，如图3-20所示。

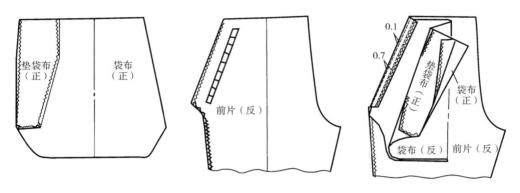

图3-20　缉垫袋布、袋口明线

（4）缉袋布：将袋布反面相对，由折叠处开始缉下口缝份0.3cm，缝至距袋口2cm处不缉死，如图3-21所示。

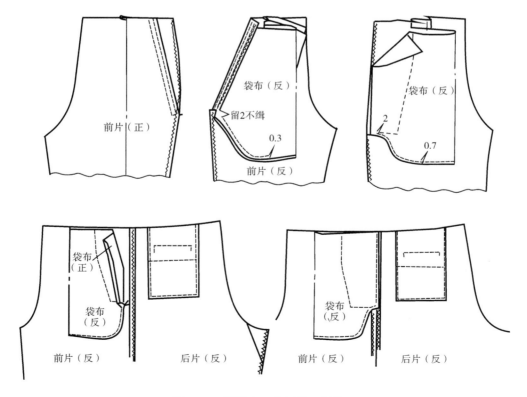

图3-21　缉袋布、合侧缝、封袋口

（5）兜缝袋布：将缉好的袋布翻出来，由袋布下口开始缉0.5cm明线，缉至距袋口2cm处不缉死，如图3-21所示。

（6）固定插袋上下对位点：（手针或机缉）固定上下对位点时，要将袋布和垫袋布分开，袋布不缝死，如图3-21所示。

（7）侧缝缝合：将前裤片侧袋袋布掀开不同缉，只缉垫袋布，由腰口开始，前裤片在上，缉到脚口，如图3-21所示。

（8）封袋口：首先将缉好的侧缝熨烫分缝，并将袋布侧缝扣烫0.5cm后铺好袋布，将扣烫好与袋布侧缝按0.2cm明线缉缝或手缝到裤后片缝份上，并将袋口封结，如图3-21所示。

（9）按线丁标记，由腰口开始缉缝前片褶裥2cm长，并烫倒，褶份倒向前中心线，两端须缉倒回针固缝。

（10）插袋做好后，正面朝上，下垫布馒头，盖上水布喷水烫平整。

工艺要求：左右袋口大小和封口高低一致，袋口缉线宽窄一致，袋口侧缝平吸，袋布平整，不露毛茬。

4. 缝合下裆缝

（1）勾缉下裆缝：将裤片摆正，面面相对，脚口对齐，中裆线丁对准合缉下裆缝。缉好后，在中裆线以上部分再缉一道重叠线进行加固，如图3-22（a）所示。

（2）分烫下裆缝：将缉好与下裆缝摆平，喷水劈缝烫平，烫煞。烫时要顺势将中裆处拔长，中裆后烫迹线处归平，后臀部推出，这样加固归拔效果。然后将裤筒翻转，垫水布喷水，将前后烫迹线再烫一下定型。

（3）包滚前后裆：用2cm宽、45°斜丝包裆条包滚前后裆，前裆只包一小部分即可，滚好后牙宽为0.5cm，如图3-22（b）所示。

工艺要求：下裆缉线不可走样，缉线应直顺，中裆线以下与裤筒缉线不能吃不能抻，分烫下裆缝时要烫平、烫煞。

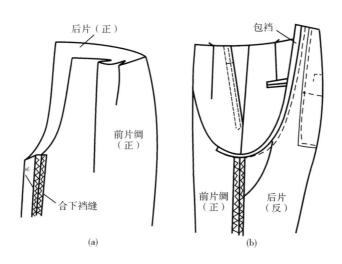

图3-22　合下裆缝、包裆

5. 装腰头、钉串带、缉缝裆弯

（1）做腰头（图3-23）：

①粘衬：在腰头面反面粘净腰头衬，要粘实。

②腰头里与腰头面缝合：把粘过衬的腰头面同腰头里正面相对缝合，靠紧腰头里衬边缉线。

③翻转缉好的腰头，腰头面翻向正面，腰头里折好并压明线0.1cm，并扣烫腰头。

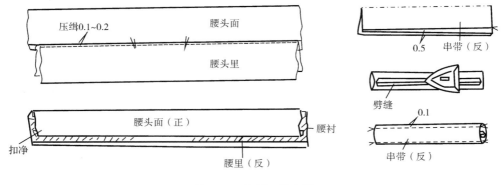

图3-23　粘衬、做串带

（2）做串带（图3-23）：

①将剪好的宽度为3cm宽串带布反面相对对折，缉0.5cm缝份。

②将缉好的串带劈缝熨烫。

③将烫好的串带翻转到正面，并缉0.1cm明线，缝份放在中间，宽窄应一致。

（3）缉腰头、缉合裆缝：

①串带定位：在裤片腰口部位定好串带的位置，前裤串带对准前裤片靠近前中心线的裤褶，后串带由后裆斜线向侧缝部位串1cm。中间的串带在前后两串带之间（左右片相同），如图3-24所示。

②缉缝串带：将串带按定好的位置缉缝，将串带一端同腰口线对齐，由腰口线向下1.7cm，将串带与裤片缉合，倒回针固缝4~5遍，如图3-24所示。

③缉左右腰头面：将腰头面与裤片面面相对，由后缝的腰口开始向前中心线处，将腰头面与裤腰口缝合一道，缝至距前片门襟，里襟7cm处止不缝。最后劈缝。

④缝合裆线：由后中线腰里开始，缝合裆线，缝合到前片小裆接点处，打倒回针固缝。缝合时在后裆弯处应用手拉开，把弯势处拔开缉线，以防穿着后用力时爆线，将缉好的裆缝再重合一道缉线加固（图3-24）。

⑤熨烫：将缉好的裆底放在马凳上劈缝，喷水、烫平，如图3-24所示。

工艺要求：串带长短宽窄应一致，腰围规格准确，左右前腰大小相同，宽窄一致，腰头无涟形，腰里不反吐。

6. 缉门襟、里襟、拉链

（1）做里襟：

①勾里襟：里襟夹里需宽出里襟面1.5cm，将里襟面和夹里粘上薄无纺衬后，将里襟

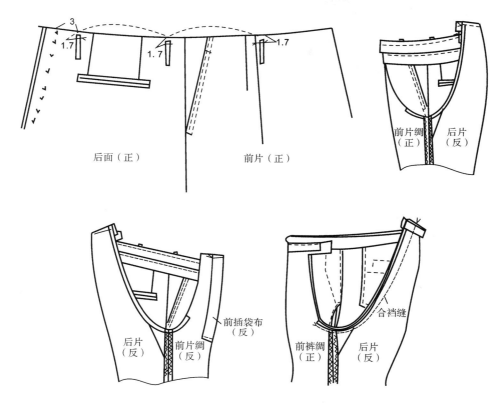

图3-24　绱腰、合裆缝

面和夹里面面相对，在里襟外口缉一道0.6cm缉线。然后在不易翻转的部位打剪口，在箭头弯势处剪口不能剪断线，其余部位剪口只可以剪小刀口即可，如图3-25（a）所示。

②扣烫：将里襟翻转、烫平，使面比里虚出0.1cm，扣烫里襟夹里，弯势处不易扣净部位剪小刀口，使折边不被拉住，并烫出前端宝剑头，里襟夹里未缉一端扣净时，应虚出面0.1cm，如图3-25（b）、（c）所示。

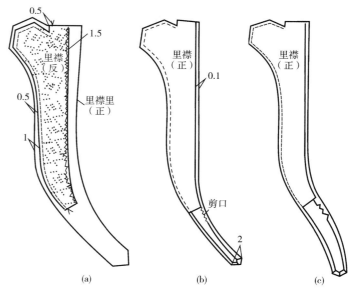

图3-25　做里襟

（2）绱门襟：

①粘衬：将门襟背面粘一层薄无纺衬，如图3-26（a）所示。

②固定拉链：将门襟面与拉链面面相对，拉链边距门襟前口0.5cm后摆正，将拉链的

一边缉合固定在门襟上，并缉双线，如图3-26（b）所示。

③缉门襟：将缉好拉链的门襟与前裤片右片正面相对，由腰口处开始，缉1cm缉线，将门襟与裤片缉合，如图3-26（c）所示。

④扣烫：将缉合的门襟翻转向裤片的反面，扣烫平整，扣烫时，让面虚出0.1cm，如图3-26（d）所示。

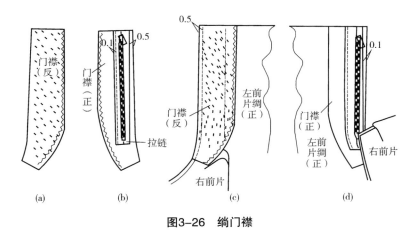

图3-26　缉门襟

（3）缉里襟：

①缉里襟：将右前裤片与里襟面正面相对，夹住拉链未缉的另一边，缉1cm缝份，合时要靠近拉链牙。也可在裤片与里襟缝合时压缝明线0.1cm，如图3-27（a）所示。

②门襟与腰头缝合：将门襟未缝合的腰头缝合，缝合时将门襟掀开，缉到裤片止口打倒回针固定。然后，将腰头里压在门襟下，用手针将门襟与裤片暂时固定，如图3-27（b）所示。

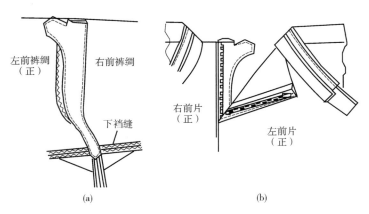

图3-27　缉里襟

③缉明线：将里襟折向右前片，缉门襟明线，明线宽3.5cm，如图3-28（a）所示。

④固定里襟夹里：将里襟夹里，里襟头与裆部两侧缝份缉0.1cm明线固定。

⑤里襟与腰头缝合：将里襟处未缝合的腰头缝合，缝合时要与原缉的线接顺直。

⑥封小裆：将门襟、里襟放平，拉链拉合，缉倒回针4~5道封小裆，也可以用手针打套结。

⑦固定襻带：将夹在腰头与裤片中的襻带折到腰头止口处距腰头止口0.6~0.7cm处，缉倒回针4~5道固定，如图3-28（b）所示。

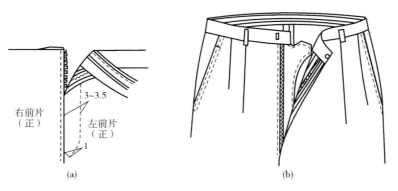

图3-28　缉明线、封小裆

（4）钉裤钩：

①腰里掀起，将四合裤钩鼻钉在右裤片底襟拉链处，后将腰头多余的量折至背面扣净用针缲好。

②将四合裤钩与挂钩对准门裤襟止口，钉好，后将腰头多余的部分折到背面，用针缲好。

工艺要求：前小裆要能摆平整，门里襟不能有长有短。腰头前门里襟要平薄、干净。门襟止口不能反吐。缉线应顺直。里襟要平吸，明线要顺直。裤钩扣好后，拉链要平吸。

7. 手缝

（1）缲腰头里：将腰里掀开，将里层腰里与腰头缝边固定，用三角针法，也可用缲针法，如图3-29（a）所示。

（2）锁眼与钉扣：将腰头、后袋的扣眼锁好，钉上纽扣。

（3）缝裤脚口：将裤脚口重新扣烫一下，可先用线临时固定，然后绷三角针，将裤脚口贴边与裤片固定，如图3-29（b）所示。

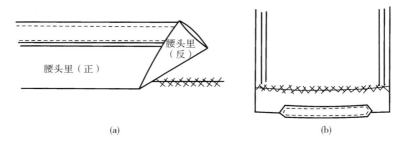

图3-29　手缝

三、整烫工艺

整烫前要把裤子上的线头剪净，线丁拔掉，线拆干净。熨烫的顺序通常是先烫反面，后烫正面，先烫缝，后烫面，先烫小部位，后烫大面积，如图3-30所示。具体步骤与方法如下：

（1）在裤子反面将裤子内缝、外缝重新熨烫定型。烫下裆缝时，要将裤缝拉紧，以防下裆吊紧。

（2）合烫横裆与后裆缝，将裤套在马凳上，将后裆缝重新熨烫定型。

（3）在裤子反面将门襟、里襟袋布熨烫平服，将后省压平实。

（4）将裤子翻到正面，借助马凳、馒头等辅助工具，将裤前片与褶裥部位、侧袋与后袋、后省、腰头等盖上水布、喷水熨烫平服。

（5）将裤子摆平，挺缝靠身，左右两裤筒对叠，侧缝与下裆缝重合对准，将上层裤筒掀起叠好，由下层裤筒内侧开始，盖上水布、喷水熨烫，前挺缝上端与第一褶之间连接横裆要烫平服，不能翘起，后臀部腰推立，横裆烫平服，裤口部压实。另一裤筒同样方法熨烫，最后将侧缝一侧按归拔要求再烫一下。

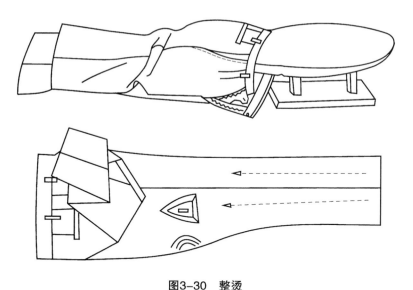

图3-30　整烫

工艺要求：定型部位准确，左右对称不走样，前后烫迹、线要烫煞。裤面料上不能有水迹，不能烫黄、烫焦或出现极光，不能有污渍。

四、缝制工位工序表

对于单件裤装制作，可以将其整个制作工艺程序进行分析，合理安排工位工序，以减少浮余劳动，节省时间，提高效率。男西裤缝制工位工序表见表3-5。

表 3-5 男西裤缝制工位工序表

准备工作：

1.检查裁片（明确缝份，检查裤片与零部件有无漏裁，检查眼刀与粉线是否准确）；2.缲小裤底；3.缲膝盖绸；

4.包缝；5.打线丁；6.推、归、拔烫的工艺处理

工位	工种	工序名称
1	板工	粘左右前插袋衬、粘左右后袋袋位衬、粘左右袋嵌线衬、粘腰头衬、粘门襟里襟衬、扣烫前袋口、扣烫左右后袋嵌线、扣烫垫脚条
2	机工	绱左右前插袋垫袋布、绱左右前插袋袋布缲袋口明线、勾缲左右袋布、固定左右前插袋口、缲左右后省、勾缲绊带、左右腰头里/腰头面缝合、做里襟、绱门襟拉链、绱缲垫脚条
3	板工	烫左右前插袋、烫左右后省、翻烫绊带、扣烫左右腰头、扣烫里襟、净左右前插袋袋布
4	机工	缉左右后袋嵌线、缉串带明线、缉表袋垫布、缉左右后袋垫布
5	板工	左右后袋开剪、左右后袋嵌线扣烫、烫表袋布
6	机工	固定左右后袋嵌线、封后袋三角、勾缲左右袋布、缉后袋口门字线、缝合左右侧缝、缝合左右前褶裥、
7	板工	侧缝劈缝熨烫、烫左右前褶裥、净烫左右后袋布、表袋位定位、扣烫包裆条
8	机工	缉左右前插袋明线、缉左右后袋布明线、缲表袋布、缝合左右下裆缝
9	板工	表袋开剪、扣烫表袋口、分缝熨烫左右下裆缝、确定左右裤筒襻带的位置、扣烫左右脚口
10	机工	缉表袋明线、勾缲固定表袋布、包滚左右裤裆缝、绱左右裤筒襻带、绱左右裤筒的裤腰、缝合裆弯、绱门襟、绱里襟
11	板工	熨烫表袋、左右腰头分缝熨烫、裆弯分缝熨烫、扣烫门襟、里襟分缝熨烫、整理门里襟腰头
12	机工	固定里襟里布、固定门里襟腰头、缉门襟明线、封小裆、固定腰上口绊带
13	板工	钉裤钩、固定腰头、扦裤脚、锁眼、钉扣、整熨、整理

注 工位数越少，往返机台与案板的次数越少，越节省时间。

五、缝制工序分析图（图 3-31）

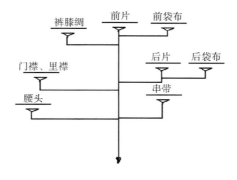

图3-31 男西裤缝制工序分析图

六、缝制工艺流程图（图3-32）

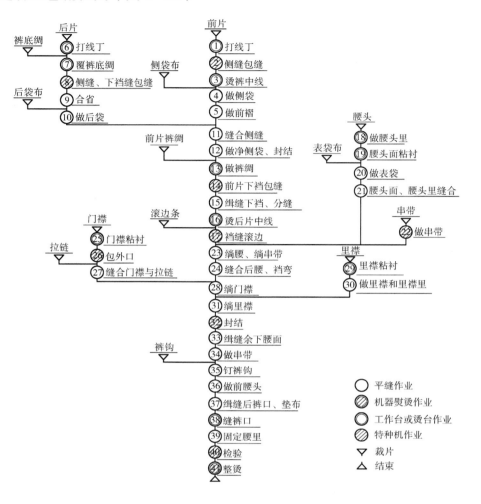

图3-32　男西裤缝制工艺流程图

第三节　精做男西裤质量标准

一、裁片的质量标准（表3-6）

表3-6　男西裤裁片质量标准

序号	部位	纱向要求（具体要求见第一章裁剪工程）	拼接范围（具体要求见第一章裁剪工程）	对条对格部位（具体要求见第一章裁剪工程）
1	前裤身	经纱，倾斜不大于1.5cm	不允许拼接	侧缝、前后裆缝、下裆缝

续表

序号	部位	纱向要求（具体要求见第一章裁剪工程）	拼接范围（具体要求见第一章裁剪工程）	对条对格部位（具体要求见第一章裁剪工程）
2	后裤身	经纱，倾斜不大于2 cm	后裆允许拼角拼接	侧缝、前后裆缝、下裆缝
3	腰头	经纱，不允斜	只允许后裆缝处有一缝	后裆缝处左右腰头
4	后嵌线	经纱，不允斜	不允许拼接	

二、成品规格测量方法及公差范围（表3-7）

表3-7　男西裤成品公差

序号	部位	测量方法	公差	备注
1	裤长	裤子沿烫迹线叠好、摊平，由腰上口沿侧缝垂直量至脚口	±1.5cm	
2	腰围	将裤钩或纽扣扣好，沿腰宽中间横量（周围计算）	±1cm	5·2系列
			±1.5cm	5·4系列
3	臀围	将裤子摊平，前身在上，由侧缝待下口处，横量（周围计算）	±2cm	

三、外观质量标准（表3-8）

表3-8　男西裤外观质量标准

序号	部位	外观质量标准
1	腰头	面、里、衬松紧适宜、平服，缝道顺直
2	门、里襟	面、里、衬平服、松紧适宜；明线顺直；门襟不短于里襟，长短互差不大于0.3cm
3	前、后裆	圆顺、平服，上裆缝十字缝平整、无错位
4	串带	长短、宽窄一致，位置准确、对称，前后互差不大于0.6cm，高低互差不大于0.3cm，缝合牢固
5	裤袋	袋位高低、前后、斜度大小一致，互差不大于0.5cm，袋口顺直平服，无毛漏；袋布平服
6	裤腿	两裤腿长短、肥瘦一致，互差不大于0.4cm
7	脚口	两脚口大小一致，互差不大于0.4cm，且平服
8	线迹	明线针距密度每3cm为14~17针
		手工针每3cm不少于7针；三角针每3cm不少于4针
9	商标号型	商标位置端正；号型标志清晰，号型钉在商标下沿
10	整熨	各部位熨烫到位，平服、无亮光、水花、污渍；裤线顺直，臀部圆顺，脚口平直

第四节　简做男西裤缝制工艺

简做工艺通常用于中低档服装，它的特点是工艺较简单，缝纫方法较容易掌握，所用辅料较少。男西裤精做工艺中侧插袋的制作讲的是斜插袋工艺，因此，本节侧插袋主要介绍侧缝袋的做法，后袋介绍单开线一字嵌袋的做法。

一、面料及零辅料裁剪

（1）面料主件裁片：前裤片2片，后裤片2片，腰头面2片。

（2）面料零料：门襟1片，里襟2片，侧袋垫布2片，后袋垫布1片，后袋袋牙1片，串带5片。

（3）其他辅料：侧缝袋布2片，后袋布1片，腰里1片（可以拼接），如图3-33所示。

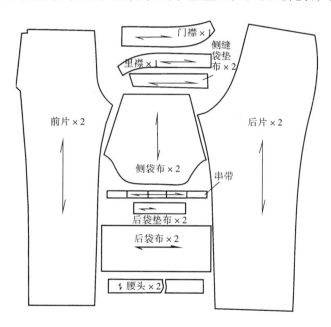

图3-33　面料及零辅料裁剪图

二、缝制工艺

1. 包缝

将裁好的裤前后片、侧缝袋垫布、后袋垫布包缝。前裤片小裆弯处只包缝一小段，其余除腰口外全部包缝。后片除腰口外，其余边缘都包缝。

2. 缉后省（图 3-34、图 3-35）

（1）缉后省：将后省按省位标志缉好，省尖不打倒回针。

（2）拼接、勾缉零部件：

①做插袋布：将袋垫布与袋布宽出的一边外口，正面相对缉0.8cm缉线。然后翻折扣烫，使垫袋布比袋布虚出0.1cm。沿包缝线将垫袋布缉一道线，将垫袋布与袋布固定。未包缝的一侧垫袋缉线。将缉好垫袋布的袋布反面相对，由折边开始缉0.8cm缉线，袋口不缉到头，留1.5cm，然后将袋布翻转扣烫好。将缝份净成0.3cm缝份。待缉（左右袋同法）如图3-34所示。

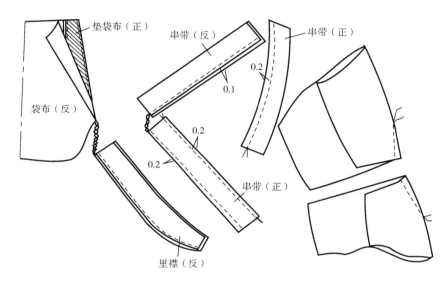

图3-34 勾缉零部件

②做里襟：将里襟里和面正面相对，在外弧一侧缉一道线，缝份0.8cm，然后折转到正面，扣烫好，面比里虚出0.1cm，将未缉的另一侧包缝。

③做串带：将剪好5个串带布两侧分别扣净后，缉0.2cm明线，在另一侧折线处也缉0.2cm明线。

④做腰头：

☆将腰头面、腰头里分别粘无纺衬后，面面相对缉线，缝份0.8cm。

☆将缉好的腰头翻转到正面扣烫，扣烫时面比里应虚出0.1cm。然后将腰头里扣净，扣净后的腰头里边应跟面的毛边对齐，如图3-35所示。

3. 做后袋

（1）固定袋布扣烫嵌线：在裤片反面重新确定袋位，并将袋布摆好。然后将袋嵌线粘无纺衬后对折扣烫。

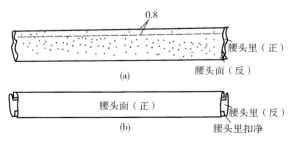

图3-35 做腰头

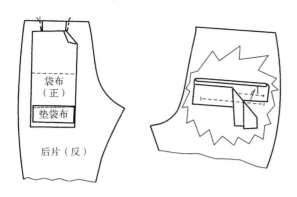

图3-36　做后袋之一

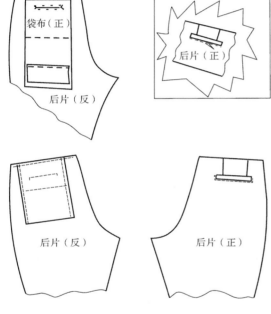

图3-37　做后袋之二

（2）缉袋嵌线、袋垫布：

①将扣烫好的嵌线的大的一面与裤片面面相对，与袋上口位置对齐，左右居中，居嵌线止口1cm处，缉一道线，并且两端要倒回针。

②袋垫布与裤片面面相对，一侧塞在1cm嵌线下面与嵌线缉线对齐。后沿袋上口位置缉一道，两端缉倒回针。要保证两端上下缉线在同一丝缕上的保证袋角直正，如图3-36所示。

（3）剪袋口：沿袋口缉线中间开始剪开，距两端0.6cm时，剪成三角。注意不能剪断线。

（4）封三角、装大袋布：翻进嵌线与袋布，两侧裤片叠起，袋布翻起封三角，倒回针3~4道。封时上口略紧0.1cm，然后装上大袋布，固定袋垫布。封门字形缉线。兜缉袋布。方法同双嵌线袋方法同，如图3-37所示。

4. 缝合侧缝、做侧缝袋

（1）缝合侧缝：将前后裤片面面相对，前裤片在上将袋布放摆平，在前裤片上左裤筒由裤口起针，右裤片从腰口起针，按1cm缝份缉合侧缝，缉到袋口上下袋口处缉倒回针2~3道固缝。缉到袋布处，袋布应扣净，如图3-38所示。

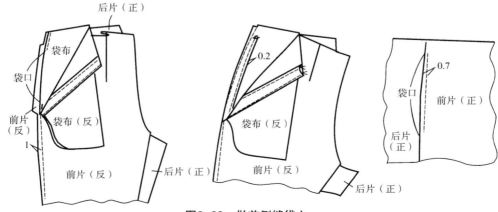

图3-38　做前侧缝袋之一

（2）劈缝：将侧缝缝份分开、烫平整，袋口处不能叠上，也不能咧开，要同侧缝顺成一道线。看着落片正面在袋口处缉袋口明线宽0.7cm，如图3-38所示。

（3）缉明线：在前片背面，将袋口折边缉在袋布上，缉线宽0.2cm，如图3-38所示。

（4）将袋布摆平整，将缉垫布的一侧与后片袋口处缝份缉一道线。缉线要与袋口上下侧缝缉线接合直顺。缉好后袋布不能扭曲。不能有毛边。

（5）缉袋布：由袋布折叠处起针缉袋布明线宽0.5cm，缉到袋口处时逐渐减少明线的宽度，缉至袋口处明线宽0.1cm，如图3-39所示。

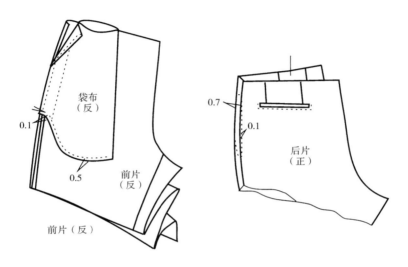

图3-39 做前侧缝袋之二

（6）封袋口：在袋口正面上下两端各缉倒回针3~4道，连接后片所缉0.1cm明线，如图3-39所示。

5. 合下裆缝、合烫下裆缝、烫裤中线

将下裆缝按缝份缉合，中裆线以上缉双重合加固后，分缝熨烫平实。然后将下裆缝与侧缝对合，烫前后烫迹线。方法同精做方法同，如图3-40所示。

6. 缝合前后裆缝、装门里襟和拉链

（1）缝合前后裆缝：将左右裤片裆缝对好，由拉链长下端封口以下0.5cm起针打倒回针固缝按净线向后裆缝缉合。十字缝应对齐。后裆弯拉紧缝合。缉好后重合一道双线加固后缝并烫实。

（2）装门襟：将门襟粘衬后，与裤片

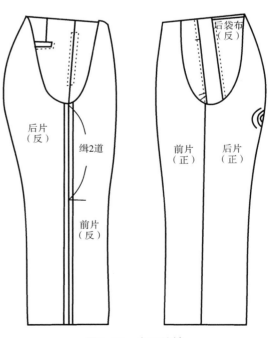

图3-40 合下裆缝

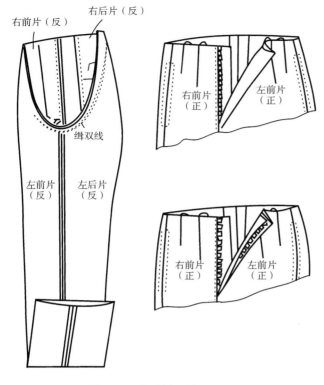

图3-41 合裆缝、缉门里襟

门襟处面面相对，由腰口处开始，缉到前后裆缉线处。两线接合要顺直。最后扣烫好。

（3）装里襟：将裤片右襟处缝份扣净后，压住里襟，1.2cm缝份，拉链缝份夹在裤片与里襟中间；距拉链牙0.2cm，在前裤片扣净的右襟处缉0.1cm明线，缉到小裆封口处，如图3-41所示。

（4）装门襟拉链：将拉链拉合，门里襟对合，找准门襟拉链的位置，然后将拉链缝份缉到门襟上，可缉双线。

（5）缉门襟明线，封小裆封口：将里襟折到右裤片一侧按3.5cm宽缉门襟明线，然后将里襟放平，缉小裆封口4~5道。

7. 装串带、缲腰头

（1）装串带：将缉好的串带分别摆好缉上。方法同第二节精做同。

（2）缲腰头：腰头与裤片的腰口对齐，面面相对缝合，缝份1cm，如图3-42所示。

（3）将门里襟处四合扣裤钩装好，门襟处裤钩距止口0.8cm。上下位置居中，如图3-43所示。

（4）压腰头，可以先用攥线固缝住。由门襟处起针，用漏落针将腰里固定。缉时腰面不能扭曲起涟形。后盖上水布将腰头面喷水烫平。

（5）将串带向上翻平摆正，距腰上口0.6cm处将串带扣净缉到腰头上，明线宽0.1cm，缉4~5道，如图3-43所示。

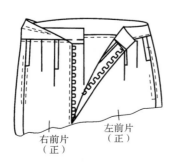

图3-42 缲腰头

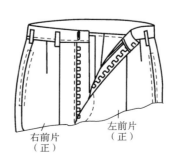

图3-43 钉裤钩、钉串带

8.手缝及整熨

（1）缲脚口：将脚口折边按裤长规格扣净后，用三角针或缲针缝好。

（2）腰头：将门、里襟处腰头毛缝扣净，与门、里襟止口平齐，手针缲牢或机缉。

（3）整熨：按整熨要求将裤子整熨一下。并且，熨烫前，将所有线头剪净。具体方法见第一节中的整熨工艺。

第五节　男西裤常见弊病及修正

服装质量弊病是指服装因加工方法不当而引起的外观和内在的不良现象，包括合体性弊病和加工质量疵病。本节主要介绍加工质量弊病及修正。加工质量弊病指服装制品因裁剪、缝制、熨烫加工不当，而形成的外观形态疵点和内在的操作质量疵点。

一、腰头弊病修正

1.弊病现象之一（图3-44）

（1）后中心线两侧腰围大小不对称。

（2）腰口显波浪形还口。

（3）腰缝起皱不平吸。

产生原因：

（1）缲腰头时，两侧腰头与裤片缝合松紧不一致。

（2）缝制前后裤片中，左右裤片省缝、侧缝、前裥、斜插袋垫布、门里襟等缝份大小等、不对称。

图3-44　腰头弊病之一

修正方法：

（1）缲腰头时，左右腰头与裤片缉缝时松紧一致，但缉缝中既不能拉紧腰头，也不能太松，以免腰头烫不平，出现腰缝起皱不平吸或腰口呈波浪形还口。

（2）前后裤片的左右两侧的省缝、裥的大小应按线丁缉合，且缝合侧缝以及门里襟缝份应顺直一致，斜插袋垫布大小要准确。

2.弊病现象之二（图3-45）

（1）腰头宽度不一致。

（2）腰口弯曲不顺直。

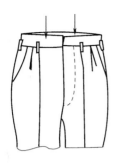

图3-45　腰头弊病之二

产生原因：

（1）扣烫腰头时，腰头宽窄不同。

（2）绱腰时，腰头缉线弯曲不顺直，缝份咬合不齐。

修正方法：

（1）做腰头时，腰头上口缉线顺直，松紧适宜，缝份一致。

（2）腰头扳好后，将腰头的宽窄重新确定标准，绱腰时缝份咬合准确一致。

3.弊病现象之三（图3-46）

（1）后腰缝下口起涌。

（2）后腰口拼缝处生角。

（3）后腰口拼缝处凹进低下。

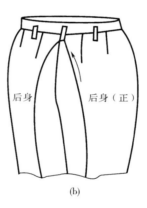

（a）　　　　　　　　（b）　　　　　　　　（c）

图3-46　腰头弊病之三

产生原因：

（1）裤后翘过高。

（2）腰头所拼接处的角度是锐角。

（3）腰头所拼接处的角度是钝角。

修正方法：

（1）裤后翘改低，拼合后中缝时，在腰口处应按90°直角缉直，使其摊平后呈180°状态。

（2）后缝腰围放缝不能过大。以免放缝对合扳紧。

二、裆缝弊病修正

1.弊病现象之一（图3-47）

（1）门襟起壳不平服。

（2）里襟缝外露，产生豁口。

产生原因：

（1）绱门襟时，门襟布拉得太紧；或缉合时，两线状态不一致。

（2）装拉链时，缝份咬得太多不直，封口处未缉足或封小裆时扳得太足。

修正方法：

（1）绱门襟时，松紧应适宜，门襟边缝与裤片门襟处一致。

（2）装拉链时，缝份咬得顺直，

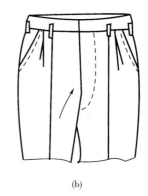

(a)　　　　　　　　　　　(b)

图3-47　裆部弊病之一

里襟与裤片伸开一点，使小裆吸进，封小裆时，大襟前裤片多盖一些。

2. 弊病现象之二（图 3-48）

（1）门襟反吐。

（2）门里襟高低不齐。

产生原因：

（1）装门里襟时，将裤片门襟部位抻拉使其变长；或裤片门襟部位缩缝，使其长度缩短。

（2）缉缝裆部时，将其中一侧裤片的小裆弯抻长或缩缝了。

（3）缉缝裆缝时，裆底的十字没有对齐。

（4）绱拉链时，拉链边有松紧，拉链牙高低。

（5）绱腰时，前门、里襟处缝份咬合不齐。

修正方法：

（1）绱门里襟时要松紧适宜，弹性大的面料可以先手针绷缝。

（2）缉缝裆弯时不能用力过猛，否则小裆弯度容易还口。

（3）缝合裆弯时，十字要对准，上下层的抻拉要对称。

（4）绱拉链时，将拉链边在裆缝处要拔弯，使其与裤片相一致。

（5）在绱腰之前，要先画好左右门里襟的缝份量。

3. 弊病现象之三

（1）下裆缝吊紧，脚口不齐。

（2）烫迹线倾斜。

产生原因：

（1）归拔时，后裤片下裆缝弯度大，而归拔不到位。

（2）侧缝与下裆缝缉线松紧不一致。

（3）下裆缝缝份过大，使缝份放

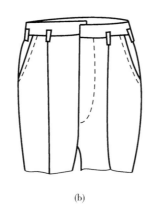

(a)　　　　　　　　　　　(b)

图3-48　裆部弊病之二

不倒。

　　修正方法（图3-49）：

（1）按照归拔的要求将下裆缝烫成一条直线。

（2）缉侧缝与缉下裆缝时，要分别从两个方向进行。

（3）修剪下裆缝的缝份，使其在0.8~1cm。

（4）裆缝缉线松紧要适宜。

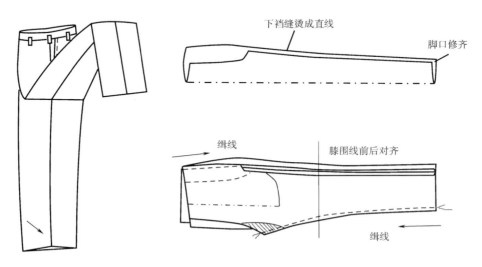

图3-49　裆部弊病之三

4. 弊病现象之四

（1）裆部有兜紧现象。

（2）上裆过短。

产生原因：

（1）因为臀部过突所引起的上裆原有的长度不足。

（2）裤子的后翘不够，无法满足臀部所需的量。

（3）后裆线的斜度不够，引起上裆的长度不足。

修正方法（图3-50）：

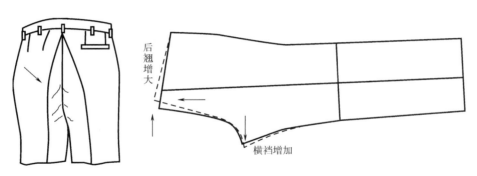

图3-50　裆部弊病之四

（1）将裤子的上裆部位加深。

（2）增加裤子的后翘的量或横裆的量。

（3）确定后裆的斜度后，增加后裆斜线的斜度。

三、其他弊病修正

1. **弊病现象之一**（图3-51）

（1）省缝不平。

（2）省尖有叠绺。

产生原因：

（1）通常薄料缉省时，丝缕没有摆正。

（2）缉省时省尖缉成胖形，没有缉尖。

（3）缉完省进行熨烫时，没有将省尖烫散、烫平服。

图3-51　后省弊病

修正方法（图3-51）：

（1）缉省时，要将丝缕摆正，并且缉线要上下松紧一致，缉线要直顺。

（2）要将省形缉尖，或缉到快到省尖时，看着画线的内侧缉。

（3）熨烫省缝时，要运用归拔的手法将省缝烫散、烫煞、烫平薄。

2. **弊病现象之二**

（1）脚口贴边起绺。

（2）脚口贴边外翘。

产生原因：

（1）西装裤脚口贴边上翻的造型小于裤脚口造型。

（2）缲裤脚口时，贴边的丝缕没有摆正。

（3）喇叭裤的脚口贴边上翻的造型大于裤脚口造型。

修正方法（图3-52）：

（1）改小西装裤的脚口尺寸，然后按脚口尺寸修正贴边，使之相同。

（2）缲裤脚口时要将贴边的丝缕摆正，对于薄型面料，可以先用手针固定再缲。

（3）按喇叭裤的脚口尺寸修正贴边，使之与喇叭裤的脚口的尺寸相同。

3. **弊病现象之三**（图3-53）

（1）斜插袋袋口起涌。

（2）直插袋袋口起涌。

产生原因：

（1）烫袋口时，将袋口拉抻长。

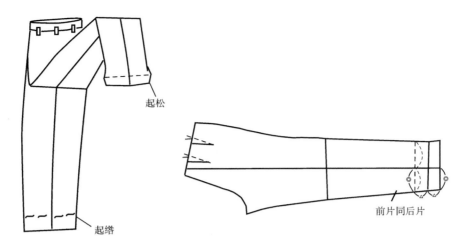

图3-52 脚口弊病

（2）缉袋口明线时，由于压脚压力而将袋口抻长。

（3）袋布袋口位的尺寸小于裤片袋口而产生脱空。

修正方法：

（1）在袋口处拉上经纱嵌条。

（2）烫袋口时熨斗直压，不能用力推。

（3）缉袋口明线时，用锥子将袋口向压脚处推送。

将袋布宽缩小，多余的剪掉，使袋布的袋口

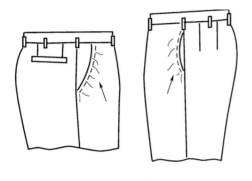

图3-53 前插袋弊病

与裤袋口尺寸相应；或改小裤袋口尺寸。

4. 弊病现象之四

（1）后袋口咧开。

（2）后袋位上口面料涌起。

产生原因：

（1）缉袋嵌线时，与袋垫布或另一侧嵌线的距离太远。

（2）封袋口时，袋口中间形成向上的弯形。

（3）上层袋布紧，下层袋布松。

（4）后袋位袋布距腰口的距离太小，或袋布经熨烫后缩小了。

修正方法（图3-54）：

（1）挖袋时，将嵌线与垫布或与

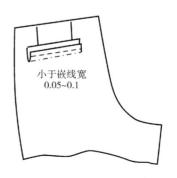

小于嵌线宽
0.05~0.1

图3-54 后袋弊病

另一侧嵌线之间的距离小于嵌线宽0.05~0.1cm。

（2）封袋口时，要使袋口两端向上，袋口中间弧线形向下。

（3）拆开腰头，将袋布距袋口间的余量放足。

（4）要事先确定袋布的缩量，或熨烫袋布时将温度调小。

思考与练习

1.单件男西裤的算料与哪几个部位有关。

2.高档男西裤的辅料包括哪些？

3.高档男西裤的辅料裁剪方法。

4.高档男西裤的成衣规格如何设计？

5.简述男西裤的缝制工艺。

6.简述男西裤各部位缝制工艺标准。

7.简述高档男西裤的归拔部位及标准。

8.简述男西裤的质量标准。

9.简述拉链的缝制工艺。

10.列出简做男西裤的工位工序表。

11.列出简做男西裤的工艺流程表。

12.常见男西裤腰部的弊病现象有哪些，如何进行修正。

13.常见男西裤裆部的弊病现象有哪些，如何进行修正。

14.高档男西裤的里料裁剪方法有几种？

15.如何做好斜插袋？

16.简述高档男西裤的绱腰工艺。

17.独立制作一条斜插袋简做男西裤。

男衬衫缝制工艺

课题名称： 男衬衫缝制工艺

课题内容： 精做男衬衫缝制工艺及弊病修正

课题时间： 20 学时

教学目的： 通过典型男衬衫缝制工艺的学习，掌握男衬衫的工艺组合技术与技巧，锻炼动手操作能力，培养学生精做男衬衫工艺及流程的设计能力。

教学方式： 示范式、启发式、互动式、案例式、评估式。

教学要求： 1. 在教师示范和指导下，完成精做男衬衫的缝制与弊病修正。

2. 实操过程中，掌握精做男衬衫各环节工艺流程与工艺标准。

3. 在完成男衬衫缝制基础上，掌握男衬衫工位工序排列。

课前 / 后准备： 课前准备男衬衫面、辅料，制板工具与材料，详见本章用料计算与排料；同时进行市场调研，对精做男衬衫的基本结构与工艺有初步的认识。

在完成男衬衫质量评定的基础上，课后根据本章所学，完成精做男衬衫缝制工艺的实训报告。实训报告内容包括男衬衫排料方案设计、工位工序排列、工艺流程设计等。

第四章　男衬衫缝制工艺

第一节　概述

一、外形概述与款式图

男衬衫是男性的主要服装之一，本款为尖角翻立领，六粒扣，左前身胸贴袋一个，装后过肩，后衣片左右裥各一个，直摆缝，平下摆，装袖，袖口开衩三个褶，装圆头袖克夫，如图4-1所示。

二、量体加放与规格设计

1. 测量的主要部位和方法

（1）衣长：用软尺从颈肩点经胸最高点顺直向下量至所需长度，用"L"表示。

（2）胸围：用软尺测量经胸部最突点的水平周长，为净胸围尺寸，用"$B°$"表示。

（3）肩宽：用软尺测量从左右肩端点之间的距离，用"$S°$"表示。

（4）袖长：用软尺测量从左肩端点沿手臂弯势至所需长度，用"SL"表示。

（5）领围：用软尺测量从喉结下2cm处经后颈椎点的周长，所测尺寸为净领围，用"$N°$"表示。

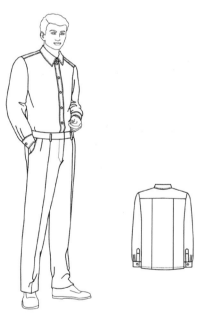

图4-1　男衬衫款式图

2. 规格设计

（1）衣长（L）=73cm。

（2）胸围（B）=$B°$+（22~25）cm。

（3）肩宽（S）=$S°$+4cm。

（4）袖长（SL）=59cm。

（5）领围（N）=$N°$+（2~3）cm。

三、结构图

1. 男衬衫成品规格表（表4-1）

表4-1　男衬衫成品规格表　　　　　　　　　　单位：cm

部位	号型	衣长（L）	胸围（B）	肩宽（S）	袖长（SL）	领围（N）
规格	170/88A	73	88+22	42+4	59	38+2

2. 男衬衫结构图（图4-2）

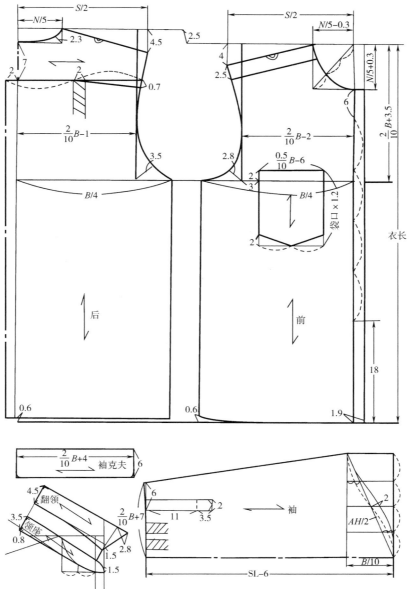

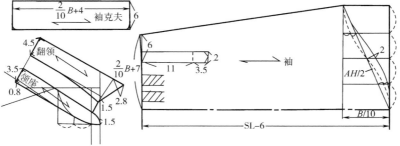

图4-2　男衬衫结构图

四、样板图与零料裁剪

男衬衫的样板图与零料裁剪，都是在净样裁剪图的基础上进行放缝而形成。男衬衫的样板图包括前衣片、后衣片、袖片、过肩。零料裁剪包括领面、领里、胸袋、袖克夫、袖衩条等，如图4-3所示。

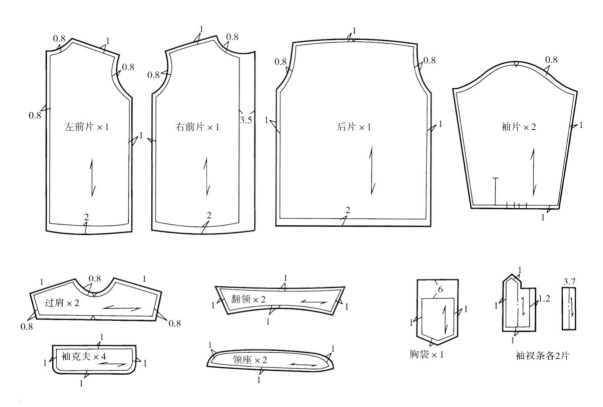

图4-3　男衬衫样板图与零料裁剪

五、用料计算与排料图

1.男衬衫的用料计算

（1）面料表，见表4-2。

表 4-2　男衬衫面料用料表

面料幅宽/cm	用料
90	衣长×2+袖长
110	袖长×2+衣长

（2）其他辅料，见表4-3。

表 4-3　其他辅料用料表

序号	品名	用量	序号	品名	用量
1	无纺衬	50cm	3	涤树脂衬	一条
2	缝纫线	一轴	4	扣	10个

2. 男衬衫的排料图

男衬衫的排料如图4-4所示。此图幅宽为110cm的一种排法，料长约为两个袖长加一个衣长。

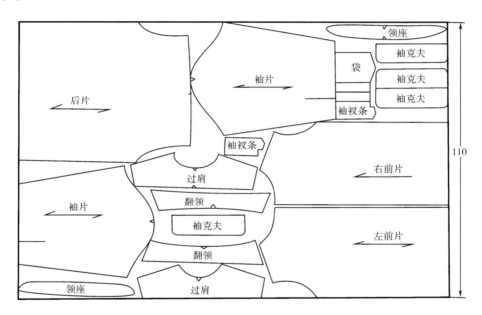

图4-4　男衬衫排料图

第二节　男衬衫缝制工艺

一、熨烫工艺

胸袋：袋口贴边毛宽6cm，两折后净宽为3cm，袋口贴边不缉线，其余三边均扣光毛缝0.8cm，如图4-5所示。

烫门襟衬：将门里襟衬贴分别贴于门襟布和里襟止口处的反面。

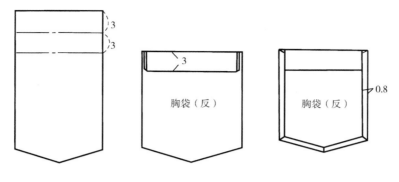

图4-5　熨烫胸袋

二、缝制工艺

1.做缝制对位标记

（1）前衣片：挂面宽、手巾袋位、下摆贴边宽。

（2）后衣片：褶裥位、后背中心点。

（3）袖片：对肩眼刀、袖口打裥位。

（4）过肩面：后领口中心点后背中心点。

2.做前衣片

（1）做门襟：将门襟布正面与左前衣片止口反面相对缉线，后将门襟布翻转扣烫凸0.1cm，另一端也扣净宽为3cm，后缉明线0.2cm或0.4cm，如图4-6所示。

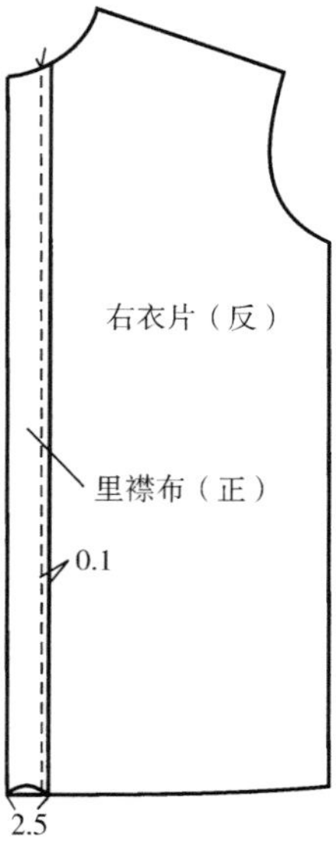

（2）做里襟：里襟处按眼刀向里扣转，其扣两次，使之扣净，宽为2.5cm。后在里面缉明线0.1cm，使里襟与右衣片固定，如图4-7所示。

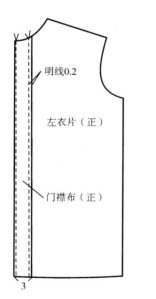

图4-6　做门襟

图4-7　做里襟

（3）绱胸袋：将袋布平附在左前片的袋位上，如有条格要对齐，从左起针缝到距止口0.1cm，袋口处两端缝线为直角三角形，最宽处距止口0.5cm，左右封口大小相等。绱胸袋时衣片略拉紧，以防起皱，如图4-8所示。

工艺要求：明线宽窄一致，衣片不起涟形，门里襟上下宽窄一致，手巾袋各边要扣实缉直。

3.做后衣片并缝合前衣片

（1）烫过肩：将后过肩面肩缝扣光缝份0.6~0.7cm，注意肩缝不能拉还。

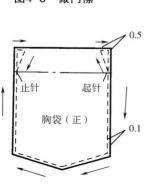

图4-8　绱胸袋

（2）缉合过肩与后衣片：先将过肩正面相对，再将后衣片夹在中间，这时后衣片面与过肩面相对，按缝份大小缉线。注意，三片中心线眼刀对齐，后衣片正面左右褶按眼刀位向袖窿方向各打褶一个，如图4-9所示。

（3）缉合过肩与前衣片：

方法一：先将前衣片里与过肩里的正面相对，肩缝对齐，领口、肩端平齐，缉0.8cm缝份，肩缝向过肩坐倒。再将已烫好的过肩面盖上缉0.1cm明线。注意，要盖过过肩里，但离开不能超过0.3cm，过肩里面要平服，如图4-10所示。

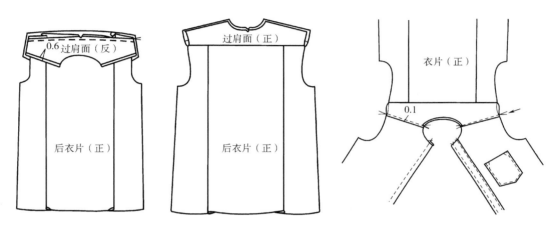

图4-9 缉合过肩与后衣片　　　　　图4-10 缉合过肩与前衣片

方法二：从领口处将过肩面、过肩里正面相对，后将前衣片夹在中间，前衣片正面与过肩正面相对，缉0.7cm缝份，一边缉一边将三层肩缝放齐。缉好后将正面翻出，形成暗线，正面不见明线。注意，缉时三层肩缝松紧一致。

工艺要求：后衣片折褶对称，肩部平服，无拉还现象。明线宽窄一致，无涟形。

4. 做领

（1）做翻领：

①裁翻领衬：用无纺衬，按翻领净样将领衬裁出，为两层，也可用一层涤棉树脂衬。

②贴翻领衬：将两层翻领衬贴于领面的反面，左右缝份间隙相等，贴好衬后再用净样板检查一下衬布是否变形，若变形再用净样重新画好，如图4-11所示。

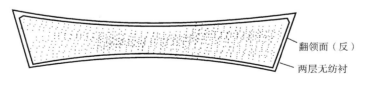

图4-11 贴翻领衬

③缉合翻领：将贴好衬的翻领面与翻领里正面相对，领衬向上，以领衬外沿0.2cm缉合翻领面与翻领里，下层翻领里拉紧，使其做出里外容的窝势，如图4-12所示。

图4-12 缉合翻领

④修剪缝份并整烫翻领：先将缝份修剪成0.5cm，尖角处修剪成宝剑头形，留缝份0.2cm。将缝份向领衬方向折转上口和两边，再将翻领翻出，领尖用锥子，从里向外翻足，不能毛出。最后将领里朝上，进行整烫。注意，领里向里0.1cm，不能反吐，烫时要有窝势，如图4-13所示。

图4-13 修剪缝份并整烫翻领

⑤缉翻领止口明线：止口明线有宽、窄两种，根据整件明线规格而定，一般为0.2cm、0.4cm两种。在正面缉止口时要将领面向前推送，以防止起涟形，转角处不能缺针，止口不能反吐，如图4-14所示。

图4-14 缉翻领止口明线

（2）做领座：

①裁领座衬：按领座净样将领衬裁出，无纺衬用两层，涤棉树脂衬用一层。

②贴领座衬：将领座衬粘于领座里的反面，要粘牢。粘时从衬布中间开始向两侧移动，有条格的面料条格要粘顺直。最后将其领下口扣烫0.7cm缝份，如图4-15所示。

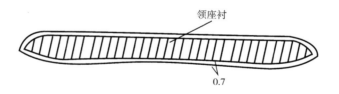

图4-15 贴领座衬

③缉领座下口明线：下口扣净后在领座正面缉0.6cm明线，最后将领座余下的三边划出净线标记，如图4-16所示。

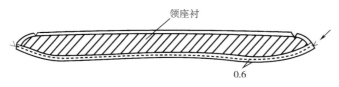

图4-16　缉领座下口明线

④缉合翻领、领座：翻领夹在领座面与领座里的中间，领座里与翻领面的正相相对，沿领座里上的净线缉合，三层眼刀分别对准，由于翻领比领座长出0.3cm，所以领座在肩缝处要拔长一点，或翻领在颈肩点处略有吃势，如图4-17所示。

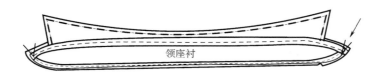

图4-17　缉合翻领、领座

⑤缉领座止口线：先将领座两端圆头内缝份修成0.3cm，用大拇指顶住圆头翻出，圆头要圆顺，后沿翻领、领座接合处领座里侧缉一道明线，明线宽为0.1cm。两端3~4cm处不缉。注意，领座面一处不能有坐势，如图4-18所示。

⑥修剪领座缝份：将领座面下口留出缝份0.6cm，后做出对肩眼刀和对后领口中心眼刀，三个眼刀，如图4-18所示。

图4-18　缉领座止口线

工艺要求：领子两端对称、等长，并有窝势。明线顺直，宽窄一致，无漏针，无涟形。领里不反吐，各边沿要顺直。

5．绱领

（1）缉合领座面与领口：衣片领口正面朝上，将领座面的正面与衣片领口的正面相对，缉合时，领座面两边缩进0.1cm与衣片领口缝合。领座面中点与领口中点对准，左右肩点对称。一般领子比领口略长0.3cm，所以在领口肩缝处拉宽一点，其余不允许。领口绝不能大于领子，如图4-19所示。

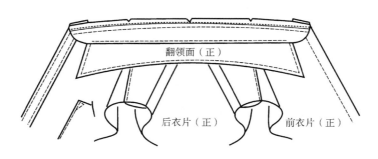

图4-19　缉合领座面与领口

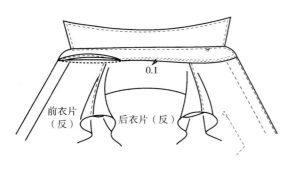

图4-20　缉合领座里与领口

（2）缉合领座里与衣身领口：将领座里盖住衣身领口与领座面的缝线，先从右边领座里上口断线处缉线，过圆头，沿下领座折边缉0.1cm明线。注意，两头门襟要塞足、塞平，如图4-20所示。

工艺要求：左右绱领点要一致，圆头要圆顺，对称，缉线顺直，领座面里要平服，无起皱现象。

6.做袖开衩、袖克夫

（1）剪袖开衩：在袖片上将袖开衩的位置剪开，开衩顶端为三角口，如图4-21所示。

（2）扣烫袖衩门里襟开衩条：里襟开衩条的为长方形，两边扣净，扣净好后，下层比上层露出0.1cm。门襟开衩条为宝剑头形状，宝剑头处都扣净，如图4-22所示。

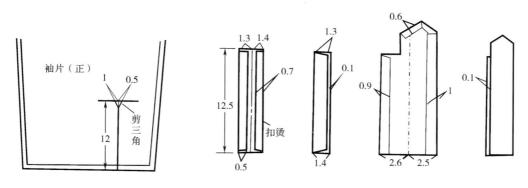

图4-21　剪袖开衩　　　　　　　图4-22　扣烫袖衩门里襟开衩条

（3）缉里襟开衩条：开衩条夹住开衩向后袖缝一侧，缉0.1cm明线，后将三角翻上，与开衩条固定，三角处缉明线或暗线都可以，如图4-23所示。

（4）缉门襟开衩条：先将宝剑头开衩条夹往开衩向前袖缝一侧。然后缉明线沿宝剑头外沿环形缉线，开衩处来回缉两道明线，如图4-24所示。

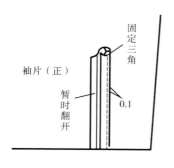

图4-23 缉里襟开衩条

图4-24 缉门襟开衩条

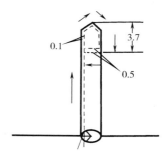

（5）做袖克夫：先将无纺衬与袖克夫面黏合，并扣烫出袖口净线，后沿袖口边缉0.8cm明线。再将袖克夫里与面缉合，注意里外容，后翻到正面（要修剪缝份留0.4cm），将其扣好。在袖克夫上口处，袖克夫里折口要小于袖克夫折口0.1cm。最后在袖克夫正面沿边缉0.2cm明线，此明线与领外口明线宽一致，如图4-25所示。

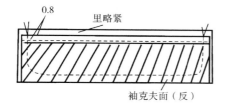

图4-25 做袖克夫

工艺要求：宝剑头要规范，门里襟开衩条要平服，无毛漏，纱支方向要符合要求，明线顺直，宽窄一致。

7. 绱袖

绱袖在衣身敞开状态下进行，缉时袖片在下，衣身在上，正面相对，袖窿与袖山对齐，袖山眼刀对准肩缝，肩缝倒向后身，袖山头基本无吃势，否则袖山起皱。注意，左右袖对位，最后肩缝、袖窿拷边，如图4-26所示。

工艺要求：袖山无褶，无皱，左右袖对位，装袖圆顺。

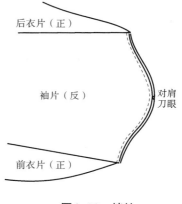

图4-26 绱袖

8. 缉合摆缝、袖底缝、装袖克夫

（1）缉合摆缝、袖底缝：前衣片放上层，后衣片放下层。右身从袖口向下摆方向缝合，左身从下摆向袖口方向缝合。上下松紧要一致，两边要对齐，袖底十字要对齐，然后将袖底缝，摆缝拷边，如图4-27所示。

工艺要求：上下层衣片无吃势。袖口、底摆及袖底十字缝要对齐。

（2）装袖克夫：用装袖衩的夹缉方法装袖克夫，袖克夫止口缉0.1cm明线。注意袖衩两边要放平，缝份要找准。袖裥朝后袖折转，左右袖裥位要对称。袖底缝按拷边线正面坐倒，如图4-28所示。

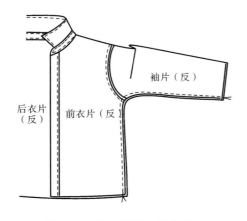

图4-27　缉合摆缝、袖底缝

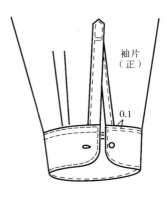

图4-28　装袖克夫

工艺要求：袖克夫宽窄一致，袖开衩两端平服，左右袖裥对称。

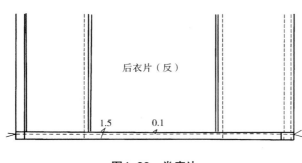

图4-29　卷底边

9. 卷底边

（1）首先检查门里襟长度，将领口对齐，门里襟对合，允许门襟比里襟长0.2cm，不然则检查缂领缝份是否规范。

（2）如果底边放缝2.2cm，则第一次扣烫0.7cm，第二次扣烫1.5cm，使之底边扣净，然后沿扣折边0.1cm缉明线，注意不能起涟形，如图4-29所示。

工艺要求：底边明线宽窄一致，上下层松紧一致，无涟形。两端底边不外露。

10. 锁眼、钉扣

（1）锁眼：门襟领座锁横眼一个，前后位置以翻领端点向下的直线为扣眼大中线，高低居中领座宽。衣片门襟第一粒扣子距领座6cm，末粒扣距底边18~20cm，等分第一粒扣与末粒距离确定其他扣眼位。扣眼距门襟止口1.5cm。衣片门襟处的扣眼为平头竖眼，如图4-30所示。

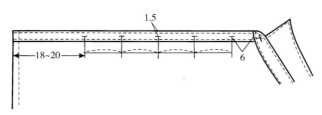

图4-30　锁眼位置

袖克夫门襟一边锁扣眼一个，距止口边1.2cm。高低居1/2袖克夫宽位置，扣眼大均为1.2cm，扣眼为平头扣眼，袖克夫门襟扣眼为横眼。

（2）钉扣：扣钉在里襟止口上，上下和左右位置与扣眼相对，袖克夫里襟一边钉扣1粒或2粒，位置与扣眼相对。

工艺要求：扣与眼要稳合，扣眼位置要准确，扣眼针码密度要适中，拉线松紧要一致。

11. 剪线头、检查

将浮在衣片上各部位的线头剪掉，尽量不露出毛头。不能剪破衣片，然后进行检查。各部位规格是否合格、各部位工艺是否符合要求，如发现问题及时进行修整。

三、整烫

衬衫整烫力求烫平整为主。一般先从前身门里襟、贴袋、后衣身及褶裥进行熨烫，然后袖子、袖克夫烫平，最后把领烫挺，要留有窝势。要求无线头无污渍，各部位平整。

四、缝制工位工序表

男衬衫缝制工位工序表见表4-4。

表 4-4 男衬衫缝制工位工序表（精做单件）

工位	工种	工序名称
1	板工	做对位标记，烫门襟、翻领、领座、袖克夫衬布，扣烫胸贴袋、过肩面、门里襟开衩条
2	机工	缝合翻领、门里襟、袖克夫布，绱过肩与后衣片、里襟开衩条
3	板工	修剪翻领、袖克夫布缝份并扣烫，扣烫门里襟
4	机工	缝合翻领座，绱领座上口线，绱门里襟明线，绱胸袋，绱里襟开衩条、袖克夫压明线，缝合前衣片与过肩
5	板工	修剪底领缝份
6	机工	绱合领座面、领座里与领口，绱袖，合摆缝、袖底缝、绱袖克夫、卷底边、锁眼
7	板工	钉扣剪线头、整烫

五、缝制工艺流程图

男衬衫缝制工艺流程如图4-31所示。

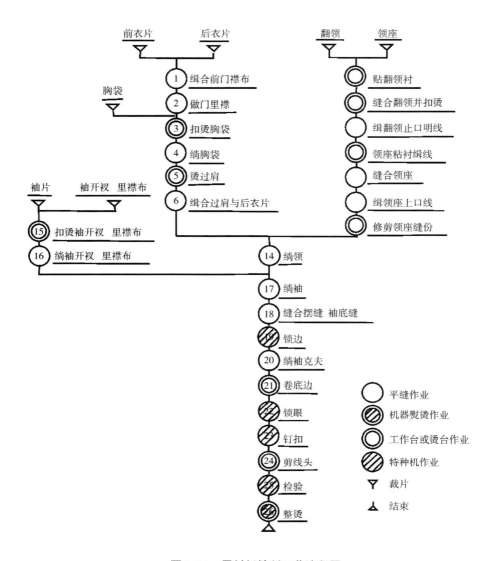

图4-31　男衬衫缝制工艺流程图

第三节　男衬衫质量标准

一、裁片的质量标准

男衬衫裁片的质量标准见表4-5。

表 4-5　男衬衫裁片的质量标准

序号	部位	纱向要求	拼接范围	对条对格部位
1	前衣身	经纱，以中心线为准，倾斜不大于1cm，条格料不允斜	不允许拼接	侧缝、前中心
2	后衣身	经纱，以中心线为准，倾斜不大于1.5cm，条格料不允斜	不允许拼接	侧缝
3	过肩	经纱，以后过肩缝为准，倾斜不大于0.5cm，条格不允斜	过肩面不允许拼接，过肩里可拼接一道	过肩
4	袖身	经纱，以袖中线为准，倾斜不大于1cm，条格料不允斜	不允许拼接	袖底缝
5	衣领	经纱，以两领尖点连线为准，倾斜不大于0.3cm，条格料不允斜	衣领面不允许拼接，衣领里可拼接两道	左右领角
6	袖克夫	经纱，以绱袖克夫缝为准，倾斜不大于0.3cm，条格料不允许斜	不允许拼接	袖克夫

二、成品规格测量方法及公差范围

男衬衫成品规格测量方法及公差范围见表4-6。

表 4-6　男衬衫成品规格测量方法及公差范围

序号	部位	测量方法	公差/cm	备注
1	衣长	衣片沿侧缝线摊平，由前衣肩缝最高点量至底边	±1	
2	胸围	扣好纽扣，前后摊平，沿袖窿底缝横量（周围计算）	±1.5	5·4系列
3	肩宽	由肩袖缝交叉点横量	±0.7	
4	领大	领子摊平、横量	±0.6	
5	袖长	由袖最高点量至袖口边中间	±0.7	

三、外观质量标准

男衬衫外观质量标准见表4-7。

表 4-7　男衬衫外观质量标准

序号	部位	外观质量标准
1	翻领	领平挺、两角长短一致，互差不大于0.2cm，并有窝势；领面无皱、无泡、不反吐
2	领座	领座圆头左右对称，高低一致，装领门里襟上口平直，无歪斜，明线接线顺直

续表

序号	部位	外观质量标准
3	胸袋	胸袋平服、袋位准确、缉线规范
4	肩	肩部平服、肩缝顺直
5	袖克夫	两袖克夫圆头对称，宽窄一致，止口明线顺直
6	袖衩	左右袖衩平服、无毛出、袖口三个褶均匀，宝剑头规范
7	袖	装袖圆顺，前后适宜，左右一致，袖山无皱、无褶
8	底边	卷边宽窄一致，门襟长短一致
9	后背	后背平服、左右褶位对称
10	止口	纽扣与扣眼高低对齐，止口平服、门里襟上下宽窄一致
11	熨烫	各部位熨烫平服，无烫黄、水花、污迹、无线头、整洁、美观

第四节　男衬衫常见弊病及修正

一、弊病现象之一

1. 外观形态
后领口下横向皱褶，如图4-32所示。

2. 产生原因
（1）裁剪时，由于后领宽裁的太大，系领带时，后领口下起横向皱褶。

（2）后肩斜度太斜造成的。

3. 修正方法
（1）后领宽适当缩小，符合人体。

（2）将后肩斜度适当放平，如图4-33所示。

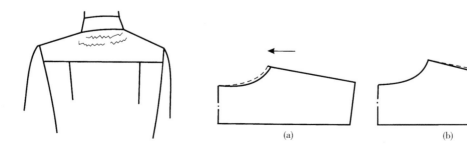

图4-32　弊病现象之一　　　　　　　　　图4-33　弊病修正方法

（a）　　　　　　　　　　（b）

二、弊病现象之二

1. 外观形态
领条格不对称，如图4-34所示。

2. 产生原因
在裁领面时，领子的纱支歪斜造成的。

3. 修正方法
将左右领尖对在一条经纬线上即可，如图4-35所示。

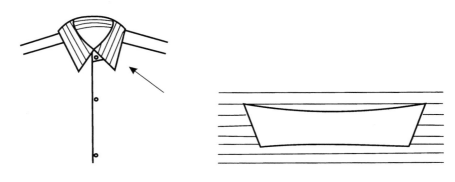

图4-34　弊病现象之二　　　　　　　　图4-35　弊病修正方法

三、弊病现象之三

1. 外观形态
左右领尖长短不一致，如图4-36所示。

2. 产生原因
（1）左右领长短不一致。

（2）绱领前，左右领没有进行校对，绱领时缝份大小不一致。

3. 修正方法
（1）裁领子时，注意两端长短一致。

（2）绱领前，将领子对折后毛边剪齐，使左右领尖长短一致，如图4-37所示。

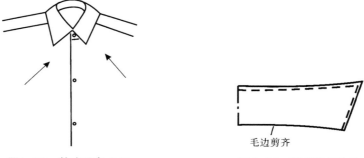

毛边剪齐

图4-36　弊病现象之三　　　　　　　　图4-37　弊病修正方法

四、弊病现象之四

1. 外观形态
前肩呈八字涟形，如图4-38所示。

2. 产生原因
由于男体的颈部较粗，裁片不能满足颈部横向宽度的需要。结构比例失调，后领宽太小，前领宽太大。

3. 修正方法
（1）裁剪时，前后领宽的尺寸要准确。
（2）将前领宽改小。
（3）前肩改狭。
（4）适当增大后领宽。
（5）后肩放出，如图4-39所示。

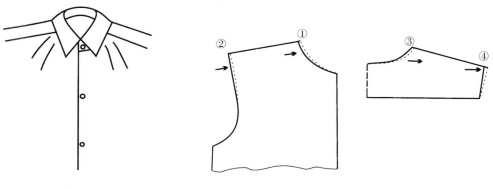

图4-38　弊病现象之四　　　　　　　　图4-39　弊病修正方法

思考与练习

1. 简述男衬衫的外形。
2. 回答男衬衫的主要量体部位及方法。
3. 怎样绘制男衬衫的排料图及裁剪图。
4. 回答男衬衫的用料情况（不同门幅宽）。
5. 男衬衫缝制的对位标记有哪些？
6. 简述男衬衫领的缝制工艺。
7. 画出男衬衫手巾袋明线工艺图。
8. 男衬衫过肩的缝制工艺有哪些？
9. 简述男衬衫袖衩、袖克夫的缝制工艺。

10.男衬衫的绱袖要点是什么？

11.写出男衬衫的缝制工序工位表。

12.写出男衬衫的质量标准。

13.男衬衫的弊病修正有哪些？

男西服缝制工艺

课题名称： 男西服缝制工艺

课题内容： 高档男西服的缝制及弊病修正

课题时间： 60 学时

教学目的： 通过典型西服缝制工艺的学习，掌握西服的工艺组合技术与技巧，锻炼动手操作能力，培养学生正装制作工艺及西服流程的设计能力。

教学方式： 示范式、启发式、案例式、评估式。

教学要求： 1. 在教师示范和指导下，完成高档男西服的缝制与弊病修正。

2. 掌握带夹里服装的面辅料及零部件裁剪。

3. 实操过程中，掌握西服各环节工艺流程与工艺标准。

4. 在完成男西服缝制基础上，掌握西服工位工序排列。

课前 / 后准备： 课前准备男西服面、里、辅料，制板工具与材料，详见本章用料计算与排料；同时进行市场调研，对高档男西服的基本结构与工艺有初步的认识。

在完成西服质量评定的基础上，课后根据本章所学，完成高档男西服缝制工艺的实训报告。实训报告内容包括西服排料方案设计、工位工序排列、工艺流程设计等。

第五章 男西服缝制工艺

西服作为国际上通用的礼服，一向被认为是男士的标志服装。穿着西服，不但要求造型合体，优雅大方，工艺更要严谨、精致、讲究。男西服缝制工艺是男装中最复杂、质量要求最高的品种。

目前，随着纺织工业的发展和人们对以简代繁、以精代繁的生活观念的追求，人们对笔挺厚重的服装逐渐冷淡，渴望穿着舒适、轻薄、挺括、无压肩负重感的服装，这对传统西服的制作工艺带来了挑战。传统西服工艺的衬料由马尾衬、黑炭衬、白布衬组成，工艺复杂，程序繁多，对烫工尤为讲究，归拔非常到位。但成品服装缺乏柔韧性，挺度有余，而灵气不足，且制作工时长，不利于成衣生产，怕水洗。

20世纪90年代初，行业人士对传统的西服制作工艺进行了改进和创新，形成了新的制作方法，我们称之为现代工艺或新工艺。本节所讲授的是新工艺的西服制作。新工艺具有轻、薄、软、挺的制作特点。

第一节 概述

一、外形概述与款式图

平驳头、单排四粒扣、圆形下摆、带手巾袋（胸袋）、双嵌线带袋盖大袋、前身收落地省、侧缝开衩、袖口开衩钉四粒扣。款式如图5-1所示。

二、量体加放与规格设计

1. 测量的主要部位与方法

（1）衣长：男西服衣长为后身长，从第七颈椎点垂直向下量至臀围线下5~7cm部位，符号用"L"表示。

图5-1 男西服款式图

（2）袖长：从肩端点沿臂弯形态量至腕尺骨突点下2~3cm，西服袖长应包括垫肩厚度，部位符号用"SL"表示。

（3）胸围：软尺在胸部丰满处水平围量一周，能垫入一指，符号用"$B°$"表示。

（4）肩宽：从左肩端顶点沿后背表面量至右肩端顶点，部位符号用"$S°$"表示。

（5）领围：在喉结下方水平围量颈部一周的长度，部位符号用"$N°$"表示。

2. 规格设计

（1）胸围（B）= $B° +$（16~20）cm。

（2）肩宽（S）= $S° +$（2~4）cm。

（3）领围（N）= $N° +$（4~6）cm。

三、结构图

1. 男西服成品规格表（表5-1）

表5-1　男西服成品规格表　　　　　　　　　　　单位：cm

号型	衣长（L）	胸围（B）	肩宽（S）	领围（N）	袖长（SL）	垫肩（H）	翻领（M）	领座（N'）
175/88A	77	108	46	42	61	1.5	3.5	2.7

注　H为垫肩厚度；M为翻领宽度；N'为领座宽度。

2. 男西服结构图（图5-2）

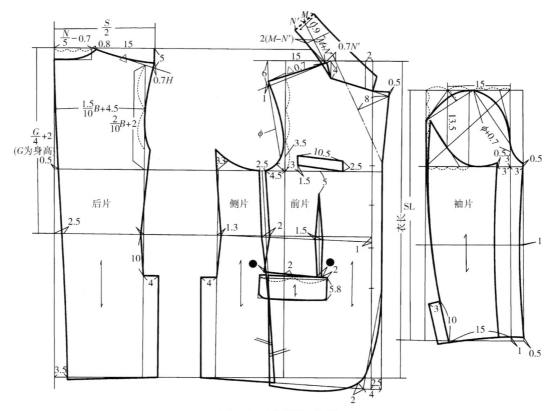

图5-2　男西服结构图

四、样板图与零辅料裁剪

男西服主衣片样板图如图5-3所示，零部件样板图如图5-4所示。

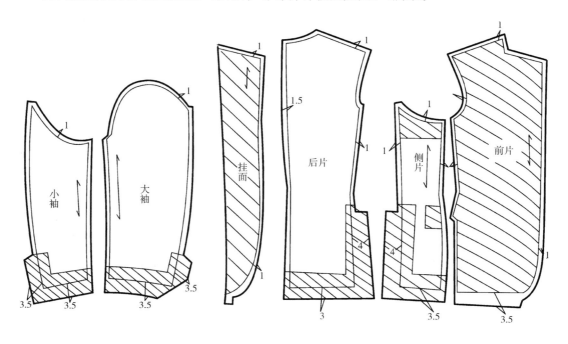

图5-3 男西服主衣片样板图

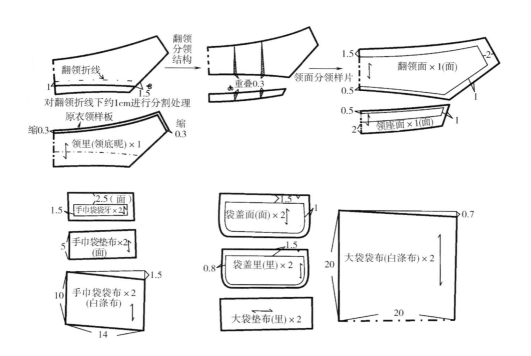

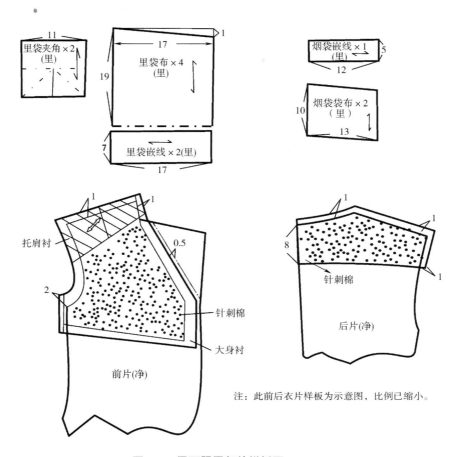

图5-4 男西服零部件样板图

五、用料计算与排料图

1. 男西服用料计算

（1）面料用料见表5-2。

表 5-2　男西服面料用料表

幅宽 /cm	款式	胸围	用料 /cm	备注
144	单排扣西服	110~115cm	衣长×2+5	胸围每增减5cm，面料增减5cm
110			衣长×2+袖长+15	
90			衣长×2+袖长×2+10	
144	双排扣西服		衣长×2+5	
110			衣长×2+袖长+20	
90			衣长×2+袖长×2+15	胸围增减对面料计算影响不大

（2）里料用料见表5-3。

表5-3　男西服里料用料表

幅宽 /cm	用料 /cm
90	衣长×2+袖长
110	衣长+10
144	衣长+袖长+10

（3）辅料用料见表5-4。

表5-4　男西服辅料用料表

名称	用料 /cm	说明
有纺黏合衬	150	用于前大身、前侧身、挂面、领等
无纺衬	20	嵌线等
全毛黑炭衬	40	用于胸衬、垫肩衬
针刺棉	40	用于胸衬、后背衬、袖窿垫条
棉布	50	用于西服大袋及手巾袋
双面衬	150	固定折边、缝份等
垫肩	1付	

2. 男西服排料图

（1）面料排料图：如图5-5所示（内部为毛样板）。

（2）里料排料图：如图5-6所示。

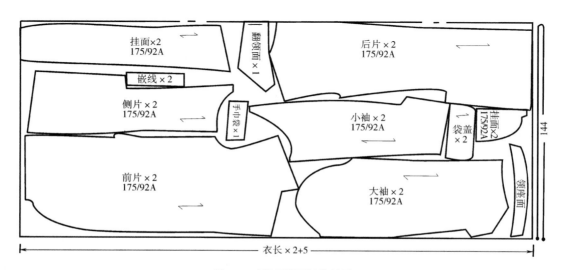

图5-5　男西服面料排料图

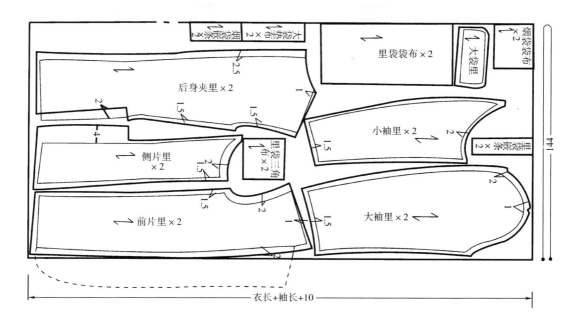

图5-6 男西服里料排料图

第二节 精做男西服缝制工艺

男西服缝制前必要的准备工作包括：首先，检查裁片是否齐全，正反面是否对应，衣片的主要部位有无残疵，准确无误后，进行粘衬处理。衣身、领面、挂面等部位最好机器黏合，小件部位可手工黏合。烫衬后，衣片会略有收缩，因此裁剪时需在缝份基础上增加面料黏合缩率。其次，对衣片进行修正及打线丁，将衣片纸样与衣片对应，修正缝份量，确定绱领点、装袖点、腰部对位点。袋位、省位及折边可打线丁做标记。

一、推、归、拔、烫的工艺处理

1. 缉省的方法

普通缉法：适用于低档工艺。

垫布缉法：适用于薄型面料。

剪开法：适用于呢绒料。

本节采用剪开法勾缉胸腰省，如图5-7所示。

（1）剪开袋与省道，开剪剪口距省份0.3cm左右止，如图5-7（a）所示。

（2）捏起省份勾缉省道，缉时省要缉尖，不可缉成胖型或平尖形。省道的起止处底面线留长线头打线结，防止省缝拉长或抽紧，如图5-7（b）所示。

（3）将省道缝份劈开、熨烫。省尖处没有剪开的部位插入手针熨烫，防止省头偏到一侧，烫平后在劈缝外和袋口处粘无纺衬固定，防止窜动，如图5-7（c）所示。

（4）合缉前大身片与侧身，注意腰节线与底边线的刀眼对准。衣身片在袖窿深线下10cm处吃进0.3cm，缉线松紧适宜，缉线顺直，如图5-7（d）所示。

（5）在腰节处剪开0.3cm刀眼，便于分烫省缝，分烫时腰节处丝缕向止口边弹出0.6cm或0.8cm，省尖烫圆，并以腰节为准省道向止口和侧缝略拉伸，如图5-7（e）所示。

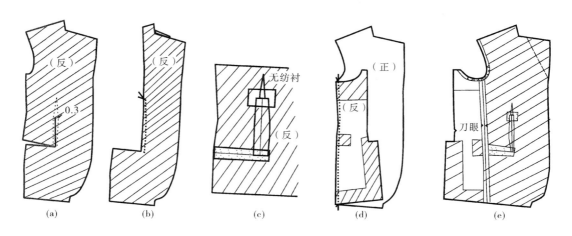

图5-7　剪开法勾缉胸腰省

缉省质量要求：顺直，省尖缉尖不可拉还或吊紧。分烫省缝时为前身的推门做好准备，腰省向止口推出。熨烫省缝时要烫散、烫平服。

2. 归拔的工艺处理

男西服衣片粘有纺衬的温度为第一熨烫温度（约130~135℃）。无论归拔还是整烫，温度都不能超过第一熨烫温度，否则很容易起泡。男西服归拔首先要了解衣片同人体及人体动态的关系，理解归拔的作用。其次要了解面料的性能，控制好熨烫温度与压力，最后要了解熨烫的顺序、熨斗走向及衣片的丝缕。

（1）前衣片的归拔处理（图5-8）：

①归拔前止口：前衣片重叠，止口靠近身体一侧，熨斗在驳头处归拢，在前腰节处向止口顺势拔出，然后顺门襟止口向底边伸长，前止口线保持顺直，丝缕烫平、烫挺，如图5-8（a）所示。

②归拔肩部：将衣片肩部靠近身体，拔烫前领宽向外肩抹出0.6cm，领口斜丝略归，将肩头的横丝向下推，使肩缝呈凹势，胖势推向胸部，同时使外肩点横丝上翘，肩缝产生回势，如图5-8（b）所示。

③推胸拔腰：将侧缝靠近身体，底边及臀围处丝缕归拢，采取腰节处丝缕拔开，收

腰量延至腋省与胸省的1/2处，袖窿处的直丝向胸部推进0.3～0.5cm。要求熨斗烫平、烫煞，如图5-8（c）所示。

④归烫底边：将底边靠近身体，底边向袋口方向归烫，要求丝缕顺直，袋口胖势均匀，如图5-8（d）所示。

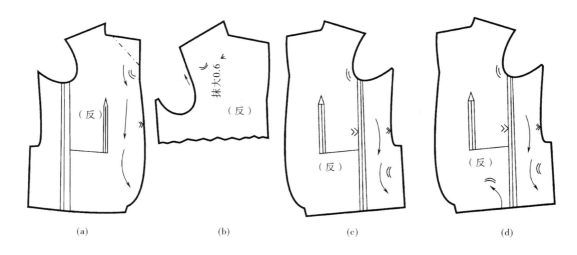

图5-8　前衣片的归拔处理

（2）后衣片的归拔处理（图5-9）：

①将后中缝靠近身体，从领口下5～7cm处至袖窿深外弧线归拢，将丝缕向肩胛骨方向推。腰节处向外拨伸，收腰延伸至腰节宽1/2处，腰节以下背缝归直平，如图5-9（a）所示。

②将后衣片侧缝靠近身体，熨斗从肩部开始，肩胛处拨开，左手拉出腰节丝缕，将腰节点向外拨伸，在拨烫腰节的同时，将袖窿处及袖窿下10cm处归烫，使后背袖窿处产生戤势，后腰节收腰量顺至腰节1/2处，腰节以下归直烫平，如图5-9（b）所示。

图5-9　后片的归拔处理

（3）熨烫牵条（图5-10）：衣身的领口袖窿等处容易拉伸变形，特别是前后袖窿为得到贴体效果必须拉牵条固定。牵条为经向粘在距边0.3cm处，牵条宽1.2～1.5cm，弧线处牵条打剪口。如图5-10所示。

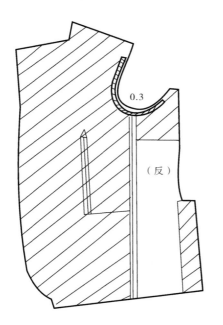
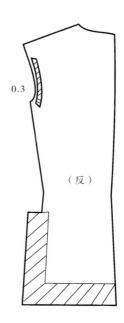

图5-10　熨烫袖窿牵条

（4）熨烫归拔工艺要求：

①熨烫归拔后必须冷却，面料结构较紧，须经过2～3次归拔。

②要求左右两片对称放平后丝缕顺直、平服。

③前后收腰自然，胸部胖势均匀，肩胛处微突，肩外端略翘。

二、缝制工艺

1. 胸衬的制作

胸衬由黑炭衬、针刺棉组成，黑炭衬在裁配之前要缩水，防止走形。西服的胸衬是衣服的骨架之一，好的西服衬可使西服挺拔饱满，因此制作时应掌握技巧。

（1）缝制省道：胸衬的省道由胸省、肩省组成，胸省为满足胸部的胖势所需而定，肩省为锁骨的形状而设。如图5-11所示。

（2）黑碳衬与针刺棉组合：黑碳衬与针刺棉可用摆缝机结合，如不具备条件也可用平缝机45°斜向缝缉。缝好后用针挑薄针刺棉，并用熨斗熨烫接缝。

（3）归拔：胸衬的归拔与前衣身相近，将胸衬反面相对（针刺棉相贴）略喷清水，先熨烫省道，然后归拢胸部，如图5-12所示。胸部烫出椭圆形，肩头随肩省拉开量而上翘。

（4）整理：按衣片修正胸衬，领口处缝份修成阶梯状，其中黑碳衬为毛样，针刺棉为净样，托肩衬更小。如图5-13所示。

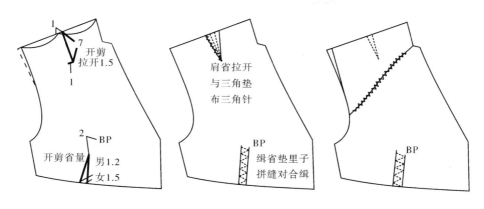

图5-11 胸衬省道缝制

（5）缉牵条：牵条有两种，为巩固胸部胖势而设置的牵条为经向里子或白棉布宽1.5cm，在驳折线处所设置的牵条为经纱有纺衬或牵条衬，宽2cm，有胶粒一面朝上，缉时垫薄纸，牵条拉紧约0.5cm。如图5-14所示。

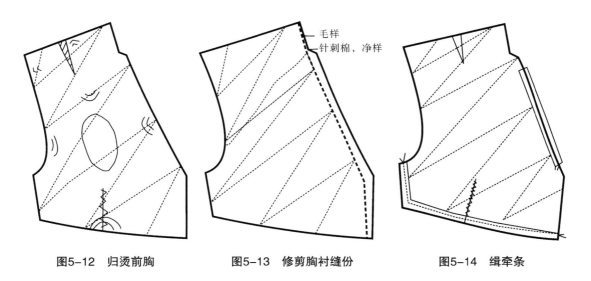

图5-12 归烫前胸　　　　　图5-13 修剪胸衬缝份　　　　　图5-14 缉牵条

2. 前身挖袋工艺

（1）手巾袋的缝制：

①做袋板牙：首先在袋板牙反面先粘一层毛样有纺衬，再裁制一块较硬挺的衬衫领衬，四周比净样小0.1cm，与袋板结合。然后，将两侧按净样扣折，上口扣折，袋角重叠处打剪口，剪口距边约0.2~0.3cm。之后，重新扣烫，使内层比面的两边略小0.2cm。最后，将上层袋布与袋板内层结合缝份0.5cm。如图5-15所示。

②缉缝袋牙与垫带：袋板牙与衣片相结合打倒回针，垫袋布与衣片结合与袋口线相距1.2cm，起止针距袋口各0.2cm。如图5-16（a）所示。

③开剪口：不可剪断线根。如图5-16（b）所示。

④翻烫：将缝份放在馒头上劈缝熨烫，先分垫布止口，再分烫袋板牙止口。如图5-16（c）所示。

⑤将袋牙板袋布拉到衣片反面，袋布角不能放平的位置打剪口，掀开前片在缝份处缉线将袋布与缝份固定。如图5-16（d）所示。

⑥将垫袋布与下层袋布勾缉，缝份下倒，并手针将垫袋缝份缲缝。如图5-16（e）所示。

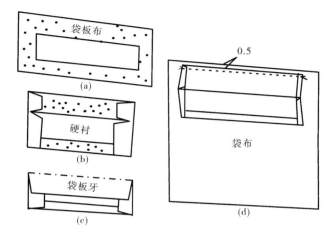

图5-15　做袋板牙

⑦勾缉袋布：袋角处缉圆弧线迹。如图5-16（f）所示。

⑧封袋口：用手针暗缲缝袋板两侧，袋口、两端封结。如图5-16（g）所示。

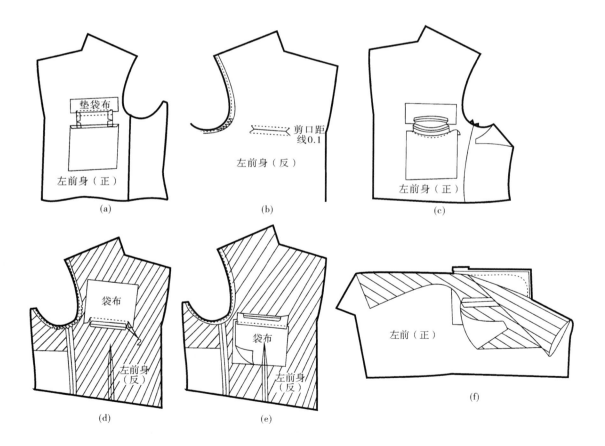

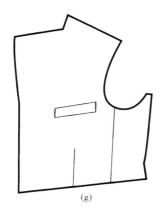

（2）西服大袋缝制：

①袋盖的缝制：袋盖的条格、纱支与大身相符，上口1.5cm，周围1cm，袋盖里为斜纱，四周缝份少0.3cm，作为袋盖的里外容层势，面里均不贴衬布。如图5-17所示。

A. 将袋盖里的净样线画出。

B. 袋盖里与袋盖面正面相对，放大针码距边0.5cm，先勾缉三周固定，注意里面对齐，缝纫时拉紧袋盖里，形成里外容。吃势分布均匀后再沿净样线勾缉袋盖，要求针码略小，袋角圆顺。

图5-16　手巾袋缝制分解图

C. 袋角处缝份修成0.3cm，按净样板扣折缝份熨烫。

D. 将袋盖翻转过来熨烫，注意里外容。

E. 将袋盖向袋里方向卷曲，在袋盖上口缉线固定，使袋角处窝服。

F. 将垫袋布下口扣净与下层袋布勾缉。

G. 袋盖与下层袋布相距1cm，距袋口0.8cm缉线。

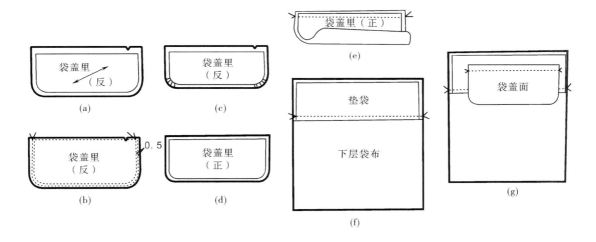

图5-17　袋盖的缝制

②扣烫嵌线：如图5-18所示。

A. 将嵌线（袋牙）反面粘薄无纺衬。

B. 嵌线上口扣折1cm折边。

C. 与上口折边相距1cm，扣折下口折边，并距折线0.5cm画线。

③确定大袋的袋口及袋牙位置：如图5-19所示。

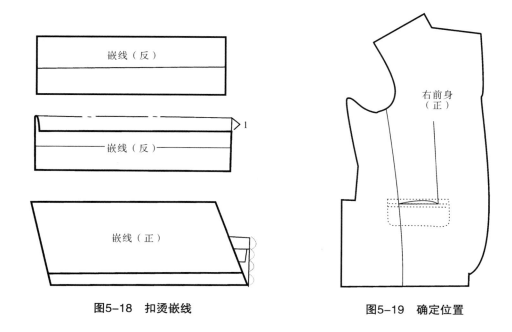

图5-18　扣烫嵌线　　　　　　　　图5-19　确定位置

④勾缉袋牙：将袋牙布放在衣片正面袋口位置，袋口开剪处对袋牙1/2处，距袋口折边上下各0.5cm缉线，要求起止打倒回针，缉线平行顺直，相距约1cm。如图5-20所示。

⑤开剪：先要检验左右两袋口大是否一致，进出是否相同。剪袋口三角时不要把嵌线的缉线剪断，以免袋角毛露，袋角处留1~2根纱，袋角嵌线翻转后，袋角要方正、平服。如图5-21所示。

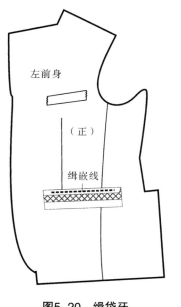

图5-20　缉袋牙

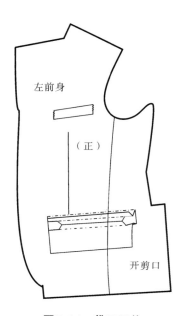

图5-21　袋口开剪

⑥固定袋口上角：将袋角两头及下嵌线一起封牢。如图5-22所示。

⑦缉上层袋布：将上层袋布与袋牙正面相对按0.5cm缝份勾缉。如图5-23所示。

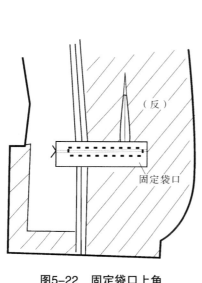

固定袋口

图5-22　固定袋口上角

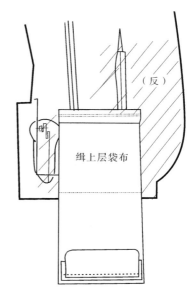

缉上层袋布

图5-23　缉上层袋布

⑧绱袋盖：将下层袋布掀上来，从衣片袋口处将袋盖拉出，要求袋盖宽窄、条格一致，左右对称，袋盖外露宽度为5.4cm，位置合适后用手针固定袋盖，然后将衣片掀起，缉门字型线封结，袋角打倒回针固定，并将袋布勾缉。如图5-24所示。

⑨整烫大袋：将大袋放在布馒头上熨烫，以防止大袋胖势被烫平。烫大袋盖时在反面袋口缝份处垫入纸板，防止熨烫出印迹，要注意袋角方正平服，袋盖角窝服。如图5-25所示。

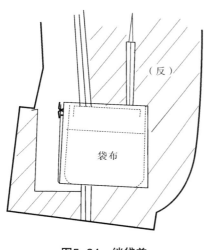

袋布

图5-24　绱袋盖

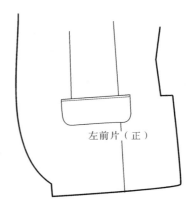

左前片（正）

图5-25　整烫大袋

（3）工艺要求：

①手巾袋袋口丝缕顺直与衣身对齐。

②袋口宽窄一致，线条顺直，袋口角方正，封口牢固，里口不露痕迹，袋布平服。

③胸部胖势保持原状，袋口挺拔无豁开现象。

④袋盖宽窄一致，袋角圆头对称。

⑤两袋盖轮廓圆顺窝服，条格相等。

⑥袋位高低与进出一致，袋盖与大身条格丝缕相对。

3. 敷胸衬工艺

敷衬前应再将胸衬高温磨烫，使上下衬布平挺匀合，以加强胸部的弹性，熨斗反复磨烫要达到使缉线陷入衬布丝里为止，手感光滑，胸部饱满、有弹性，敷衬是西服工艺的重要部分，敷衬时要特别注意胸衬的松紧、左右对称，并保证衣片各部位与衬头各部位相等。

（1）摆放位置：敷衬前应在放片前驳口线位置拉牵条，使胸部胖势聚拢，衬头的胸部与放身胸部胖势相符合，与驳口线相距1cm，然后将胸衬的驳口牵条粘在前衣身驳口线处。如图5-26所示。

（2）拉出手巾袋：在胸衬与手巾袋下口对应处可剪一条口，拉出袋布，并揉平衣身正面，用牵条粘牢袋布。如图5-27所示。

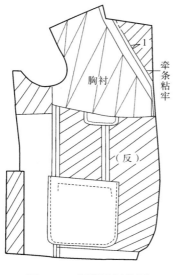

图5-26　摆放胸衬位置

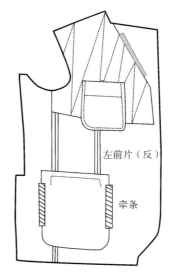

图5-27　拉出手巾袋

（3）敷衬：

敷衬线路一：从肩缝线中点下12cm起针，直线每3cm一针，缝至前胸1/2处。如图5-28所示。

敷衬线路二：把摆缝翻转，将胸省与大身衬固定，撬线不宜紧，每1cm一针，线结放在衬头下面。如图5-29所示。

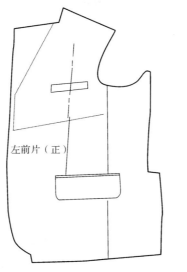
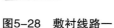

图5-28　敷衬线路一

图5-29　敷衬线路二

敷衬线路三：从肩缝线中点起针，沿驳口线搛线固定。搛缝时可将袖窿一侧垫起4cm左右，用手轻推衣片，使衣片略紧于衬布。如图5-30所示。

敷衬线路四：从肩缝线中点起针沿袖窿线搛线固定，方法同前，衬布搛缝后条下部分剪掉，以衣片毛样为标准。如图5-31所示。

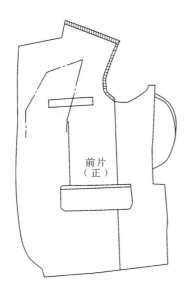

图5-30　敷衬线路三

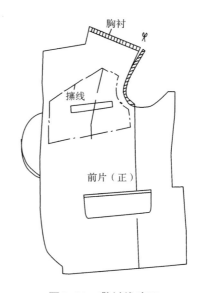

图5-31　敷衬线路四

（4）拉牵条：先将袋布与衣身固定，可采用手针缲缝，也可用双面胶黏合固定。前止口处拉牵条，其松紧控制，如图5-32所示。

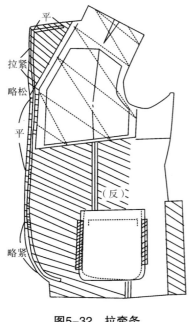

图5-32 拉牵条

（5）质量要求：

①大身的衬头必须松紧一致，左右对称，胸部胖势一般高度约1.5cm，要求饱满圆顺。

②敷衬后面料衬布局部翘势约0.8cm。

③牵条松紧适合。

4. 前夹里缝制

（1）归拔挂面：把挂面驳头外口直缕归拢，使外口造型符合西服前身的驳头造型。然后把挂面里口胸部归拢，挂面腰节处略微拔开一点，以使衣服成型后，挂面腰节处不吊紧。如图5-33所示。

（2）将挂面与夹里正面相对按1cm缝份勾绲，为防止绲线拉伸变形可先画出胸围线、腰围线、臀围线对位点，参照对位点勾绲，绲缝后缝份倒缝，并在里子上压绲0.1明线。如图5-34所示。

（3）确定里袋的位置：如图5-35所示。

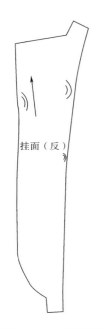

图5-33 归拔挂面

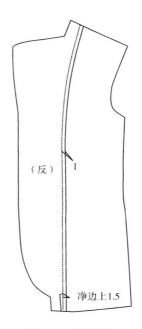

图5-34 绲缝挂面

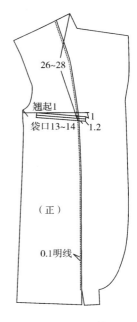

图5-35 确定里袋位置

（4）里袋的缝制：

①挖里袋：里袋采用双嵌线挖袋方法，嵌线采用里子，挖袋方法与西服大袋基本相同。不同之处在于下层垫布取消（因袋布为里子绸），另加袋口三角布。如图5-36所示。

②挖烟袋：烟袋的挖袋方法为单嵌挖袋，嵌线采用经向里布，单嵌线挖袋前面已有介绍，本节略。完成图如图5-37所示。

（5）合绱前侧身夹里：将前侧身夹里与大身夹里正面相对勾绱。绱线缝份为0.8cm，此缝份倒缝处理，留0.2~0.3cm的坐势。如图5-38所示。

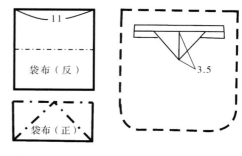

图5-36　里袋示意图

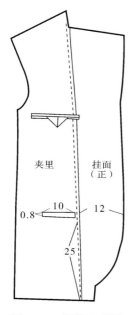

图5-37　烟袋完成图

（6）工艺要求：

①夹里的缝线松紧适宜，无吊紧现象。

②里袋方正无毛漏，袋牙宽窄，一致无豁开现象。

③袋布平服，封结牢固。

5.敷挂面及翻烫工艺

（1）敷挂面：先对挂面的外口检查，要求左右对称，纱向直顺，如有条格面料，在驳头、止口处应尽量避开明显条纹，因为条纹有偏差，视觉明显。

①攘挂面：先将前身下面朝上，平放在工作台上，敷里襟时止口朝里，敷门襟时止口靠向操作者身体一侧，将挂面与其正面对合，用倒扎针在距缝份边0.6cm处扎一道线，以防缝绱时错位。攘线先从驳口线起针，每2cm一针，攘缝时要严格控制各段的松紧程度。如图5-39所示。

②烫挂面吃势：烫挂面吃势时在驳头下面垫布馒头，熨烫面积不宜过大，不超过驳口线，下段放平熨烫。

③绱前止口：将前身朝上，挂面朝下，左前片绱线从绱领点至底边挂面边1.5cm，右前片从下绱至绱领点止。绱线在驳头处沿牵条边绱，在驳止点以下距净样0.2cm勾绱，止口绱好后，检查两驳头是否对称，绱线顺直，缺嘴大小一致，吃势是否符合要求。如图5-40所示。

④修剪缝份：攘线拆除，止口缝份修剪成阶梯形，并分烫，面料织纹松，缝份为1cm、0.7cm，织纹较密可略小，圆角处缝份为0.3~0.4cm，在绱领点与驳止点处打剪口。如图5-41所示。

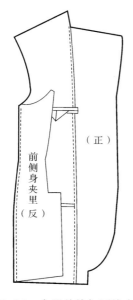

图5-38　合绱前片与侧片夹里

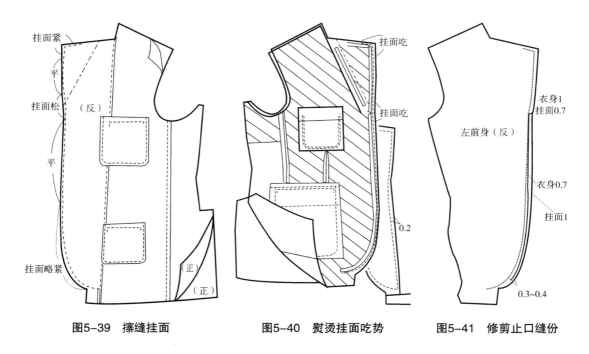

图5-39 搅缝挂面   图5-40 熨烫挂面吃势   图5-41 修剪止口缝份

（2）翻烫工艺：

①翻烫缝份：先将止口缝份劈缝分烫，这样止口翻出后无眼皮重叠，接下来缝份线向底边扣折熨烫，驳头处挂面余0.2cm里外容，驳止点以下衣身余0.2cm里外容。同时用双面胶固定止口缝份，将前止口用高温烫平烫薄。如图5-42所示。

②搅缝前止口：将挂面翻转，注意左右里外容均匀，止口要翻转烫平，距止口1cm扳针搅缝。如图5-43所示。

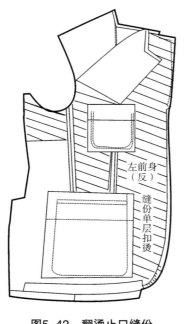

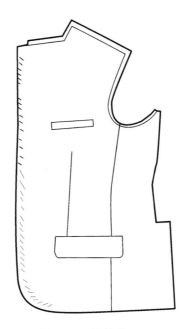

图5-42 翻烫止口缝份   图5-43 搅缝前止口

③缲挂面缝份：将驳头转折固定住，然后在挂面与夹里接合处用长缲针将里面缲牢，离底边5cm上至离肩缝20cm处缲缝，如图5-44所示。并修剪夹里如图5-45所示。

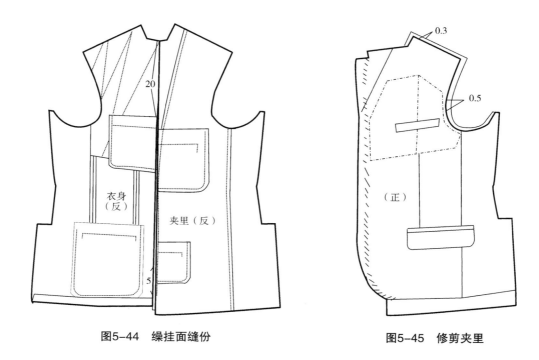

<table>
<tr><td>图5-44　缲挂面缝份</td><td>图5-45　修剪夹里</td></tr>
</table>

（3）质量要求：

①门里襟止口对称，丝缕顺直。

②驳头丝缕顺直，胖势挺拔无松紧现象。

③止口平薄，下摆角略向里窝服。

④止口里外容均匀，无眼皮重叠现象。

6. 后衣身的工艺处理

（1）合面料背缝：将归拨后的后片背缝拼合并分烫，分烫时要保持肩胛骨部位的弓势造型，背缝要烫干、烫平。

（2）缲后片过渡衬（针刺棉）：为调节前后肩缝处的差和增强后背的丰满度，稍厚面料西服可在后片加一层薄薄的针刺棉作为过渡（图5-46）。针刺棉的下方要用锥子挑薄，以减小厚度，消除分界线。

（3）合夹里后背缝：夹里背缝处因其受力较大，非常容易抽丝，因此在后夹里背缝线处有一虚边量，此虚边是活动时的松量。如图5-47所示。

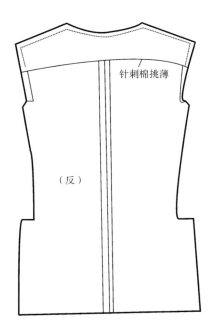
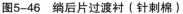
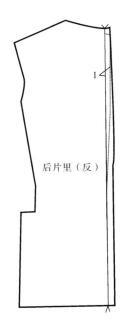

图5-46　绱后片过渡衬（针刺棉）　　　　图5-47　合夹里后背缝

7. 缉肩缝

肩缝的结构涉及领子的造型、袖子造型、后背戤势和肩头的平服，因此工艺要求很高，拼接肩缝前要检查肩缝的长短，领圆弧线、袖窿高低及丝缕，发现偏差立即调整。

（1）攥缉肩缝：将后肩放在上层，从颈肩点起针平缝至小肩1/3处，过1/3肩缝后片松，前片紧攥缝至外肩点止，然后熨烫吃势，烫完后缉肩缝。如图5-48所示。

（2）分烫肩缝：将后肩缝份处针刺棉留0.1cm其余剪掉，为劈缝时减少厚度。然后将肩缝放到马凳上分烫。注意不要将领口拉伸。如图5-49所示。

（3）定缝肩缝：在衣片正面将SNP点向SP点直横丝缕捯起，肩头横丝略有弧度，外肩点略朝后偏移，攥线松紧适宜。从SNP点攥线至距SP点5cm处止。然后将肩缝分开缝沿缉线与衬布固定，采用倒扎针，拉线略松。如图5-50所示。

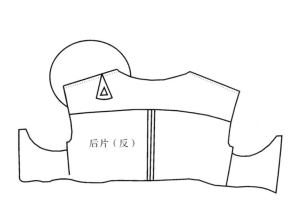

图5-48　攥缉肩缝

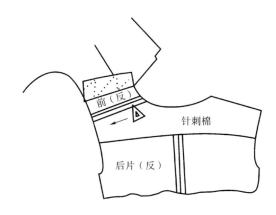

图5-49　分烫肩缝

（4）撬领口：将衣服放至人台上，使前肩部平服挺括，领口处丝缕顺直，用倒扎针将衣身领口与胸衬领口沿边0.6cm固定，并将倒扎针延至后领口。如图5-51所示。

（5）合里子肩缝：合里子肩缝同面料方法相同，缝份倒向后片。

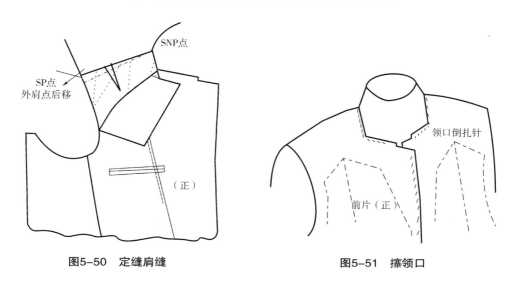

图5-50　定缝肩缝　　　　　　　　　图5-51　撬领口

8. 衣领缝制

西服衣领缝制有圈绲方法、大包、小包等。本节介绍的为领里为领底呢的小包方法。

（1）领面缝制（图5-52）：

①平接领与领座：将正面相对按0.5cm勾绲。

②分烫压明线：将分领线缝份分烫，然后折到正面在分缝上下各压绲0.1cm明线。

③用铅笔画出领片净样线，并扣烫领上口与领脚。

（2）领里缝制（图5-53）：

①领里折线略归拔，用直纱有纺牵条粘在领折线下并压绲明线，牵条粘绲时拉紧约1cm。

②将领底呢、领座翻折熨烫。

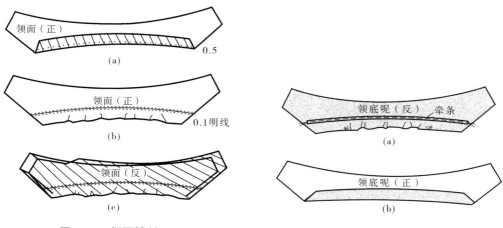

图5-52　领面缝制　　　　　　　　　图5-53　熨烫领底呢

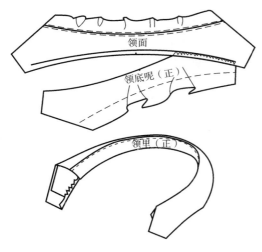

图5-54　领子缝合

（3）领子的缝合（图5-54）：

①将领底呢与领面上口对位点相对，距领面上口折线0.3cm攃缝领上口线，然后用摆缝机摆缝。

②拆掉攃线，折烫翻领，使领子窝服，挺立。

（4）质量要求：

①翻领窝服，里外一致。

②翻领松度适宜，衣领与衣身相符。

③条格对称，丝缕顺直。

9. 绱领工艺

（1）装领面（图5-55）：

①将领面与挂面的串口攃线固定，然后缉串口线，挂面在上，右襟格起针从绱领点处始，打倒回针，底面线打线结，止针在领口宽转折线处可回缉一针，转领处打剪口。如图5-56所示。左襟格绱领与此方法相同。

②缉领侧底与前后领口，衣片在SNP点处略松。如图5-57所示。

③分烫缝份：分烫串口缝份，要求顺直，绱领点处接缝自然，串口与领嘴没有缝隙，领侧底与挂面处劈缝、后领口处缝份向下倒缝。如图5-58所示。

（2）绱领底呢：

①攃缝领底呢：将领子沿折边线攃缝，将领口摆正位置，领底呢落在衣身领口净

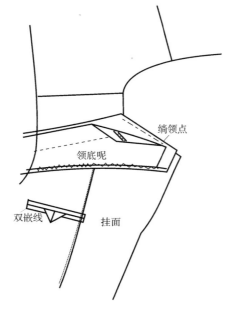

图5-55　绱领子

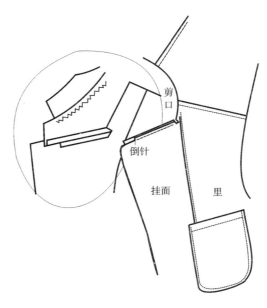

图5-56　缉缝串口

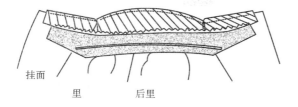

图5-57　缉缝领口

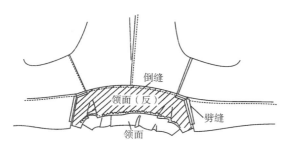

图5-58　分烫缝份

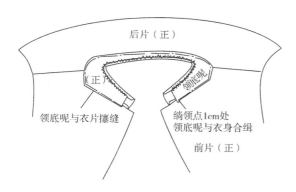

图5-59　擦缝领底呢

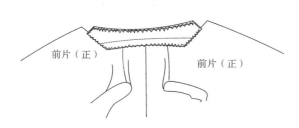

图5-60　领底呢摆缝后示意图

份上，然后用画粉做标记，用手针擦缝固定。注意，缝线不能擦到领面上，以免影响下一步摆缝领口。如图5-59所示。

②摆缝领底呢：将衣片从底边拉开，将领底呢领下口放在摆缝机上，整理好缝份后摆缝领口。缉好后如图5-60所示。

③固定领口缝份：从下摆将里子掀开，固定领底呢与领面缝份，以防止领口不服贴，采用拱针，线迹略松。

（3）绷缝领面角，将领面领角处包转过去绷缝固定。如图5-61所示。

（4）质量要求：

①领串口顺直，翻领窝服。

②领嘴左右一致，无毛漏现象。

③领里与领面翻折自然，松度适宜。

④领子擦线牢固，不窜动。

⑤领面分领线不外露，翻领盖过领口线。

⑥领口处平服无皱褶。

10. 合缉侧缝

本节男西服为侧开衩，侧开衩的后片侧缝为门襟格，前侧缝为里襟格。

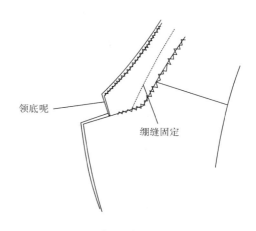

图5-61　绷缝领面角

（1）勾缉面料侧缝：

①将腰节点对准，从袖窿深向上10cm后片略松，腰节处后片略紧，按缝份勾缉侧缝。如图5-62所示。

②将开衩处里襟缝份打剪口，里襟毛边扣折熨烫1cm，门襟靠近侧衩止口轻拉牵条，在衩下5cm处略拉紧。

（2）做夹里：

①勾缉夹里侧缝，缉线至开衩毛样位置下1cm处止，缝份倒向里襟。

②将侧缝背衩至袖窿处攥线，使夹里松于面料。

（3）做侧缝开衩：

①侧缝底边处理，为使侧衩的门襟格折边整齐，可采用中山装吊袋的袋角处理方法勾缉折边。里襟也要处理干净。如图5-63所示。

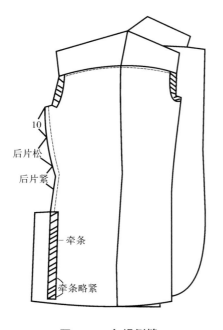
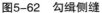

图5-62　勾缉侧缝

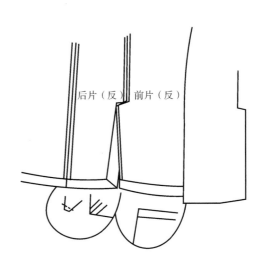

图5-63　门里襟处理方法

②攥侧衩夹里：先攥里襟夹里，与里襟止口相距0.5cm，攥线一道，夹里略松，然后在门襟夹里上按开衩高低及进出位置斜剪刀眼，留出门襟夹里折转缝份2cm，其余剪掉扣转，然后攥线一道。如图5-64所示。

（4）质量要求：

①侧缝腰吸自然，顺直。

②侧缝衩不抽不翘，不豁不搅，自然下垂。

③夹里平服无吊紧现象。

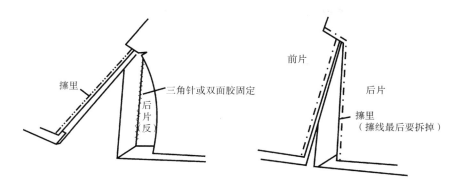

图5-64　撽侧衩里

11. 做袖工艺

（1）合缉前袖缝并分烫：为使前袖缝尽量拔出，将前袖缝平放熨烫。如图5-65所示。

（2）做大小袖衩，本节采用真假袖衩方法。如图5-66所示。

（3）合缉后袖缝：缉线至袖口折边上2cm处止。如图5-67所示。

（4）熨烫袖缝，烫袖口折边。如图5-68所示。

（5）抽缝袖山、拉牵条：抽袖包有两种方法，一种为手缝，用白棉线双线沿缝份下0.6cm针码0.3cm抽缝；另一种为机器抽缝，配以斜纱牵条辅助袖山吃势分布。如图5-69所示。

（6）缉袖夹里：缝份倒向大袖片，左前袖缝处留10cm不缝。如图5-70所示。

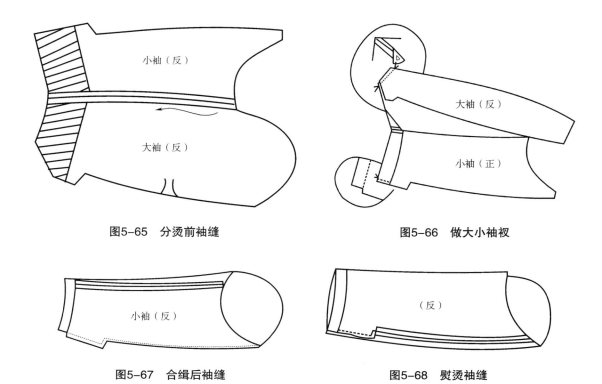

图5-65　分烫前袖缝

图5-66　做大小袖衩

图5-67　合缉后袖缝

图5-68　熨烫袖缝

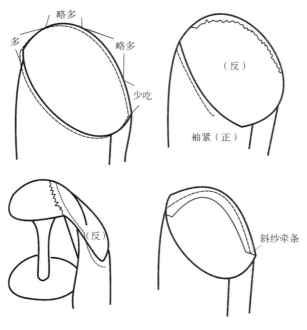

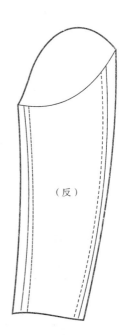

图5-69　抽缝袖山　　　　　　　　　　　图5-70　缉袖夹里

（7）袖夹里袖山抽缝：方法同袖面布袖山。

（8）质量要求：

①做好的袖子要有2cm左右的弯势，袖口顺直。

②前后袖缝吃势适当，缉线顺直。

③袖山头吃势均匀，熨烫圆顺。

12. 绱袖工艺

绱袖之前要将袖子反复熨烫，尤其是袖山吃势一定要均匀圆顺。

（1）攘缝袖子：从袖标点出发，衣袖与前衣片部分平缝，衣袖与后衣片缝合时，后衣片在外圈略松，袖山在内略紧，袖山中点对准肩缝。注意，本节采用劈袖缝的方法，因此缝袖子时把胸衬拿开，如果非劈缝绱袖胸衬可与衣身相攘缉。如图5-71所示。

（2）检查、绱袖：袖子的位置是袖口盖住大袋盖1/2处，特殊体形要微调，袖山吃势圆顺便可勾缉。缉时袖子在上，衣片在下，缉线只留一道。

（3）劈缝：将衣片肩缝前5cm、后

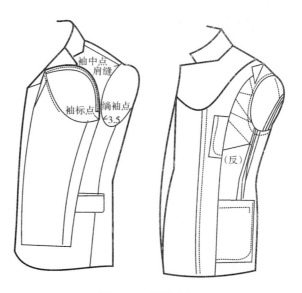

图5-71　攘缝袖子

6cm处打剪口，剪口指向缉线线根处，开剪处缝份劈开熨烫，注意熨斗要把其他部位吃势烫平。如图5-72所示。

（4）缉袖山撑条：为避免袖山处过于单薄，增强袖子的丰满度，在袖山一侧加放针刺棉与黑炭衬作为袖山撑条。如图5-73所示。

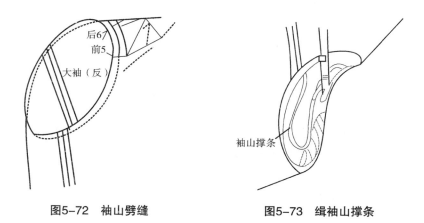

图5-72　袖山劈缝　　　　　　　　　图5-73　缉袖山撑条

（5）撬缝胸衬与垫肩，如图5-74所示。要使胸部挺括饱满，缝垫肩时垫肩对折，按肩缝偏后1cm居中，把垫肩正面对准肩缝，按缝份撬缝（如肩平垫肩可抽出2~3层）。先撬缝胸衬，可倒扎针也可机器缉缝。

（6）缉袖山夹里：方法与衣身大身相同，对位点对齐后勾缉，缉好后掏过来，比较袖口处里子所处位置，里子长度应长于袖口折边1cm，多余量剪掉。然后撬缝对位点，衣身底边也采用同种方法，将衣片翻进里面使夹里与衣身正面相对勾缉袖口及底边。衣身缝份处夹双面衬勾缉。如图5-75所示。

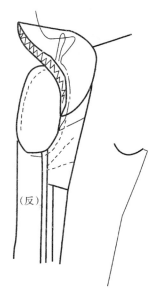

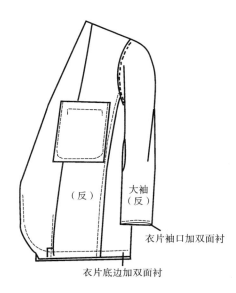

图5-74　撬缝胸衬与垫肩图　　　　　　图5-75　缉袖山夹里

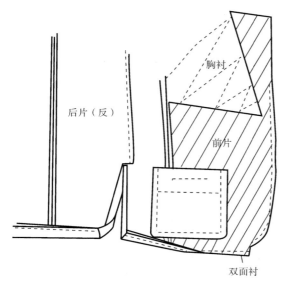

图5-76　折烫底边

（7）折烫底边：袖口与底边沿折边熨烫，把折边量用双面胶粘在衣身上，也可采用定点缲缝的方法。如图5-76所示。

（8）整理：将衣片从袖口处掏出来，拆掉攥线，准备下一道工序。

（9）质量要求：

①装袖前后适当，袖口盖过半只袋口，两袖对称。

②袖山头吃势均匀适当，外形饱满圆顺。

③袖子提伸自如，袖山处无横涟现象。

④袖底无臃肿和牵吊现象。

⑤袖窿与肩头里子松紧适宜。

⑥袖里与底边平服。

13. 手缝工艺

（1）缲缝领角，采用花绷针法，针距0.3cm，如图5-77所示。

（2）缲夹里袖窿：用星点针法把袖山处夹里与垫肩固定，防止窜动。如图5-78所示。

（3）缲侧缝开衩、挂面底边，如图5-79所示。

（4）锁眼：现代西服多采用机器锁眼，位置如图5-80所示，插花眼为装饰，不剪开。

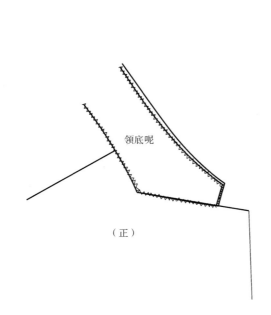

图5-77　缲缝领角

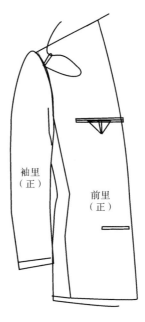

图5-78　缲夹里袖窿

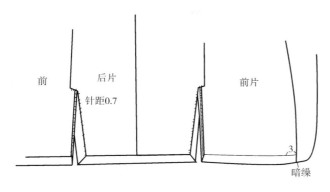

图5-79　缲侧缝开衩

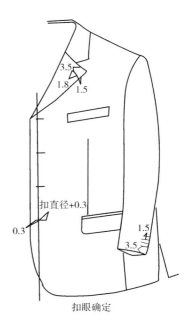

扣眼确定

图5-80　锁眼

三、整烫

熨烫的原理前面已有详细介绍，本节仅介绍西服的熨烫方法与步骤，有条件的可采用西服定型机进行肩、领、袖等部位的塑形，没有条件可用喷气熨斗进行整烫。因制作时每一步骤里都进行了熨烫，因此整烫时所花费的时间就减少了。熨烫的原则是先里后外，先局部后整体，从上至下，熨烫深色面料必须盖水布以避免产生极光，另外还要保持熨斗底部的清洁。

（1）熨烫夹里缝份及折边，熨斗温度要控制好，因为夹里的耐热性差。

（2）衣片翻到正面，熨烫止口，先烫挂面、领面，熨烫止口时熨斗用力向下压，使止口薄挺，要注意里外容，腰节处向外拔出，保持止口顺直。

（3）烫驳头、领头：将驳头放在布馒头上，按驳折线翻转烫平，要防止驳折线拉伸，烫时适当归拢，驳头线正反两面烫，领子与驳头2/3处烫煞，留1/3不要烫煞，以增强驳头处的立体感。

（4）肩胸及袋口：将衣片放到布馒头上从上到下腰吸处要烫顺，袋盖下应垫纸板以防止出印迹。胸部的胖势不要走形。

（5）侧缝及袖子：侧缝处缝份烫煞，开衩烫平，然后将袖子放平，袖身处压烫，但袖不能烫出印迹，袖山处用热气处理，不要压平，应保证袖山的饱满圆顺。如图5-81所示。

（6）后背：后背缝烫平，腰吸丝缕放平，推弹，不能起吊。

（7）肩部：肩部要在布馒头上一半一半烫，使肩头平挺窝服，符合人体造型。

（8）底边与袖口：衣服烫完后要架到模台上放凉、放干后再继续制作，否则很容易变形。

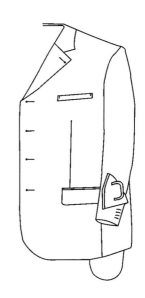

图5-81　熨烫侧缝及袖子

整烫完毕进行最后一步钉纽扣，里襟处的纽扣为实用型要留一定坐势，袖口处的纽扣为装饰扣，不留线柱，钉扣的时候都不要穿透衣片最下层，以免影响美观。图5-82为完成图。

图5-82　男西服完成图

四、缝制工位工序表

对于单件西服制作，熟悉其制作方法就应对整个工艺程序加以分析，将各工位工序合理安排，以便减少浮余劳动，提高效率（表5-5）。

表 5-5　男西服缝制工位工序表

工位	工种	工序名称
1	烫工	黏衬、扣手巾袋板、嵌线条、里袋插角、大袖前缝拔开
2	板工	检验、做标记
3	机工	合省、做袋盖、缝挂面、做袖开衩、缝前袖缝
		袖里子、后中线、后身里、领底呢折线、缉胸衬
4	烫工	烫省缝背缝、归拔前后片、烫背衩、各片分缝、烫领底、扣领面外口线、烫袋盖里子倒缝、烫胸衬
5	机工	缉胸衬牵条、绱大袋嵌条、缉手巾袋、做里袋
6	特种机	袖口扣眼、袋口封结、摆缝领面上口线
7	烫工	各部件烫平、大袋、手巾袋、里袋、领子烫牵条、大身嵌条
8	板工	敷胸衬、画串口线、绱领点、净领线、绱垫肩
9	机工	合外袖缝、抽袖包、合前止口、合肩缝、绱领面
10	烫工	分肩缝、外袖缝、烫袖包、烫前止口、前胸胖势、烫串口
11	手工	固定领底呢、前止口
12	特种机	摆缝领底呢
13	机工	合侧缝、绱袖子、合里子侧缝、绱袖子夹里
14	烫工	分侧缝、做侧衩、袖口、挂面、侧开衩、扣底边
15	机工	缉夹里袖山、合底摆、合袖口
16	手工	缲底摆、侧衩、锁扣眼、折摆线
17	烫工	整烫
18	手工	钉扣

五、缝制工艺流程图（图 5-83）

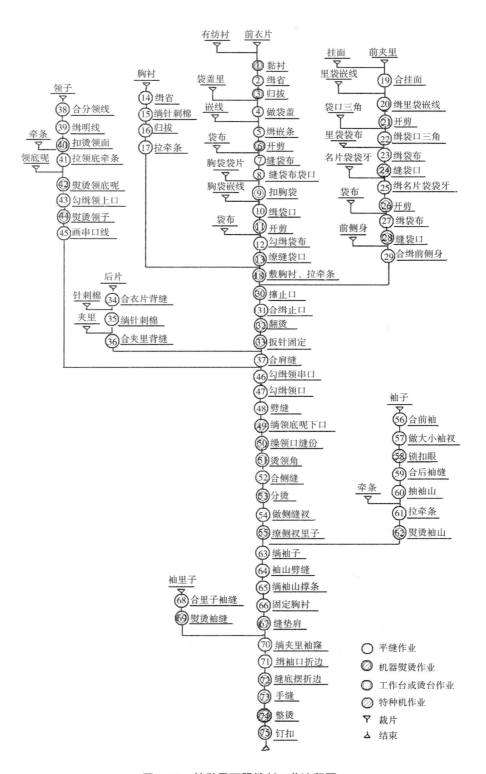

图5-83 精做男西服缝制工艺流程图

第三节　精做男西服质量标准

一、裁片的质量标准（表 5-6）

表 5-6　裁片的质量标准

序号	部位	纱向规定	拼接要求	对条对格规定 （明显条格在 1cm 以上）
1	前身	经纱从领口宽线为准不允许斜		条料对条，格料对横，互差不大于0.3cm
2	后身	倾斜不大于0.5cm，条格料不允许		以上部为准条料对称，格料对横，互差不大于0.2cm
3	袖片	大袖片倾斜不大于1cm，小袖片倾斜不大于0.5cm		条格顺直以袖山为准，两袖互差不大于0.5cm；袖肘线以上前身格料对横，互差不大于0.5cm；袖肘线以下，前后袖缝格料对横，互差不大于0.3cm
4	领面	纬纱倾斜不大于0.5cm，条格不允许斜	连驳领可在后中缝拼接	条格料左右对称，互差不大于0.2cm；背缝与后领面，条料对条，互差不大于0.2cm
5	挂面	以驳头止口处经纱为准不允许	允许二接一拼，接在两扣位中间	条格料左右对称，互差不大于0.2cm
6	袋盖	与大身纱向一致，斜料左右对称		手巾袋、大袋与前身条料对条，格料以格，互差不大于0.2cm

二、成品规格测量方法及公差范围（表 5-7）

表 5-7　成品公差范围

序号	部位名称	允许偏差 /cm	备注
1	衣长	+1.0	上衣架测量
2	胸围	+1.5	5·2 系列
		+2.0	5·4 系列
3	袖长	+0.7	上衣架测量
4	总肩宽	+0.6	

三、外观质量标准（表 5-8）

表 5-8　男西服外观质量标准

序号	部位名称	外观质量
1	领子	领面平服，领窝圆顺，左右领尖不翘
2	驳长	串口、驳口顺直，左右驳头窝服、领嘴大小对称
3	止口	顺直平挺，门襟不短于里襟，不搅不豁，两圆头大小一致
4	前身	胸部挺括、对称，面里衬服帖，省缝顺直
5	袋盖	左右袋高低前后对称，袋盖与袋宽相适应，袋盖与身的花纹一致
6	后背	平服
7	肩	肩部平服，表面无褶，肩缝顺直，左右对称
8	袖	绱袖圆顺均匀，两袖前后长短一致
9	整烫	各部位熨烫平服整洁，无线头，高光，采用黏合衬的部位不渗胶、不脱胶

第四节　简做男西服缝制工艺

随着人们生活质量的提高和消费观念的改变，西服的穿着与人们的生活越来越贴近了，不仅仅在春秋两季，冬夏两季白领阶层也不约而同的选择了西服。因为西服有着其他服装无法替代的庄重和优雅。

如今西服普及到生活的各个角落，宴会、谈判的社交礼仪场所的正式西服，与工作生活中休闲西服，从面料到工艺都略有区别，休闲西服一般不配套穿着，面料采用棉麻及混纺织物，款式上多采用贴袋、平驳头、单排扣的较宽松造型，工艺上采用半夹里的简做工艺，本节将对半夹里休闲式西服着重介绍。

一、外形概述与款式图

平驳头单排三粒扣、圆角下摆、明贴袋、前身收落地省、后背开衩、前身全夹里，后身半夹里、袖子无夹里、袖口假开衩钉四粒扣。款式如图5-84所示。

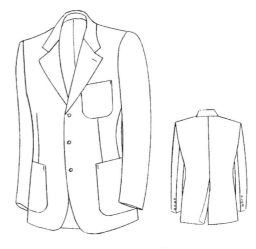

图5-84　男西服款式图

二、结构图

1. 简做男西服成品规格表（表5-9）

表5-9 简做男西服成品规格表   单位：cm

部位	衣长	胸围（B）	肩宽（S）	领口（N）	袖长（SL）	袖口	翻领（M）	领座（N'）
规格	76	92+20	47	44	61	15	3.5	2.7

2. 半里男西服裁剪图（图5-85）

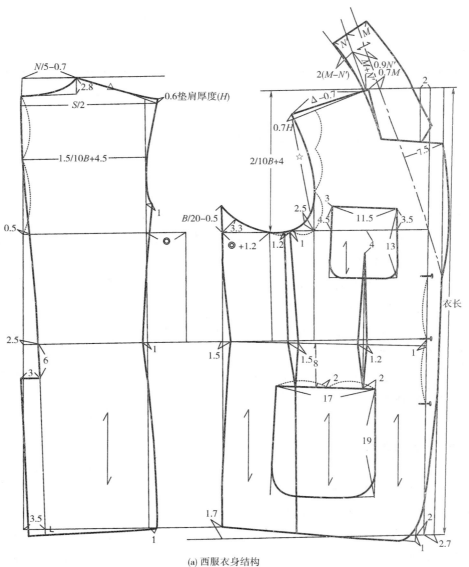

(a) 西服衣身结构

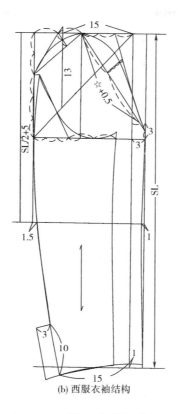

(b) 西服衣袖结构

图5-85 简做男西服结构图

三、零辅料裁剪（图 5-86）

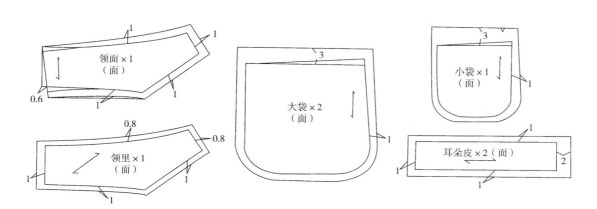

图5-86 简做男西服的零辅料裁剪图

四、样板图与排料图

粗纺面料简做男西服缝份加放与排料，如图5-87所示。精纺面料较薄，缝份加放如图5-88所示，无夹里部分缝份处理为折烫，因此缝份为1.5～2cm。简做男西服里料裁剪及排料图如图5-89所示。

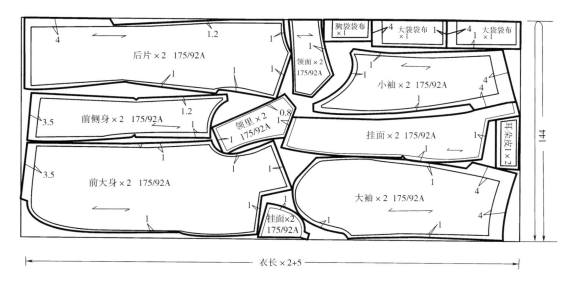

图5-87　粗纺面料简做男西服缝份加放与排料图

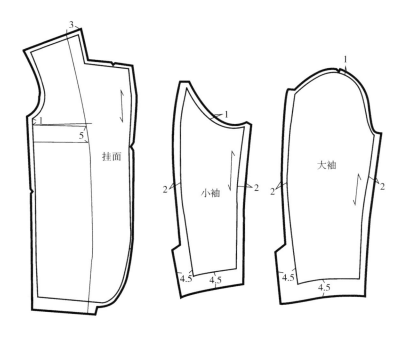

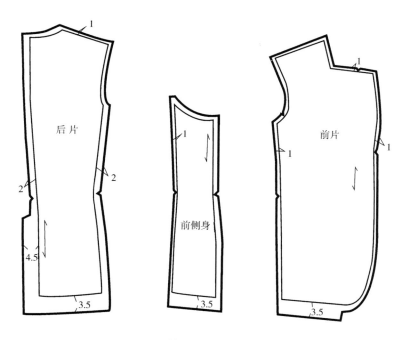

图5-88　精纺较薄面料缝份加放

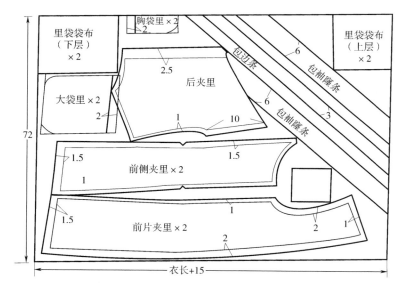

图5-89　简做男西服里料裁剪与排料图

五、缝制工艺

1. *腰省、合缉前侧身*

合缉胸腰省，可采用垫布缉法。如图5-90所示。

（1）垫布长为省长加2cm，宽为4cm，要求省缝顺直，起止针处底面线打结固定。

（2）侧身与大身勾缉。

（3）将胸腰省尖放到馒头上，烫出胸部的胖势，前止口中腰处略拔开。分烫落地省缝，前身略做归拔处理。

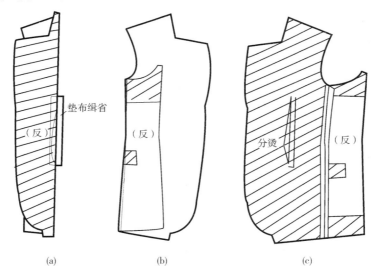

图5-90　缉省、合侧缝

2. 合缉挂面与夹里（图5-91）

（1）将前大身夹里挖袋处断开。

（2）将耳朵皮与前大身夹里按缝份勾缉。

（3）勾缉挂面与前大身夹里。缝线缉至折边向上1.5cm处止针。

（4）压缉明线，缉在夹里上，直线0.1cm宽。

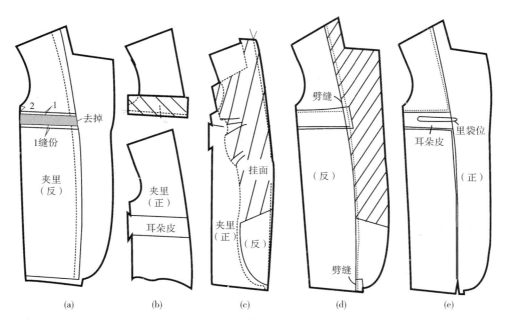

图5-91　缉缝面与夹里

3. 合缉背缝

（1）后背面料的处理：如图5-92所示。

①包缝背缝、侧缝及底边缝份，包缝约0.4cm宽，贴背衩牵条。

②如果面料较薄可采用缝份折烫方法。

③左侧后衩处折进1cm扣烫，缭缝三角针，底边烫折，勾缉背缝线。

④分烫后背缝，做后背衩，袖窿领口处粘牵条，烫后背衩衬布。

⑤缉缝背衩衬布，整理底边。

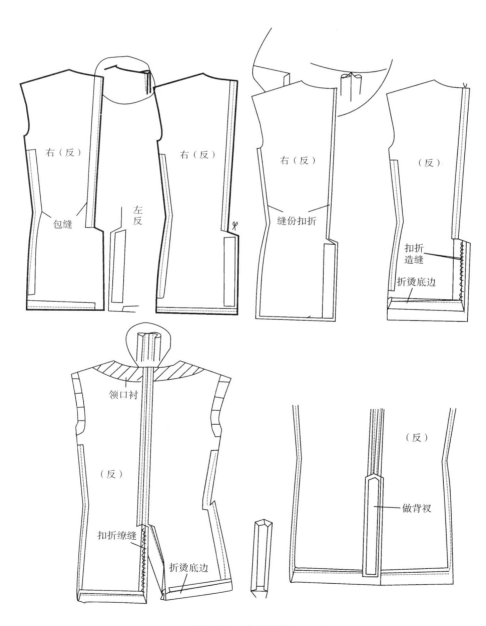

图5-92　合缉背缝

（2）后背夹里的缝制：如图5-93所示。

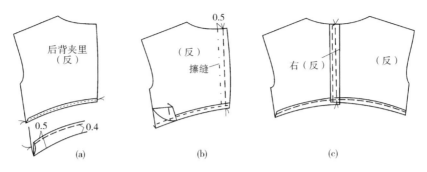

图5-93　后背夹里缝制示意图

①扣烫后背夹里底边缝份，扣折0.5cm，压缉0.4cm明线。

②后背夹里沿净样线搛缝，与净样线相距0.5cm勾缉后背缝，起止针打倒回针。

③熨烫背缝，缝份倒向右侧，沿净样线熨烫。

4. 贴袋缝制

（1）大袋与手巾袋采用明贴袋暗缝方法与衣片结合，如图5-94所示。大袋盖里上口比大袋面小0.3cm，大袋面袋反面贴5cm宽有纺衬。

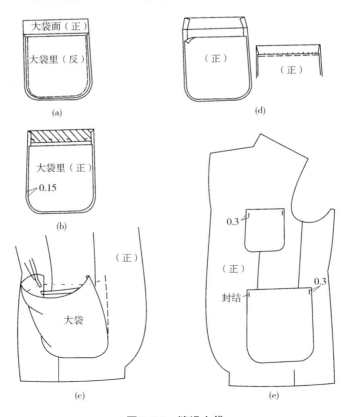

图5-94　缝缉大袋

①大袋面与大袋里正面相对，缝线比净样线多0.15cm，拉紧里布勾线。

②缝份打剪口，从袋上口翻烫，烫时袋角圆顺，里外容差0.15cm，分布均匀。

③按衣片袋位勾绲大袋。绲线从袋布与袋里中间运行，起针在袋口圆角处机器无法通过可用于针绲缝。

④扣烫袋口折边。袋里盖住袋面上口折边，用暗绲针绲缝。

⑤整理衣片，袋口处从面上封结，也可以手针绲缝固定袋口，注意线的颜色要一致。

手巾袋缝制方法与大袋相同（略）。

（2）里袋的缝制：里袋缝制方法很多，如单嵌、双嵌、一字嵌、滚嵌等，本节介绍滚嵌线里袋的缝制方法。缝制方法如图5-95所示。

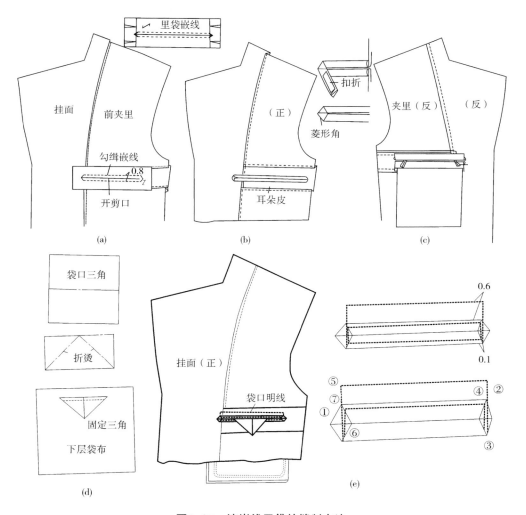

图5-95 滚嵌线里袋的缝制方法

①里袋嵌线为正斜纱，与耳朵片正面相对，沿里袋口勾绲四周，袋口两侧为宝剑头，剪口如图5-95（a）所示。袋口直线嵌线与耳朵片一起剪，嵌线四周小剪口不能剪到耳朵皮。

②翻烫里袋嵌线，袋角处折出梭形角如图5-95（b）所示。

③上层袋布与里袋嵌线，正面相对勾缉0.7cm，上层袋布折下熨烫，如图5-95（c）所示。

④折烫袋口三角，使三角与下层袋布勾缉，如图5-95（d）所示。

压缉袋口下明线，在袋牙上0.1cm。将下层袋布与袋口结合。

压缉袋口上明线0.1cm，封袋口倒回针两次折到袋口上方缉0.6cm明线，再折下封袋口。如图5-95（e）所示，最后勾缉袋布。

5. 合袖缝、做袖衩（图5-96）

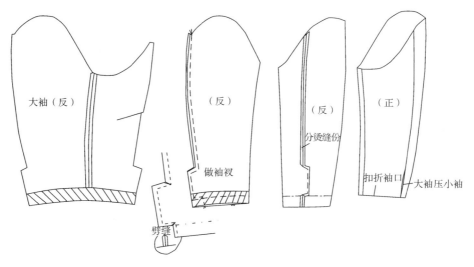

图5-96 合袖缝、做袖衩

（1）合前袖缝时袖缝线略拔开，熨烫时将前袖缝放平，以便使前袖缝拔开。

（2）合后袖缝，袖衩处为假袖衩缝制方法，袖开衩处打剪口。袖口处剪掉缝份使袖口平薄。

（3）分烫后袖缝缝份，袖衩侧向大袖片。

（4）扣折袖口。

6. 合缉前止口

方法与精做西服基本相同。前止口暂时不翻烫，领子绱完后翻烫前止口。

7. 合肩缝

方法与精做西服相同。

8. 衣领工艺

本节领子采用圈缉方法，做领工艺如图5-97所示。

（1）归拔领底，领子翻折线下拉缉牵条，牵条1cm宽，经纱里料，与领底结合拉紧1.2cm压缉。

（2）领面下口略拔开。

（3）领面与领里正面相对勾绲，绲线从绱领点净样起针，拉紧领里勾绲领子。

（4）领子翻过来熨烫出0.15cm里外容，烫出翻领窝势。

（5）烫出领子的翻折线。

9.绱领工艺

绱领时先将领子与串口处净线画上，并将领面与挂面的串口用线固定，方法与精做要求一致。因绱领为圈绲方法，因此领底与衣片领口也用同样的方法勾绲。如图5-98所示。

（1）领面与挂面串口搛缝勾绲，绲线顺直，起针打倒回针。

（2）领转折处打剪口，勾绲领底与领口，缝后熨烫。

（3）领里与衣片领口用同样的方法勾绲，注意领子处丝缕放平，串口绲线要顺直，上下松紧一致，缝份劈烫，转折处打剪口。

（4）翻烫衣片前止口挂面，烫出里外容，上口处缝份倒扎针缝。

（5）领子与驳头翻折熨烫，驳头下1/3处不压死。烫折后用环缝方法固定。

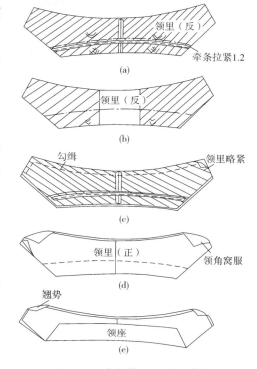

图5-97 衣领缝制方法示意图

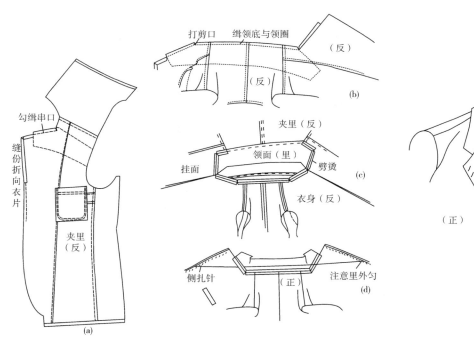

图5-98 绱领方法示意图

10. 合缉侧缝

合缉方法如图5-99所示。

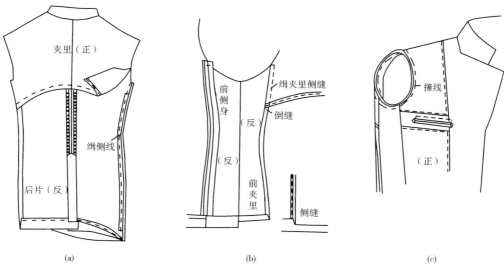

(a)　　　　　　　　　　(b)　　　　　　　　　　(c)

图5-99　合缉侧缝示意图

（1）勾缉衣片侧缝。

（2）勾缉衣片夹里侧缝，衣片缝份分烫，夹里倒缝，倒向前片，前夹里倒缝扣倒熨烫，前夹里与衣片下摆勾缉。

（3）肩部加极薄垫肩或不加垫肩，将夹里袖窿与衣片袖窿攮缝固定。

11. 绱袖子

绱袖方法如图5-100所示。抽袖包方法及吃势分布与精做西服相同。（略）

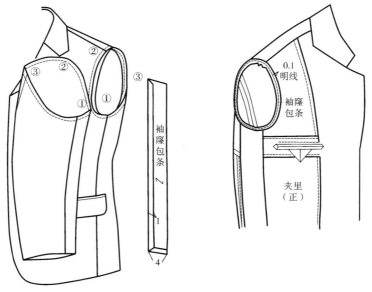

图5-100　绱袖示意图

（1）把袖窿包条与衣片袖窿相勾缉，袖窿包条正面与衣身夹里正面相对勾缉，袖窿包条斜纱45°长为袖窿弧长+2cm，宽5cm，然后缡衣袖。

（2）将袖窿包条包住衣袖缝份沿缡袖缝线压缉0.1cm。

12. **手缝**

如图5−101所示，缝底边采用暗缲方法，前夹里侧缝、后衩垫条均暗缲缝，锁眼、钉扣方法与精做西服相同。

13. **整烫**

整烫方法参照精做西服的整烫。

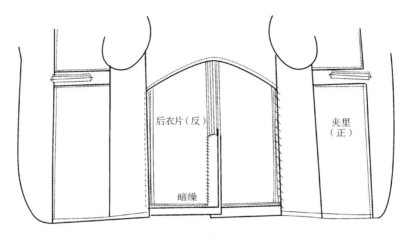

图5−101　手缝部位示意图

第五节　男西服常见弊病及修正

一、领部弊病修正

1. **弊病现象之一**

（1）外观形态：领线盖不住领口线，造成领口线外露。如图5−102所示。

（2）产生原因：

①翻领松度过小。

②翻领与底领差数小。

（3）修正方法：

①加大翻领松度，如图5−103所示。

②调整翻领与底领差，适当加大翻领归拔量，如图5-104所示。

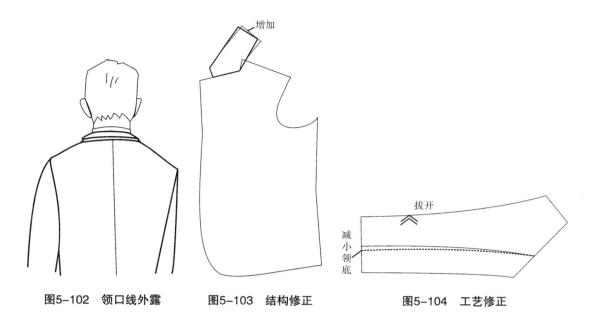

图5-102 领口线外露　　　图5-103 结构修正　　　图5-104 工艺修正

2.弊病现象之二

（1）外观形态：

①驳头外口松还。

②领、驳角起翘，缝份反吐。

（2）产生原因：

①翻领松度不当，驳头牵条不够紧，部位被拉伸都可能造成驳头外口松还现象。

②由于领面与挂面在制作中太紧所致。

（3）修正方法：

①调整翻领松度，驳头外口松缩小翻领松度。

②驳头牵带拉紧0.6cm左右。

③领面与领底留出0.4~0.6cm吃势，挂面在驳角处留出0.4cm吃势。驳头转折处留0.4~0.6cm吃势。如图5-105所示。

3.弊病现象之三

（1）外观形态：

①后领周围起横皱，如图5-106所示。

②领窝不平服，起皱。

（2）产生原因：

①肩端长度不足，后领深浅，缝制时手法不当。

②领下口与领窝尺寸不当。

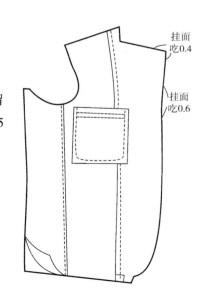

图5-105 挂面吃势分布

（3）修正方法：

①增加皱纹方向的长度，加大肩宽量或缩短垂直于皱纹方向的长度，后领口深增加，如图5-107所示。

②缝线松紧适宜，后领口平缝、颈肩点处衣领略紧。

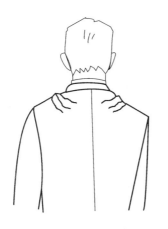

图5-106　后领起横皱

图5-107　结构修正

二、前衣身弊病修正

1.弊病现象之一

（1）外观形态：

①门里襟止口不顺直，下角外翘。

②搅止口，如图5-108所示。

③豁止口，如图5-109所示。

图5-108　搅止口

图5-109　豁止口

（2）产生原因：

①前止口缉线不顺直，熨烫不当，衣片下摆方角或圆角处略紧。

②搅止口常见于挺胸体的服装。西服在胸围线以上部位过短，后身袖孔太长，或后横开领挖得过大，肩斜不足，肩头下垂。

③搅止口常见于屈身体人的服装。西服在胸围线以下部位过长，而后衣身袖孔太短，所以后衣身下摆上翘，前中线在下摆敞开。

（3）修正方法：

①敷挂面时下角捋紧，修、缉、翻止口时按线进行。

②搅止口工艺上注意敷衬时，腰节处横直丝缕放正，腰节处横丝向外推弹。搅止口结构修正如图5-110所示。

③豁止口修正方法如图5-111所示。

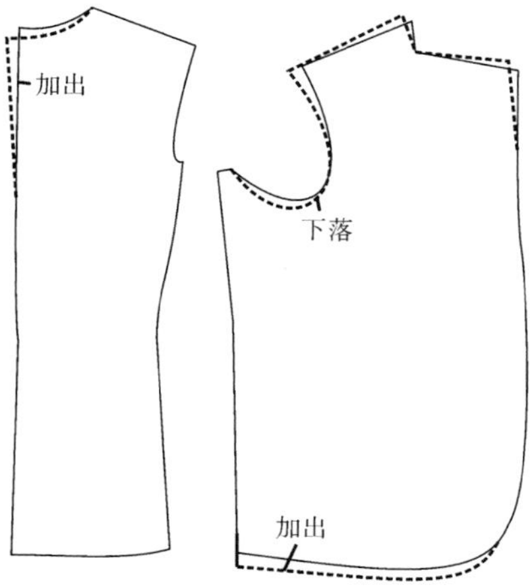

图5-110　搅止口结构修正

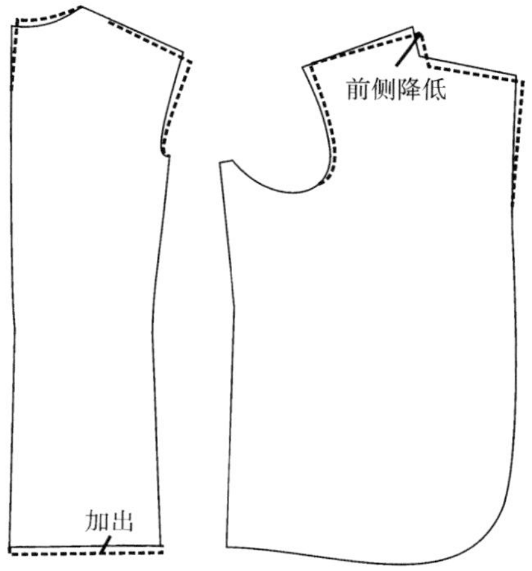

图5-111　豁止口结构修正

2. 弊病现象之二

（1）外观形态：肩部起链，其皱纹源于前领肩处，向胸宽点部位延伸。如图5-112所示。

（2）产生原因：工艺上，敷衬时尽量将衣片的颈肩点向外肩推送，勾缉肩缝时前肩不吃。

（3）修正方法，如图5-113所示。

3. 弊病现象之三

（1）外观形态：

①肩到袖窿的斜皱，如图5-114所示。

②肩头不平挺，下垂，装袖不圆顺。

（2）产生原因：

①多数为溜肩体人的服装，此体型其肩膀变低，所以

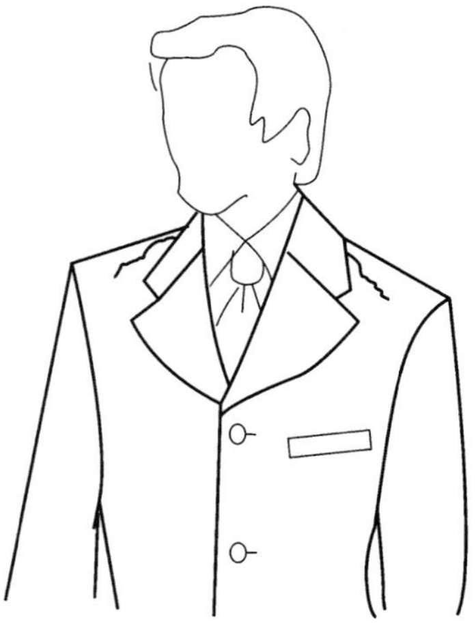

图5-112　弊病现象

袖窿受制约而出现斜皱。

②肩头不平挺，下垂，因裁剪时肩斜度不正。下垂多由于肩斜太平所致。工艺上，肩头横丝缕挼挺，垫肩不平服，肩缝层势不均等因素都会产生前面效果。

③装袖不圆顺，在裁剪上的原因是袖窿弧线同袖山头弧线不相配。在工艺操作上的原因是装袖前后位置不准确，层势分配不均或缉线不圆顺。

（3）修正方法：

①肩到袖窿的斜皱，修正方法如图5-115所示。

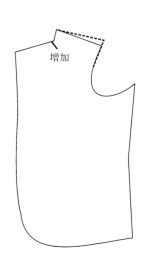

增加

图5-113　修正方法

图5-114　弊病现象

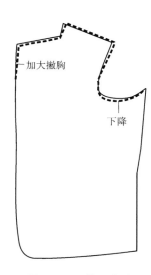

加大撇胸

下降

图5-115　修正方法

②肩头不平挺，下垂，可通过加大肩斜的量来修正。在工艺上敷胸衬时，将肩头横丝向肩外端点挼平，垫肩的厚度适宜。

③装袖不圆顺，工艺上可通过调节袖山吃势，装袖点的重新确定来完成，缉线要圆顺。

三、后衣身弊病修正

1.弊病现象之一

（1）外观形态：背部横皱，在背部横方向出现几乎可以折叠的斜皱。如图5-116所示。

（2）产生原因：这是挺胸体型的人会出现的问题。裁剪时后背宽偏大。

（3）修正方法，如图5-117所示。

2.弊病现象之二

（1）外观形态：

①背中缝起吊。

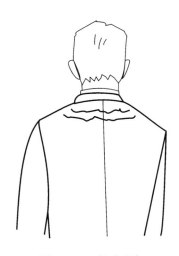

图5-116　弊病现象

②开衩不平服或重叠过大过小。

（2）产生原因：

①背中缝起吊多由于缉线过紧，后背中腰节归拔不足，后中夹里偏紧起吊。

②开衩问题除开衩工艺操作不当之外，肩头、后中缝、摆缝处理不好都会使背衩不平服。

（3）修正方法：

①缝线的松紧与压力适当，腰节处拔开，后夹里留0.7cm坐势。

②开衩处拉牵条防止反翘。开衩外门襟纱支顺直，各部位缝份一致，不能拉还。

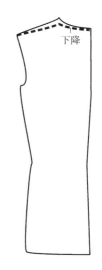

图5-117 修正方法

四、袖子的弊病修正

1. 弊病现象之一

（1）外观形态：静止时袖子较平服，而举手时，手臂不自由，受到制约，如图5-118所示。

（2）产生原因：袖山量太高。

（3）修正方法：如图5-119所示。

图5-118 弊病现象

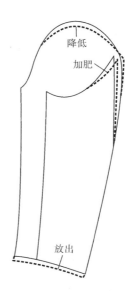

图5-119 修正方法

2. 弊病现象之二

（1）外观形态：袖山处出现纵纹，如图5-120所示。

（2）产生原因：袖山量太低。

（3）修正方法：如图5-121所示。

 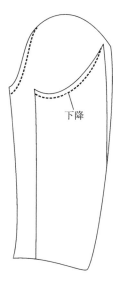

图5-120　弊病现象　　　　　　　　　　　　图5-121　修正方法

3. 弊病现象之三

（1）外观形态：

①袖子靠前，前袖山处有短横纹。

②袖子靠后，袖肥处有斜皱。

（2）产生原因：

①袖子绱袖点靠后，使袖子前倾。

②袖子绱袖点靠前，使袖子靠后。

（3）修正方法：移动装袖点位置，使袖口盖过大袋1/2处。

思考与练习

1.西服分领裁剪的规格及缝制方法？

2.胸衬的缝制方法？

3.男西服前后衣身归拔方法？

4.男西服大袋及手巾袋的质量要求？

5.牵条的作用？前衣身哪些部位需要牵条？黏合时手法如何？

6.敷挂面时的松紧程序如何掌握？

7.后片绱针刺棉的目的与方法？

8.袖衩的种类及缝制的方法？

9.绱袖的质量要求？

10.整烫的方法及注意事项？

11.男西服外观质量要求？

12.男西服各样片纱向要求？

13.简做西服的特点？

14.熟悉西服制作的工艺、工序表？

15.熟记西服制作的程序及裁剪、排料方法。

男西服马夹缝制工艺

课题名称： 男西服马夹缝制工艺

课题内容： 高档男西服马夹缝制工艺及弊病修正

课题时间： 30 学时

教学目的： 通过典型男西服马夹缝制工艺的学习，掌握男装马夹的工艺技术及技巧，培养学生动手操作能力及工艺流程设计能力。

教学方式： 示范式、启发式、案例式、评估式。

教学要求： 1. 在教师示范和指导下，完成高档男西服马夹的缝制及弊病修正。

2. 通过学生具体操作，掌握男西服马夹的工艺流程及工艺标准。

3. 掌握男西服马夹的工位工序排列。

课前 / 后准备： 通过市场调研及资料查询，对高档男西服马夹的基本特点及结构工艺有初步了解。课前准备男西服马夹面料样板、马夹面、辅料及制板工具。

在完成男西服马夹质量评定的基础上，课后根据本章所学知识，完成高档男西服马夹缝制工艺实训报告。实训报告内容包括马夹排料图、工位工序表、工艺流程图等。

第六章　男西服马夹缝制工艺

男西服马夹通常与西服一起配套穿着，马夹主要有以下三个作用：其一，可以防寒保暖；其二，控制裤子腰部、衬托上衣的线条；其三，马夹可用来遮盖裤子的皮带，使西服套装更显庄重和潇洒。

第一节　概述

一、外形概述与款式图

男西服马夹通常前片采用西服面料后片采用里料制作。造型多采用"V"型领，尖角型下摆，纽扣一般为五粒，有两个手巾袋，两个腰袋，也可以无手巾袋。后片腰围处系有腰带，既可作为装饰，也可以调节腰部松紧，如图6-1所示。

图6-1　男西服马夹款式图

二、量体加放与规格设计

1.测量的主要部位与方法
（1）领围：用软尺经喉结下围量一周，用"$N°$"表示。

（2）胸围：用软尺经胸高点水平围量一周，用"$B°$"表示。

（3）背长：后颈点到后腰中心点的距离。

2.男西服马夹规格设计要点
（1）男西服马夹长应遮盖住裤腰，下摆不能露在西服外面。通常，前片下摆尖角距皮带宽中点8cm左右，后片下摆超出皮带中心4cm左右。

（2）西服（两粒纽扣）系好纽扣之后，应看到马夹1~2个纽扣，最低一个纽扣通常在皮带中心部位。

（3）男西服马夹小肩宽度通常8~10cm，因为马夹穿在西服里面，造型较合体，小肩太宽会影响肩部活动。

3. 规格设计

（1）领围（N）= 净领围 $N°$ + 4cm左右。

（2）胸围（B）= 净胸围 $B°$ +（8~10）cm。

（3）背长 = 身高/4。

三、结构图

1. 男西服马夹成品规格表（表6-1）

表6-1　男西服马夹成品规格表　　　　　　　　单位：cm

号型	领围（N）	胸围（B）	背长
175/92	40	92+10	44

2. 男西服马夹结构图（图6-2）

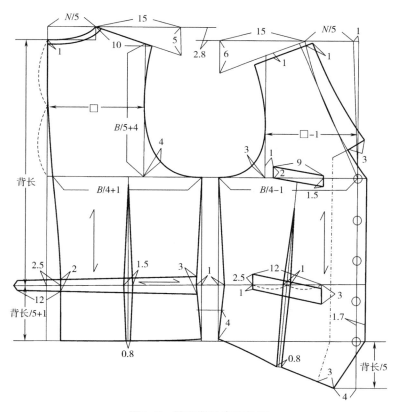

图6-2　男西服马夹结构图

四、男西服马夹样板图与零辅料裁剪

面料与有纺衬黏合后，会产生一定的热缩量，因此，男西服马夹前衣片、挂面及领条等需黏合有纺衬的部位，裁片时需预留一定的缩量。通常，马夹前衣片及挂面按照缝份预留2cm，折边预留4cm裁制初样板，还要根据标准缝份及折边放量裁制标准样板，后衣片样板直接按照正常缝份及折边进行加放。图6-3所示为西服马夹面料样板图。

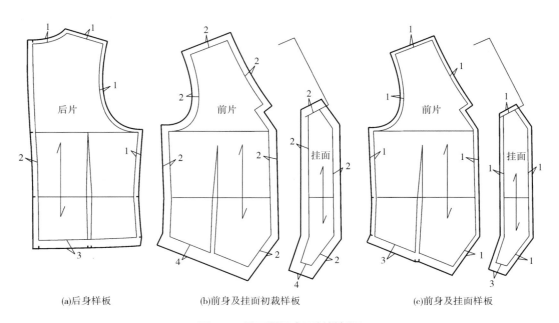

| (a)后身样板 | (b)前身及挂面初裁样板 | (c)前身及挂面样板 |

图6-3 · 男西服马夹面料样板图

男西服马夹里料样板通常在衣片标准样板基础上进行变化，下摆折边缩短1cm，前片里料与挂面重叠2cm，袖窿比衣片缝份小0.2cm。马夹衬料样板根据前衣片及挂面初样板进行裁制。图6-4所示为西服马夹里料及衬料样板图。

男西服马夹零辅料主要包括后领条1块（面料）、腰带布2块（里料）、手巾袋衬和腰袋衬各2块（有纺衬）、手巾袋口布和腰袋口布各2块（面料）、手巾袋布和腰袋布各4块（里料或细棉）、手巾袋垫布和腰袋垫布各2块（面料）。图6-5所示为西服马夹零辅料样板图。

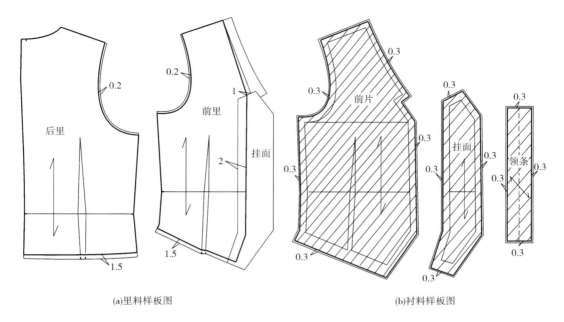

(a)里料样板图　　　　(b)衬料样板图

图6-4　男西服马夹里料及衬料样板图

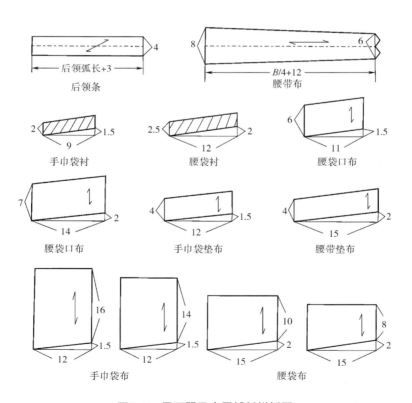

图6-5　男西服马夹零辅料样板图

五、用料计算与排料图

1. 男西服马夹用料计算

（1）面料用料：由于男西服马夹常常与西服配套穿着，因此，可以与西服一起算料，也可以单独算料。常用幅宽面料用料见表6-2。

表6-2　男西服马夹面料用料表

面料幅宽 /cm	部位	用料 /cm	备注
77	前片	背长+25	若胸围大于 102cm 时，前片加料 22cm，后片加料 18cm
	后片	背长+18	
90	前片	背长+25	若胸围大于 118cm 时，前片加料 22cm，后片加料 18cm
	后片	背长+18	
144	前片	背长×2=两件	最好两件套裁，若胸围大于 110cm 时应单裁
	后片	背长+25	

（2）里料用料：西服马夹采用全里，常用幅宽的里料用料见表6-3。

表6-3　男西服马夹里料用料表

里料幅宽 /cm	用料/cm	备注
77	背长×2+38	适用各种尺寸
90	背长×2+16	胸围大于 106cm 时，加料 16cm
144	背长+24	适用各种尺寸

（3）其他辅料用料：见表6-4。

表6-4　其他辅料用料表

序号	品名	用量
1	有纺衬	背长 +24cm
2	纽扣	5 粒
3	袋布	30cm（90cm 幅宽）
4	腰带夹	1 个
5	缝纫线	1 小轴

2. 男西服马夹排料图

男西服马夹可采用两件套排或与西服、西裤三件套排的形式，前片采用面料，后片采用里料（也可用面料）。衣片两件套排排料图如图6-6所示，里料排料图如图6-7所示。

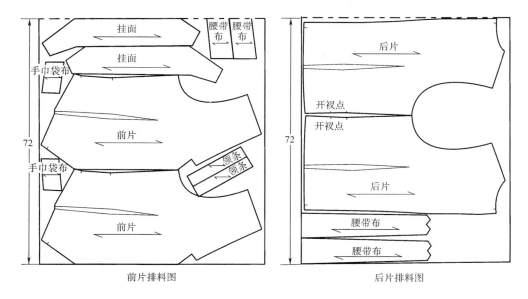

前片排料图　　　　　　　　　后片排料图

图6-6　两件套排排料图

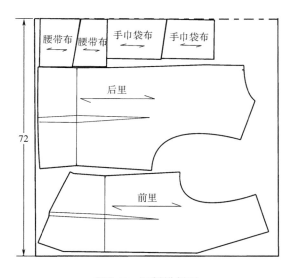

图6-7　里料排料图

第二节　精做男西服马夹缝制工艺

一、裁片的修正

男西服马夹前衣片裁片、挂面及领条与有纺衬黏合后，会产生缩量及变形，需要按

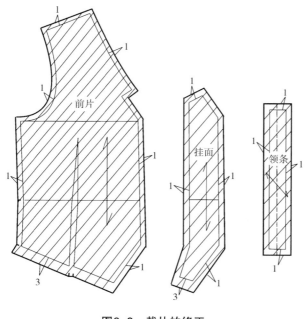

图6-8　裁片的修正

照前片、挂面和领条标准样板修正裁片，使其缝份和折边大小与其他裁片一致，如图6-8所示。

二、推、归、拔、烫的工艺处理

　　男西服马夹常采用毛织物面料制作，归拔处理相对比较简单。止口及前袖窿做归拢处理，前肩线、前领口及侧缝通常采用拔开处理。归拔处理后的裁片，需固定牵条，防止裁片复原，如图6-9、图6-10所示。后领条的拔开需对比后领窝的弧度，固定牵条也需比照领窝大小。

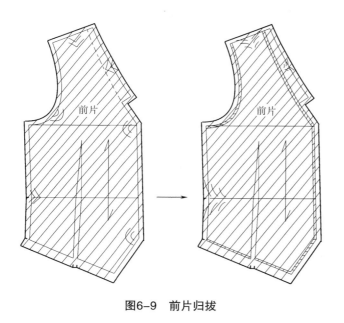

图6-9　前片归拔

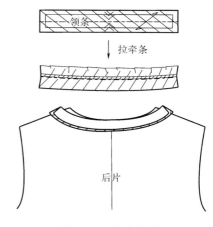

图6-10　领条归拔

三、缝制工艺

1. 做前片

　　（1）缉缝前片腰省：缉缝前片腰省时，需在省尖部位垫一块长度约6cm的细薄棉布。距省尖5cm处打剪口，剪口以下部分省道剪开，劈缝，如图6-11所示。

（2）前衣片挖袋工艺：男西服马夹手巾袋及腰袋工艺与西服手巾袋工艺完全相同。

①熨烫袋口布：按口袋净份裁出净份袋口衬，将袋口衬与袋口布反面黏合，注意纱向要一致（条格布料要对条格），剪去袋口布上侧尖角，压烫成型，如图6-12所示。

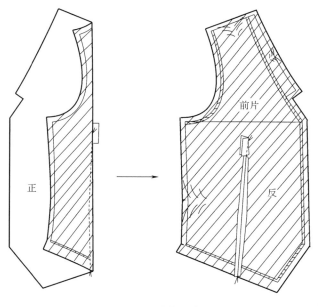

图6-11　前片缉省

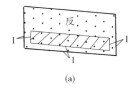 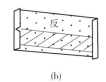

(a)　　　　　(b)　　　　　(c)　　　　　(d)

图6-12　扣烫袋口布

②袋口布、垫袋布分别与袋布缝合。如图6-13所示。

③缉缝袋口布、垫袋布。要求垫袋布缉线比袋口布缉线两侧分别短0.3cm，如图6-14所示。

④开剪口，垫袋布缝份劈缝，上下侧分别缉0.1cm明线，如图6-15所示。

⑤袋口布与衣片缝份劈缝，并固定袋口布与衣片缝份，如图6-16所示。

⑥缉袋口明线。外侧明线距边缘0.1cm，可以双明线，也可单明线，如图6-17所示。

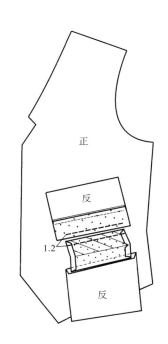

图6-14　缉缝袋口布、垫袋布

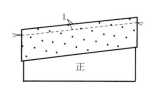 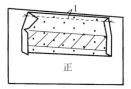

图6-13　垫袋布、袋口布与袋布缝合

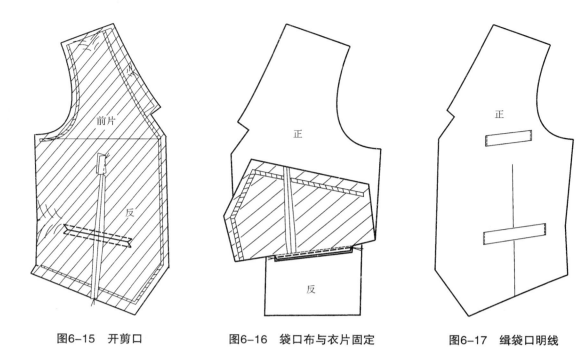

图6-15　开剪口　　　　　图6-16　袋口布与衣片固定　　　　图6-17　缉袋口明线

⑦缝合袋布，缝份1cm，同时用手针三角针法固定袋布，如图6-18所示。

⑧用同样方法制作另一腰袋及手巾袋，如图6-19所示。

（3）缝合后领条：后领条与前肩缝合，开0.9cm剪口，劈缝，如图6-20所示。

（4）挂面上端与前片领口贴边缝合：缝份1cm，并在衣片剪0.9cm剪口，分缝，如图6-21所示。

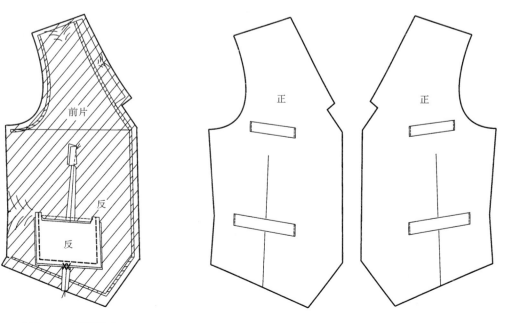

图6-18　固定袋布　　　　　　　　图6-19　其他口袋

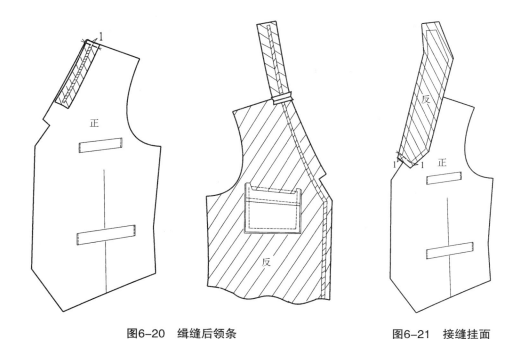

图6-20　缉缝后领条　　　　　　　　　　图6-21　接缝挂面

（5）缝合门襟止口：缝份1cm，修剪止口缝份，衣片止口缝份0.6cm，挂面止口缝份为0.4cm。翻折烫平，止口里外容量0.2cm，如图6-22所示。

（6）缉前里腰省、缝挂面：缉缝前片里子腰省，前片里子与挂面缝合，如图6-23所示。

（7）缝合前片袖窿：缝份0.8cm，修剪袖窿缝份为0.5cm，袖窿缝份均匀打0.3cm深剪口。缝合下摆及开衩，缝份1cm，开衩处剪0.9cm剪口。翻折烫平袖窿及下摆，袖窿保持0.2cm的里外容量，如图6-24所示。

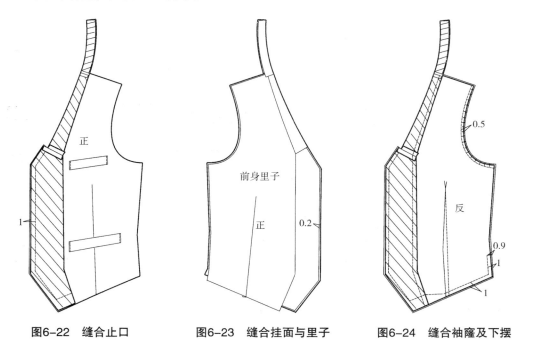

图6-22　缝合止口　　　　　图6-23　缝合挂面与里子　　　　图6-24　缝合袖窿及下摆

（8）固定下摆及侧缝：手针三角针固定下摆折边，大针距固定侧缝，缝份0.5cm左右，如图6-25所示。

2. 做后片

（1）后衣片及后里子缉省，分别缝合后中缝，缝份2cm。腰省缝份倒向中缝，如图6-26所示。

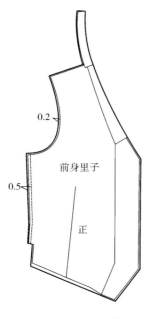

图6-25　固定侧缝

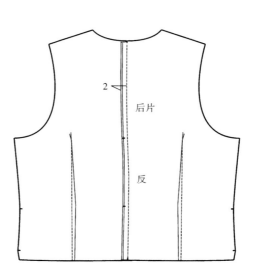

图6-26　缉后腰省、缝合中缝

（2）做后腰带。对折腰带布，缉0.8cm缝份，劈缝，缝合腰带宝剑头，如图6-27所示。

（3）缝合后衣片、后里片下摆及袖窿：袖窿缝份0.8cm，下摆缝份1cm。修剪袖窿缝份成0.5cm，并均匀打剪口。烫折后里片领口，缝份1cm，如图6-28所示。

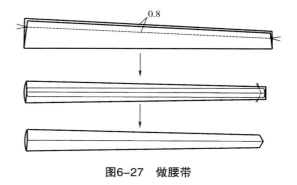

图6-27　做腰带

（4）熨烫下摆及袖窿：翻折后片，后片片领口也折向反面1cm缝份，烫平。后袖窿保持0.2cm的里外容量，如图6-29所示。

（5）缝合侧缝：先固定腰带，腰带反面与后衣片对合。缝合前衣片与后片，缝合肩缝及侧缝，缝份1cm，如图6-30所示。

（6）缲缝后领窝：将前衣片从领窝翻出后，放平后领窝与领条，手针先固定，后用手针暗缲完成。

（7）缉缝后腰带：从侧缝至后腰省缉0.1cm宽明线（此明线直接缝合在后衣身片上，需在缝合后片里子之前完成），如图6-31所示。

（8）锁眼：用圆头锁眼机锁扣眼，扣眼应锁在左衣片止口部位，按照结构图确定扣眼位置。

（9）钉扣：手针钉扣，每孔不得少于6股线，并缠有0.3cm左右长的线柱。

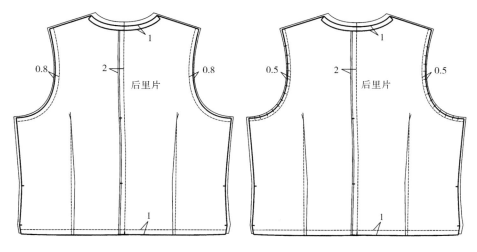

图6-28　缝合下摆及袖窿

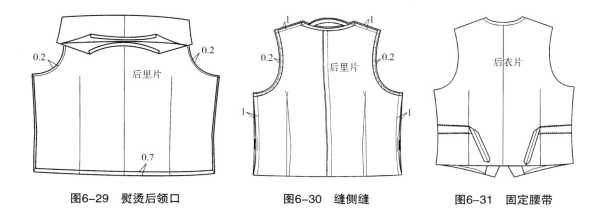

图6-29　熨烫后领口　　　　图6-30　缝侧缝　　　　图6-31　固定腰带

四、整烫

整烫时，前片应垫布熨烫。熨烫需注意以下几点：

（1）烫平袖窿部位的里外容量，保证袖窿里子不反吐。

（2）摆正前片止口处丝缕，胸部应放在馒头上整烫。

（3）归拢前片领口及下摆，熨烫时不可将此部位拉长。

（4）烫平后片及腰带，注意温度不可太高。

（5）钉扣及固定腰带夹，如图6-32所示。

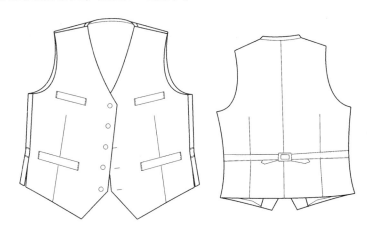

图6-32　钉扣及固定腰带夹

五、缝制工位工序表（表6-5）

表 6-5　精做单件男西服马夹缝制工位工序表

序号	工位	工序名称
1	板工	袋口布粘衬，扣烫袋口布、归拔后领条
2	机工	前片打省，袋口布、垫袋布分别与袋布缝合，胸、腰袋口布和垫袋布分别与前衣片缝合，固定袋口布于衣片缝份，缉袋口明线，缝合袋布
3	板工	袋布与衣片固定
4	机工	前衣片与后领条缝合，挂面与领口贴边缝合，挂面与止口缝合，前衣片里子打省，里子与挂面缝合
5	板工	前衣片与后领条劈缝熨烫，挂面与领口贴边劈缝，挂面与止口倒缝，烫省道，挂面与里子倒缝
6	机工	缝前片袖窿，前片下摆，前片开衩
7	板工	修剪袖窿缝份，打剪口烫平，烫平下摆，烫平开衩，下摆折边与衣片固定
8	机工	假缝前侧缝，缝合后衣片面、里中缝烫平，后衣片面、里子打省
9	板工	烫平后中缝，省道，烫折下摆
10	机工	缝合后衣片下摆
11	板工	修剪后袖窿，剪口，烫平，烫后衣片面里领口缝份，烫平腰带，固定下摆折边
12	机工	腰带与后衣片面侧缝线固定，缝合前后片肩缝，缝合前后片侧缝，固定腰带
13	板工	暗缲后领条，整烫
14	机工	锁扣眼，封结
15	板工	钉扣，固定腰带夹

六、缝制工艺流程图（图6-33）

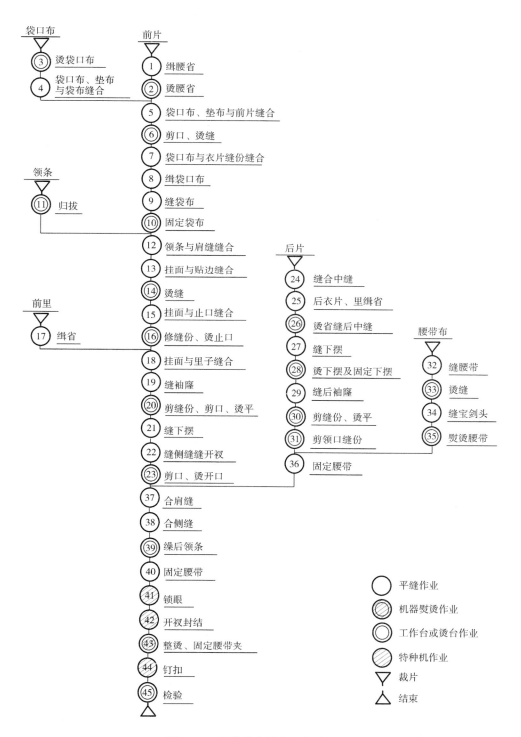

图6-33　西服马夹缝制工艺流程图

第三节　精做男西服马夹质量标准

一、裁片质量标准（表6-6）

表6-6　精做男西服马夹裁片质量标准

序号	部位	纱向要求	拼接范围	对条对格部位
1	前衣片	经纱，倾斜不大于1	不允许拼接	手巾袋，止口部位
2	后衣片	经纱，倾斜不大于1	不允许拼接	后中缝
3	嵌线	经纱，不允斜	不允许拼接	嵌线与前衣片
4	后腰带	经纱，倾斜不大于1	不允许拼接	后腰带与后衣片

二、成品规格测量方法及公差范围（表6-7）

表6-7　精做男西服马夹成品测量方法及公差范围

序号	部位	测量方法	公差/cm
1	衣长	沿肩线折叠，摊平，从后领深量至下摆	±0.8
2	胸围	将纽扣系好，摊平，沿袖窿深处横量	±1.5
3	肩宽	系好纽扣，摊平，横量肩缝点距离	±0.5

三、外观质量标准（表6-8）

表6-8　精做男西服马夹外观质量标准

序号	部位	外观质量标准
1	前片	丝缕顺直、条格对位准确，袖窿无起翘现象
2	门、里襟	平服，纽位适中，门、里襟长短互差不大于0.2cm，左右对称
3	开衩	顺直、平服
4	夹里	松紧适中，无明显翻吐现象
5	缝线	与布料颜色相配，手针痕迹不明显。明线针距密度每3cm14～17针
6	整烫	平服，无烫黄、烫焦、烫亮现象，无污渍

第四节　简做男西服马夹缝制工艺

　　男西服马夹简做工艺通常指挂面独立
裁制，没有后领条及开衩的款式。口袋可
以配制两个或三个，工艺过程相对简单。
本节以两个口袋为例介绍马甲简做工艺。
简做马夹款式图如图6-34所示，结构图如
图6-35所示。

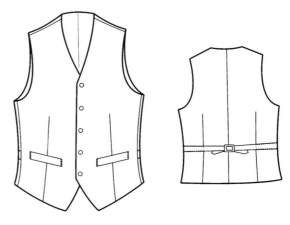

图6-34　简做男西服马夹款式图

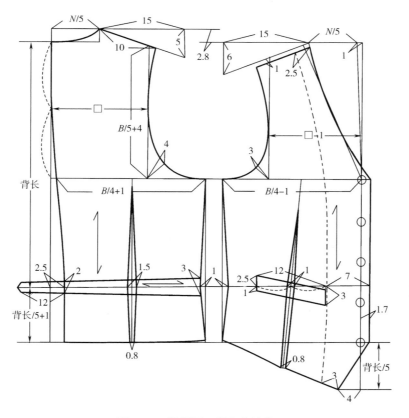

图6-35　简做男西服马夹结构图

一、面料及零辅料的裁剪

1. 面料的主要裁片

简做男西服马夹面料裁片包括前衣片2片，后衣片2片，挂面2片，腰带布2片。

2. 面料零料

简做男西服马夹面料零料包括腰袋袋口布2片，腰袋垫袋布2片，手巾袋口布1片（或不加），手巾袋垫袋布1片（或不加）。

3. 里料主要裁片

简做男西服马夹里料裁片包括前片里布2片，后片里布2片。

4. 其他辅料

其他辅料包括腰袋布4片，手巾袋布2片（或不加），腰带夹1个，纽扣5粒，胸、腰袋口衬3块（净样），前片有纺衬2片，挂面有纺衬2片。面料裁片、里料裁片及零部件参见图6-3～图6-5所示。

二、缝制工艺

1. 熨烫工艺处理

（1）粘有纺衬，按缝份及折边加放标准重新修正裁片，方法同精做马夹工艺。

（2）归拔衣片，敷牵条：前肩缝、前侧缝、后侧缝、后领口部位需拔开处理，前、后袖窿及前片止口部位需归拢处理，后中缝位于肩胛骨处需归拢处理，敷牵条部位如图6-36所示。

2. 前片缝制工艺

（1）前衣片缉省道，方法同精做马夹工艺。

（2）制作腰袋及手巾袋，方法同精做马夹工艺。

（3）挂面与前片里缝合，并缉省，如图6-37所示。

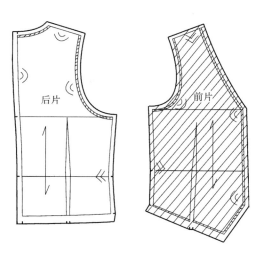

图6-36　简做男西服马夹归拔工艺

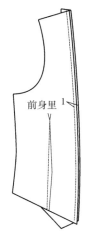

图6-37　缝合挂面、缉省

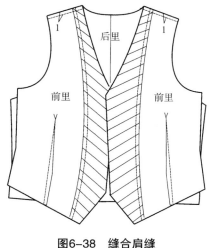

图6-38　缝合肩缝

3. 后片缝制工艺

（1）缉缝后衣片、后里片省道，倒缝。

（2）缝合后衣片、后里片中缝，倒缝。

（3）缉缝腰带，方法同精做工艺。

（4）腰带与后片侧缝固定，缝份0.5cm。

4. 缝合肩缝

分别缝合前、后衣片肩缝及前、后衣里肩缝，如图6-38所示。

5. 缝合止口及领窝弧线

缝份0.8cm，修剪缝份，衣片缝份0.6cm，挂面缝份0.4cm，弧线部分打剪口，翻折烫平。要求止口部位里外容量0.2cm，如图6-39所示。

6. 缝合前后袖窿

缝份0.8cm，修剪缝份为0.5cm，弧线部分打剪口，翻折烫平，袖窿部位里外容量0.2cm，如图6-39所示。

7. 缝合前后片侧缝、下摆

（1）缝合侧缝，对齐袖窿最低点，缝份1cm，倒缝。

（2）熨烫前后片下摆折边。

（3）缝合里片和衣片下摆，缝份1cm。后片下摆预留15cm开口不缝，手针三角针法缲缝下摆折边。

（4）翻折下摆折边，烫平，手针暗缲15cm开口处。

（5）固定腰带，方法同马甲精做工艺。

8. 整理

（1）剪净线头。

（2）加垫布熨烫。止口部位要烫直、烫实。胸部放在布馒头上熨烫，袖窿处略归拢。整个省道、接缝全部烫实。

（3）锁扣眼、钉扣、固定腰带夹。

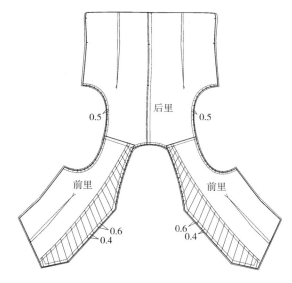

图6-39　缝合止口、领口及袖窿

第五节　男西服马夹常见弊病及修正

由于男西服马夹没有衣领和衣袖结构，弊病较少，结构修正也相对简单。

一、弊病现象之一

1. 外观形态

（1）侧缝处有斜褶。

（2）后背绷紧。

2. 产生原因

（1）前腰节长度有余量。

（2）后腰节长度不足。

3. 修正方法

（1）减小前腰节长度。

（2）后肩线及领口同时上提，增加背长长度。

（3）后中缝收腰量加大，侧缝补出，如图6-40所示。

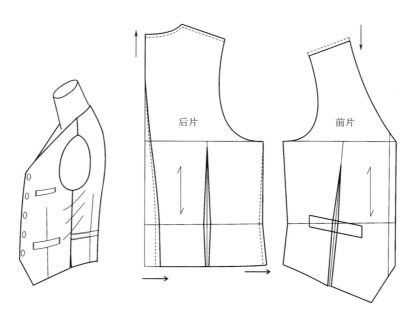

图6-40　驼背体弊病修正

二、弊病现象之二

1. 外观形态

（1）前胸绷紧。

（2）侧缝处有斜褶。

2. 产生原因

（1）后背长度有余量。

（2）前腰节长度不足。

3. 修正办法

（1）增大撇胸量，增加前片胸围分配量。

（2）降低后肩线和后领窝深度。

（3）增加前腰节长度，提高前片肩线位置，如图6-41所示。

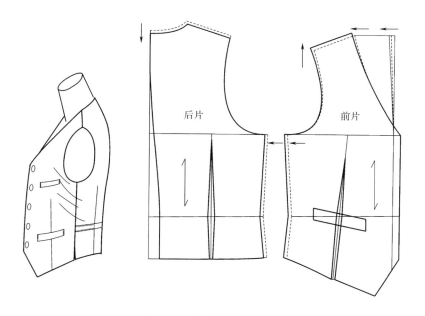

图6-41　挺胸体弊病修正

三、弊病现象之三

1. 外观形态

系上纽扣后，后领窝不贴体，外翘。

2. 产生原因

（1）领宽度偏大。

（2）前腰节长度偏大。

3. **修正方法**

（1）减小前、后片领宽度，减小后领深度。

（2）减小撇胸量。

（3）减小前腰节长度，如图6-42所示。

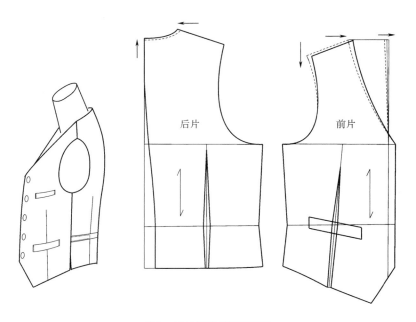

图6-42 后领口弊病修正

四、弊病现象之四

1. **外观形态**

（1）衣片下摆绷紧。

（2）两侧开衩豁开。

2. **产生原因**

（1）胯骨宽大或腹部凸起明显。

（2）下摆加放量不足。

3. **修正办法**

（1）侧缝处增加下摆宽度。

（2）减小前腰省。

（3）如腹部凸起明显，可设置肚省，如图6-43所示。

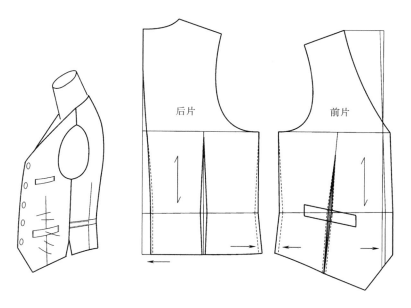

图6-43　下摆弊病修正

思考与练习

1.男西服马夹有哪些主要功能？

2.男西服马夹在设计时应注意哪些方面？

3.简述男西服马夹的结构要点。

4.设计几种常用幅宽的马夹排料图。

5.男西服马夹归拔的主要部位有哪些？

6.男西服马夹哪些部位需要拉牵条？

7.简述男西服马夹手巾袋的制作过程。

8.简述简做男西服马夹的制作过程。

9.简述男西服马夹成品测量方法及公差范围。

10.简述男西服马夹的常见弊病及修正方法。

男插肩袖暗门襟大衣缝制工艺

课题名称： 男插肩袖暗门襟大衣缝制工艺

课题内容： 男插肩袖暗门襟大衣的缝制及弊病修正

课题时间： 40 学时

教学目的： 通过对传统插肩袖暗门襟大衣缝制工艺的学习，掌握插肩袖大衣的工艺
组合技术与技巧，锻炼学生动手操作能力，培养学生大衣工艺制作及流
程设计的能力。

教学方式： 示范式、启发式、案例式、评估式。

教学要求： 1. 在教师示范和指导下，完成插肩袖暗门襟大衣的缝制与弊病修正。

2. 实际操作过程中，掌握大衣各环节工艺流程与工艺标准。

3. 在完成大衣缝制基础上，掌握大衣工位工序排列。

课前/后准备： 课前准备男大衣面、辅料，制板工具与材料，详见本章用料计算与
排料；进行市场调研，对男插肩袖大衣的基本结构与工艺有初步的
认识。

在完成大衣质量评定的基础上，课后根据本章所学，完成男大衣缝
制工艺的实训报告。实训报告内容包括大衣排料方案、工位工序排
列、工艺流程设计等。

第七章　男插肩袖暗门襟大衣缝制工艺

大衣一般穿着在套装外面，并多于公众场合，因此格外要求结构规范、做工精良。大衣的面料根据穿着者所在地区、气候等情况和相应的保暖性来确定，可选用海军呢、大衣呢、麦尔登等。在裁剪制作大衣时，有条格的面料需对格对条，有倒顺毛的面料需毛向一致。大衣款式繁多，本章以男插肩袖暗门襟大衣为例，讲解大衣的制作工艺。

第一节　概述

一、外形概述与款式图

插肩袖又称借肩袖，有两片和三片插肩袖及前圆后插袖等多种款式。本章重点讲解两片插肩袖的制作工艺。款式特点为直身、斜插袋，两片插肩袖，有背衩，关门领，前止口、领外口、袖中缝、背缝等分别缉明线。如图7-1所示。

二、量体加放与规格设计

1. 测量的主要部位与方法

（1）衣长：由颈肩点经胸高点量至所需长度（此款可量至膝上5~10cm），用"L"表示。

（2）袖长1：在外衣外由颈肩点量至所需长度（经肩端点顺肘部量至虎口处）。

（3）胸围：腋下最丰满处围量一周。垫入一手指为净胸围尺寸，用"$B°$"表示。

（4）臀围：在臀部最丰满处围一周。垫入一手指为净臀围尺寸，用"$H°$"表示。

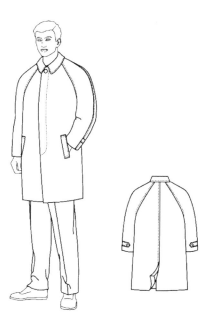

图7-1　男插肩袖暗门襟大衣款式图

（5）总肩宽：由后背左肩外端点量至右肩外端点，中间需经过第七颈椎，用"$S°$"表示。

（6）袖长2：由肩端点顺肘部量至虎口处，用"SL"表示。

（7）领围：在颈部喉结下方水平绕颈一周。垫入一手指，为净领围尺寸，用"$N°$"表示。

2. 规格设计

（1）衣长：按款式需要，一般短大衣量至膝围上5~10cm，中长大衣量至小腿中部。

（2）袖长：需测量全袖长（由颈肩点经肩端点顺肘部量至所需长度）及袖长（由肩端点顺肘部量至所需长度）。

（3）胸围（B）＝（净胸围）$B°$＋（26~27）cm。

（4）领围（N）＝（净领围）$N°$＋（10~12）cm。

（5）肩宽（S）＝（净肩宽）$S°$＋（1~2）cm。

（6）袖口：根据款式或服装的内容量加放，或根据成品号型按公式推算，尺寸需与人体的围度成比例。

三、结构图

1. 男插肩袖暗门襟大衣成品规格表（表7-1）

表7-1　男插肩袖暗门襟大衣成品规格表　　　　　　　　　　单位：cm

号型	衣长（L）	胸围（B）	肩宽（S）	领大（N）	袖长（SL）
170/88A	110	118	48	46	63

2. 男插肩袖暗门襟大衣结构制图（图7-2）

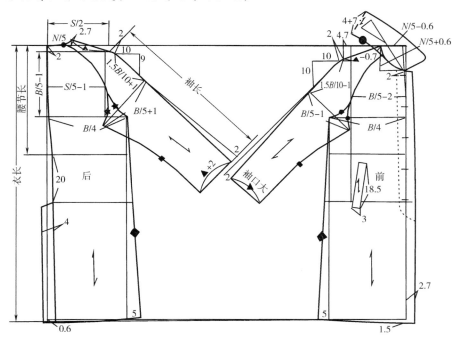

图7-2　男插肩袖暗门襟结构图

四、样板图与零辅料裁剪

　　男插肩袖暗门襟大衣样板图是在净样板的基础上进行放缝而成的。要根据裁片的不同部位加放缝份、折边及放肥份等，以供缝制需要。在放缝份时，要根据不同面料进行加放。一般面料的缝份量为1cm。裁剪零料时应先裁剪面料部件，后裁剪里料部件，面料样板及零辅料裁剪图如图7-3所示。里料裁剪图如图7-4所示。衬料裁剪图如图7-5所示。零辅料部件有领、贴边、袖襻、袋嵌线、后领口垫布等。夹里零部件有里袋嵌线、里袋布、三角布、滚条等。

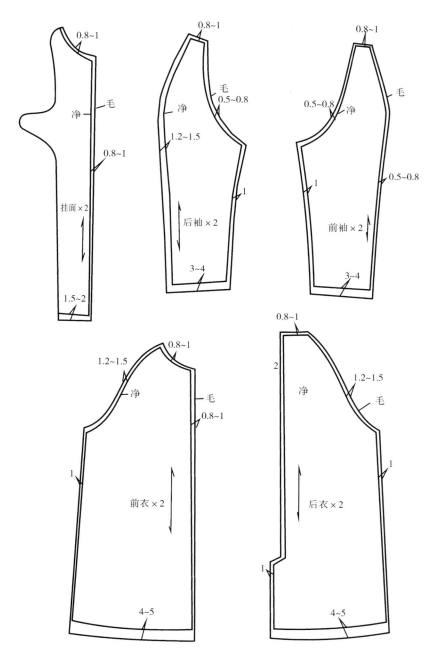

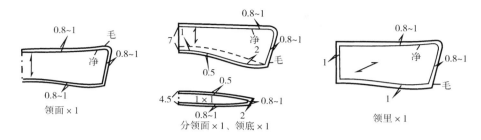

图7-3　面料样板及零部件裁剪图

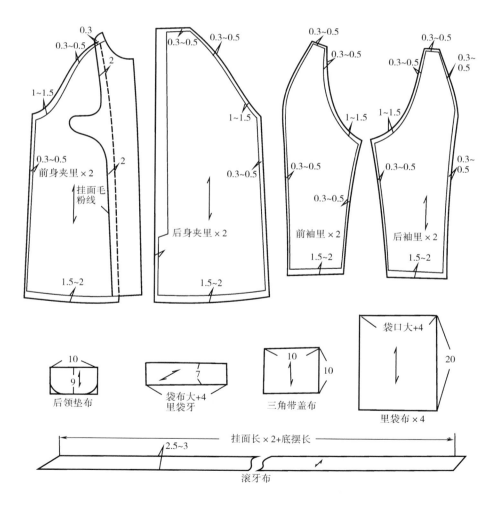

图7-4　里料裁剪图

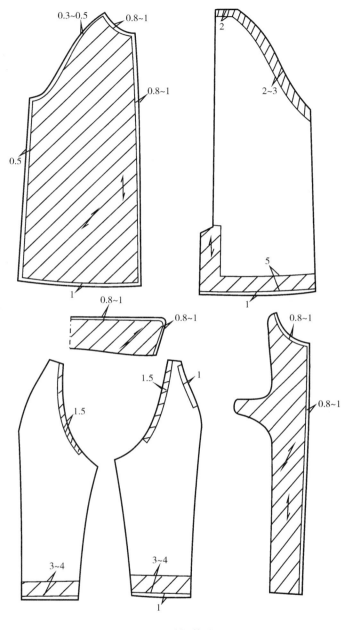

图7-5　衬料裁剪图

五、用料计算与排料图

1. 男插肩袖暗门襟大衣的用料计算

大衣的用料包括面料、里料、衬料。其中，面料的计算要根据面料的幅宽及特点来计算，不同的幅宽及特殊品种的面料（如条格、有倒顺毛等），其算料方法也不相同。

（1）面料：由于大衣的加放量较大，用料较其他品种要多。具体算料方法见表7-2。

表 7-2　男插肩袖暗门襟大衣面料用料表

面料幅宽 /cm	款式	用料 /cm	备注
144	男双排扣插肩驳领大衣	衣长×2+20	有条格的面料需对条格，算料时（2 cm 以上的格）要在此表基础上另加 2 ~ 2.5 格 有倒顺毛、倒顺花、格的面料，要根据情况进行加放 一般这种情况排料的方向需一致 双幅面料可按两个衣长另加20cm左右计算用料
144	男单排扣插肩暗门襟大衣	衣长×2+10	
110	男双排扣插肩驳领大衣	（衣长+袖长）×2+6	
110	男单排扣插肩暗门襟大衣	衣长×2+袖长+20	
90	男双排扣插肩驳领大衣	衣长×2+袖长+10	
90	男单排扣插肩暗门襟大衣	（衣长+袖长）×2	

（2）里料：大衣的夹里应选用较滑软、厚重的里子，颜色与面料相近或一致。根据幅宽，计算方法也不相同。具体用料见表7-3。

表 7-3　男插肩袖暗门襟大衣里子用料表

里料辅宽 /cm	用料公式 /cm
144	衣长+袖长+50（或面料+30）
110	衣长×2+袖长
90	衣长×2+袖长+50

（3）衬料：见表7-4。

表 7-4　男插肩袖暗门襟大衣衬料用料

幅宽 /cm	下料方法 /cm	
	斜纱下料	直纱下料
110	衣长×2+30	衣长×2

（4）其他辅料：见表7-5。

表 7-5　男插肩袖暗门襟大衣其他辅料用料表

序号	品名	用量
1	缝纫线	2 小轴
2	白棉线	1 轴
3	袋布	30cm
4	纽扣	大扣 1 粒，中扣 6 粒，小扣 2 粒

2. 男插肩袖暗门襟大衣排料图

图7-6为面料排料图，图7-7为里料排料图，图7-8为衬料排料图。

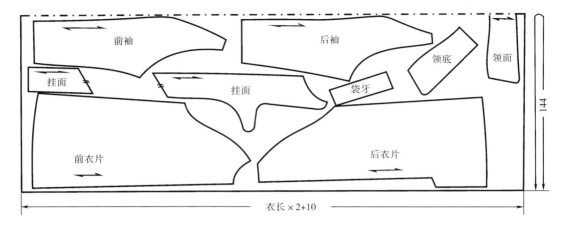

图7-6　男插肩袖暗门襟大衣面料排料图

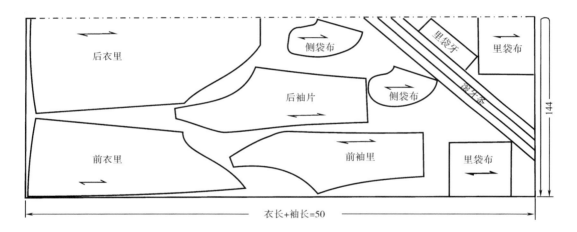

图7-7　男插肩袖暗门襟大衣里料排料图

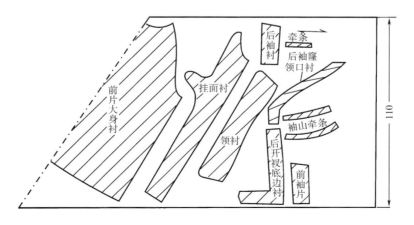

图7-8　男插肩袖暗门襟大衣衬料排料图

第二节　精做男插肩袖暗门襟大衣缝制工艺

男插肩袖暗门襟大衣缝制前需打线丁。打线丁的部位：前衣片有袋位、扣位、绱领点、绱袖对位点、腰节侧缝点、底边折边、放缝份、驳口线、后片有背中线、开衩位、后片腰节侧缝点、后片底边折边线、后片绱袖对位点。袖片有袖口折边线、袖衬位、袖襻位、绱袖对位点，如图7-9所示。

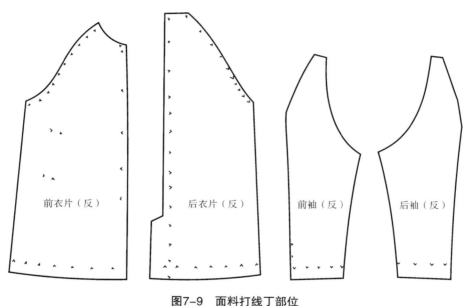

前衣片（反）　　后衣片（反）　　前袖（反）　　后袖（反）

图7-9　面料打线丁部位

一、推、归、拔、烫的工艺处理

1. 前衣片的归拔熨烫

男大衣的外形一般是直腰式，不设腰省，胸部比较平坦，因此大衣归拔的要求没有西服高，操作方式比较简单。总的要求是：驳头弧度归直（往里归至前胸宽的1/2处）；胸部中心略拔一点；袖窿归推，使胸部凸起呈椭圆形；摆缝、臀部、底摆要归顺直；前部止口烫平、烫缩，有肚子的归出肚子形状。通过推、归、拔，使大衣合体，造型美观。两衣片要对称一致，如图7-10所示。

2. 后片的归拔熨烫

大衣后片归拔与西服基本相同，但也有区别。

（1）合缉后中缝：将衣片面面相对，按净线缉至开衩位，倒回针。

（2）烫后背缝：将背中缝向左衣片扣烫坐倒，烫平至背衩点，要不缩，不抻。左后片背衩随背缝线扣烫顺直，右后片背衩边扣烫1.5cm缝份。

（3）归拔背中缝，腰节上下部分的胖势要归直，余势推向背臀部位。归时注意，因为大衣的下摆较长，为防止松弛或起翘，要重点归缩。肩胛部稍拔，以增强胖势。摆缝腰部稍拔开（肩部的归拔见插肩袖的归拔）。归拔时为防止袖窿斜纱抻长。可在袖窿处粘一小段2cm宽的有纺衬牵条，如图7-11所示。

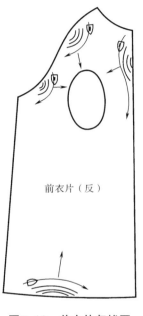

图7-10　前衣片归拔图　　　　　　图7-11　后衣片归拔图

3. 插肩袖袖片的归拔

插肩袖实为借肩袖。前片借肩部位恰在圆装袖的袖山弧线、前胸上缘和锁骨位，及肩胛骨上缘。要使袖片平面符合人体各部位的体型特征，插肩袖袖片除了要按圆装袖有关部位的要求进行适当归拔外，借肩的部位还应做适当的归拔处理，以达到适体、美观的目的。下面以两片插肩袖为例介绍袖片的归拔工艺。

（1）前袖的归拔：前袖缝的袖肘凹势位，以缝份线丁为界进行外拔、里归，方法同圆装袖。归拔线不能超过偏袖线。前袖缝上部袖山侧缝点以下10cm略归（前袖缝）。

前袖以前袖山结点至前借领点，为一条借肩弧线，这条弧线从借领点往上约2/3部分，经过锁骨和胸上部，为适应锁骨的凸起和胸上部的胖势，此段要适当拔开、拔长，以适应体型。这样装好袖子后才能和前衣片的上述部位吻合、协调。

借肩的肩缝下端的袖山弧部位，原是圆装袖的袖山位，为了使圆袖的袖山圆整、丰满，因此装袖时袖山中点附近要有一定的吃量。但插肩袖此部位不能吃，要进行归烫，以避免前后袖片缝合后，袖山处的肩头不平。同时为防止肩部伸长变形，肩部弧线也应烫成直线形。前袖的袖中缝在袖肘是外拱弧线，应略归，如图7-12所示。

（2）后袖归拔：后袖的袖山弧线和肩缝也要像前袖一样归烫。后袖借肩凹弧部位，以后借领点至后袖山结点的2/3段为肩胛部位，为适应体型并与后片吻合，此段也需抻拔。后袖缝线略归；后中缝在袖肘处略拔开，如图7-13所示。

三片插肩袖的归拔方法可参照两片插肩袖的归拔方法。

4.领子的归拔

领子采用分领的裁剪方法时，不需归拔工艺处理。如领面不采用分领方法处理，可按下面方法进行归拔处理，以保证领子的造型美观。

（1）归拔领下口：归拔部位主要在肩缝处。领下口稍拔（拔长0.3cm）对领折线稍加归缩，使领下口变直即可。

（2）归拔翻领外口：翻领外口归拔与领下口相应、方法相同。归拔要以领折线为界，不得超越，以免变形，如图7-14所示。

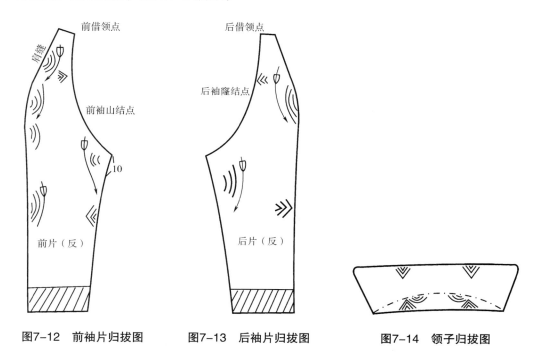

图7-12　前袖片归拔图　　　　图7-13　后袖片归拔图　　　　图7-14　领子归拔图

5.归拔工艺要求

归拔时，操作的位置要准确，各部位的归拔要到位，要符合人体曲线，而且左右衣片的归拔效果要对称。各部位要烫干、烫实，但不能烫焦、烫黄或出现极光。归拔完成后，需冷却后再进行下一步操作。

二、缝制工艺

1.前衣片的缝制工艺

（1）做大袋：大袋常见的款式包括有袋盖挖袋、斜插袋、单嵌线插袋、侧缝插袋，本章以斜插板袋为代表，讲解大衣袋的制作。

①确定袋位：按裁剪时的划线或线丁来定位，或按以下的方法确定，如图7-15所示。

②扣袋嵌线：大衣斜插袋嵌线成品宽为3~3.5cm。袋嵌线反面粘两层有纺衬，一层净衬，一层毛衬。下口留1cm缝份，两边扣烫缝0.8~1cm，上口留折叠缝2.5~3cm，袋嵌线左右的高低位置要对称，呈平行四边形或上窄下宽形状。袋嵌线要与衣片对条格和丝缕。袋角要方正，如图7-16所示。

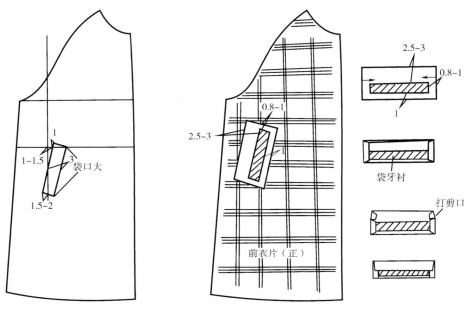

图7-15 定插袋位　　　　　　　图7-16 扣袋嵌线

③缉袋嵌线及垫袋布、袋布：袋布规格为袋布长按袋口大+15cm，袋布宽15cm，袋口斜度同袋嵌线，4片，经纱，如图7-17所示。

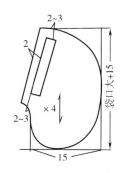

图7-17 裁剪袋布

袋嵌线上口距扣净边1cm缉明线，明线距扣净的袋嵌线两侧各0.8~1cm，缉时将上层袋布袋口铺平，与袋嵌线相搭2cm对拼。注意袋布的上下及反正，如图7-18所示。将袋嵌线下口缝份对齐袋位，按净线缉缝，起始针倒回针。将垫布缉于下层袋布上。垫袋布下口一边用独边，也可包缝。宽4~5cm，长为袋口大+4cm（只缉下口，0.1cm明线）。也可直接用袋布，不缉垫袋布。将垫布或袋布（无垫布的）上口缉于袋位上口，缉线距袋嵌线缉线1~1.5cm。起始针较袋嵌线缉线两边各短0.6cm，起始针倒回针，针码略密，如图7-19（a）所示。

④开袋口、烫分袋口：同西服手巾袋。

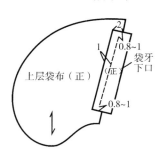

图7-18 绱袋嵌线

工艺要求：开剪时要注意两端同样剪成三角形，剪时要剪至线根，但不能剪断线，熨烫时，袋牙与衣片缝份为劈缝，要烫实，袋牙两端距边 1 cm处打剪口，并将缝份扳到下侧，如图7-19（b）所示。

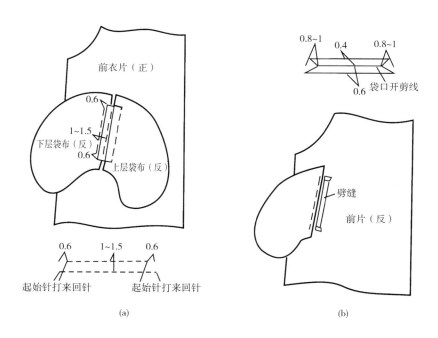

图7-19　绱垫布

⑤缉、分烫垫袋及袋嵌线：袋嵌线内侧铺平，与衣片缝份缉暗线，袋口缉封明线，明线要左右对称，封口美观，结实，如图7-20所示。

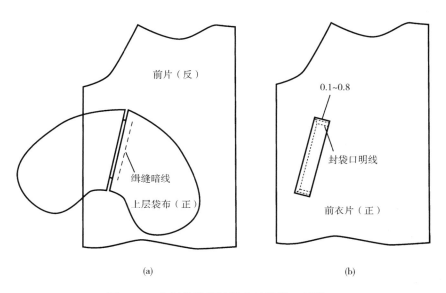

图7-20　分烫袋嵌线及垫布的缝份、封袋口

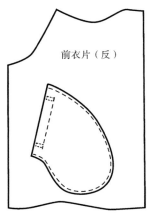

图7-21 合缉袋布

⑥合缉袋布：将袋布铺平，按缝份缉缝一周，并要烫平烫实。最后用手针固定在衣片上，或在上袋角处固定一直纱里子绸牵条至前止口处，如图7-21所示。

⑦工艺要求：袋嵌线平整，袋角方正，无毛漏，明线匀齐，封结牢固，袋布平整，左右对称。

（2）敷止口牵条：剪1cm宽直纱牵条（可用有纺衬牵条），按止口净线敷烫牵条。方法同西服，如图7-22所示。

2. 缉合夹里、贴边

（1）缉缝贴边：

①缉缝贴边滚条：滚条用拉抻性好的里子斜纱条按0.2cm缝份，与贴边正面相对缉缝，缉时要掌握好松紧度。平直部位不松不紧，凸弧部位缉时，滚条稍松，以适应里外弧；凹弧部位稍紧，以防滚条起涟。

②将滚条包转到贴边反面折光，要包折结实，不挤不虚，宽窄一致，正面在滚条缝缉压0.1cm明线，也可用手针撩住缝份，如图7-23所示。

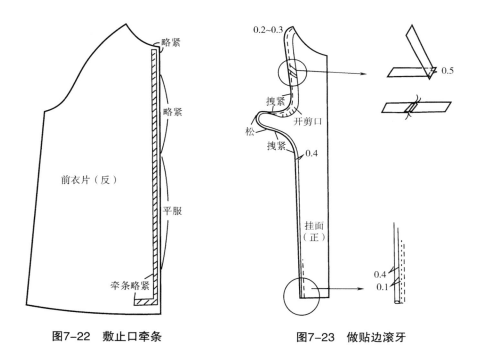

图7-22 敷止口牵条   图7-23 做贴边滚牙

（2）挖里袋：里袋一般有单嵌线、双嵌线两种。一般做法有滚牙装袋盖，密嵌线装扣襻，一字嵌线无盖，无襻。滚牙嵌线两边缉线距离为0.6cm，两头封三角；密嵌线两边缉线距离为0.3cm，两头缉封平角；一字嵌线两边缉线距离为0.1cm，两头缉明线封平角，如图7-24所示。

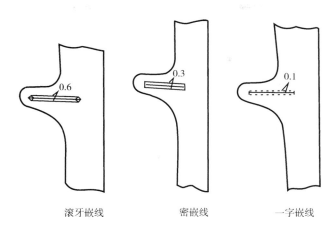

滚牙嵌线　　　　　密嵌线　　　　　一字嵌线

图7-24　三种里袋成品图

本节以滚牙嵌线里袋为例，介绍里袋制作工艺。

①做嵌线、确定袋位：将里子嵌线反面粘好无纺衬，并画好嵌线形状（用油笔或铅笔画线）。按图7-25所示确定里袋位。

②缉嵌线：按嵌线画线缉线（缉于袋位，反面垫一层袋布），线迹稍密，左右三角要成等腰三角形，左右要对称，缉线顺直，如图7-26所示。

③开袋口：按缉线中线开剪，剪至线根，不能剪断线。开剪线一定要直、齐。四角同样开剪口（嵌线），如图7-26所示。

④包转嵌线：先将下嵌线包住缝份并缉下炕线0.1cm，起始针倒回针。上嵌线做法同下嵌线。注意，滚条要包实缝份，缉线时滚牙不能起链，线迹要匀齐，如图7-27所示。

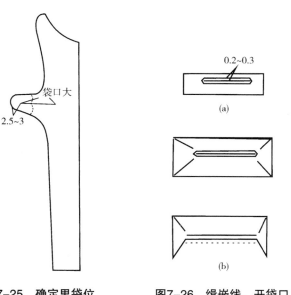

图7-25　确定里袋位　　　图7-26　缉嵌线、开袋口　　　图7-27　包转袋牙

⑤做三角袋盖：将三角袋盖布顺中线对折（反面粘一层无纺衬），并扣折好，如图7-28所示。

⑥封袋口、夹三角袋盖：用手将袋角对折捏住，向反面折进并使袋角形成对称的菱形，将袋角两侧毛份固定好，并将三角袋盖夹于袋口中心位置手针固定后缉封袋口，如图7-29所示。

⑦勾缉袋布：上下层袋布铺平整，勾缉一周，缉时要注意两层袋布不能吃赶，不能扭曲，如图7-30所示。

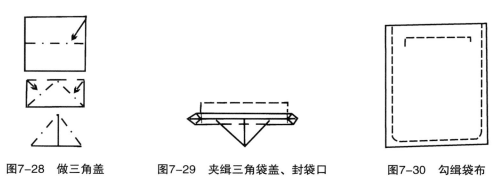

图7-28　做三角盖　　　图7-29　夹缉三角袋盖、封袋口　　　图7-30　勾缉袋布

工艺要求：袋牙宽窄一致，美观，滚条平服，无皱褶，袋口平齐不开裂，袋角菱形对称美观，不毛漏。封结牢固，明线整齐，美观。袋布平整，缉线顺直牢固。袋里外无毛边、无线头。

（3）缉合贴边与里子：

①擦缝里子与贴边：将夹里与衣片侧缝袖窿缝对齐后铺平，将滚好条的贴边与前衣止口对齐后，手针擦夹里与贴边，针码3～4cm。擦缝时，要注意里面不要窜位，擦线松紧适宜，如图7-31所示。

②将擦好的贴边手针缲缝或机缉下炕线0.1cm，如图7-32所示。

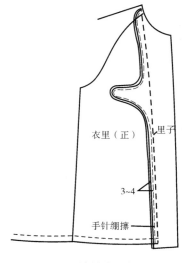

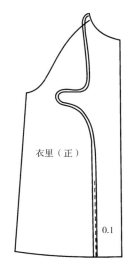

图7-31　擦缝夹里与贴边　　　图7-32　缉压夹里与贴边

注意：缉时要注意将里袋布掀起。缉下炕线时要掌握好上下层的松紧量。

3. 后身片的缝制工艺

（1）合后中缝：左右后片正面相对，按净线勾缉至开衩位倒回针（一般后中缝的缝份为2cm）。缉好后，将缝份向左衣片扣烫坐倒，同时将左片缝份净剩0.3cm（其余修剪掉，剪至封结处），以免缉明线时缝份太厚。

（2）烫背衩：在反面将右衣片背衩（正面为左后片）对齐背缝，向右后背反面折转扣烫顺直；左衣片背衩对齐右衣片背衩贴边外口3cm，向左衣片反面折转扣烫倒。

（3）缉背中缝：从衣身正面距坐倒缝1cm处缉背缝明线至开衩，并将下片掀起，缉开衩处的明线（两线接头要直顺），离后衩封结0.6cm，缉右背衩明线，宽1cm至底边。背衩封结呈斜形，如图7-33所示。

（4）敷后袖窿牵条：牵条宽1.5cm左右，有纺衬，敷牵条时在袖窿弯势处，牵条略拉紧。肩胛骨处也要略拉紧，如图7-34所示。

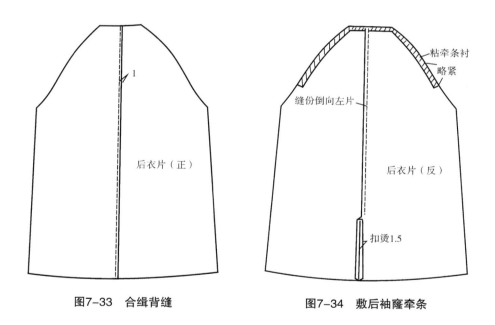

图7-33　合缉背缝　　　　　图7-34　敷后袖窿牵条

（5）合缉夹里背缝：按后中净线缉缝至开衩位，倒回针，缝份倒向右后片（反面），坐势0.5cm，缉后领垫布，如图7-35所示。

（6）复合前后衣片与夹里：将缝合好的前后衣片与夹里分别铺好，除预留量外，按衣片修剪好，如图7-36所示。

4. 缉合前后衣身

（1）缉摆缝：缝制摆缝是大衣制作工艺中较容易被忽视的步骤。它的工艺要求是：摆缝顺直，松紧适度，底边窝匀。如摆缝归势不足，重心下垂，将会使前身起涟，左右前身上口出现"搅叠"；如摆缝归缩过大呈上吊状，会使后身起涟，使左右前身上口"豁

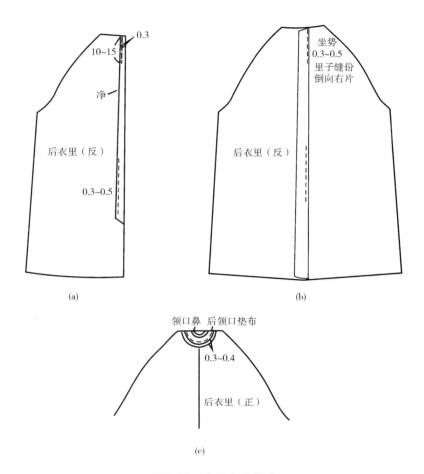

图7-35　合缉夹里背缝

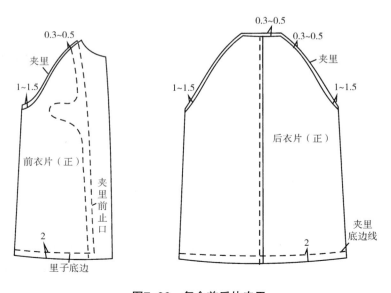

图7-36　复合前后片夹里

开"。勾缉时缉线要顺直，上部距袖窿10cm左右要略吃，缉缝前可先手缝好。正面看条格是否对齐，前后止口是否有豁搅现象再缉。

（2）烫分摆缝：要归烫、烫实、烫薄，达到最后定型效果。要求分烫后的摆缝不吊，不垂，呈垂直状态，缉压明线的后片缝份留0.3cm，其余净掉，缝份倒向后片，距坐倒缝1~1.2cm缉明线。缉时注意正面不要起涟。明线宽窄要一致。线迹顺直，不吃不抻。如图7-37所示。

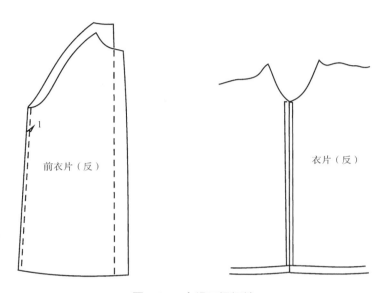

图7-37　合缉匹烫摆缝

（3）扣烫下摆：

①做下摆滚牙：滚牙为正斜纱里料。牙宽0.4cm，缉线要顺直，滚牙宽窄要一致，匀齐，牙包好后，从正面缉下炕线0.1cm，压住反面缝份。注意缉暗线后，滚牙不能出皱，如图7-38所示。

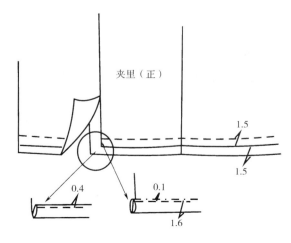

图7-38　做下摆滚牙

②将衣片下摆按线丁扣直、扣顺、烫实。

（4）缉合夹里摆缝：摆缝按缝份缉合，并倒向后衣片，坐势0.2cm。

（5）扣烫夹里底边：大衣里的下摆为活里，扣烫大衣里下摆时要扣净，扣直顺。扣净的夹里底边距衣片底边1.5cm。夹里反面折扣净（扣净边距折边1.6cm），正面缉1.5cm明线，压住折扣边，如图7-39所示。

（6）做背衩：可机缝，但如果掌握不好，会有吃赶现象，使成品表面出现豁搅或夹里紧等弊病。下面以手工缝制开衩为例，讲解背开衩制作工艺。

①三角针固定左开衩边（使用本色单线，正面不能透针，针距1cm左右）。

②在反面铺好右夹里（夹里的衩位与衣面衩位要对好，一般夹里衩位上侧比面料要松1~1.5cm，以防衩位处夹里紧）。将扣好的夹里（距衣片净边0.8cm左右）与右开衩折边攥住。并用暗拱针缲牢（使用本色双线，正面不能透针花），如图7-40所示。

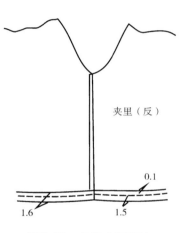

图7-39　扣烫夹里底边

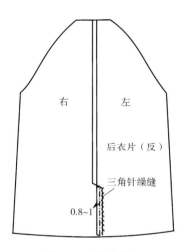

图7-40　做右背衩

③净左夹里后衩位：将左片里子净掉3~4cm扣净，用手针缲好（折净边要盖住开衩毛边），并用暗缲针缲于左开衩折边上。

④开衩位上口夹里斜向扣净，面的衩位上口用三角针缲住，缲时注意不要过紧或过松，以防衩口豁搅。夹里上口要用暗针缲好。最后将衩位烫平，烫实，如图7-41所示。

工艺要求：暗缲针的针码略小，一般针距为0.5~0.8cm，在反面只能看到小针眼，正面不能透针，缲时夹里要略松于面。缲好的开衩不能豁搅止口，斜角处无毛漏。

5. 合袖缝、组装袖子

（1）做袖子：

①缉翻袖襻：袖襻面粘一层有合衬（袖襻里可用里料，粘无纺衬。如用面料，袖襻里不粘衬），合缉面、里，缝份0.5cm。扣烫后翻转，外止口要烫平，烫实。襻尖的等腰三角形要翻准。缉合时要注意里外容。烫好的袖襻正面缉1cm明线。

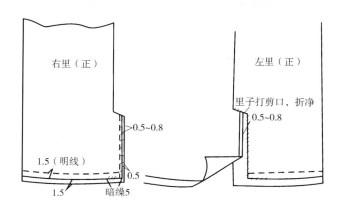

图7-41 做左背衩

②攘缉袖缝：

A. 袖襻定位、缉缝袖中缝：前后袖片相叠，对准线丁标记后攘缝。攘缝时将袖襻缉于襻位线丁处，要求左右两袖襻位高低位置一致。中缝条格要对准。攘袖中缝时，前袖片缝份要移进0.7～1cm（倒压缝），攘好后机缉，缉缝袖中缝时前袖要略松于后袖，缝份距前片边0.5cm，如图7-42所示。

B. 扣烫袖中缝：将袖中缝小肩部位放于馒头或铁凳上，边分烫边归缩。前后袖肩部斜丝部位粘有纺衬牵条，以防此部位拉抻、变形，如图7-43所示。

C. 缉压袖中缝明线：烫好袖中缝后，将袖翻至正面，缉袖中缝明线1cm（缉于前袖片距合缝1cm处），缉线时要防止移动吃势而起涟形，尤其是袖肩角部位的斜丝缕易出现起涟及明线宽窄不一致现象，如图7-44所示。

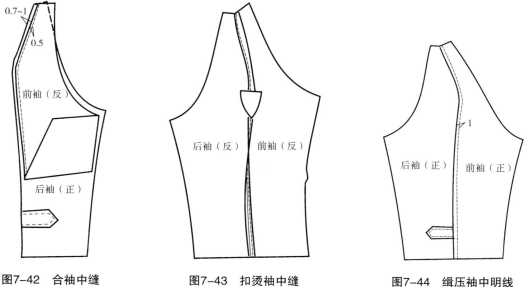

图7-42 合袖中缝　　　　图7-43 扣烫袖中缝　　　　图7-44 缉压袖中明线

D. 粘袖口衬、扣底边：袖口粘5cm宽的有纺衬，并折扣底边3cm，如图7-45所示。

E. 合绱袖侧缝：前后袖缝正面相对，按1cm绱缝后劈缝。

③绱烫袖里缝：按缝份绱合，并向后袖扣烫倒袖缝，绱时要注意上下片不能吃赶，绱线要顺直，如图7-46所示。

④擦缝袖口：衣片袖口按线丁扣折，袖里按衣片对位后，按衣片袖口折净边向上1.5cm扣净后擦好。

⑤机绱袖口：距袖里扣净边0.5cm绱住袖口，绱时注意各个缝要对齐，袖里不要绱扭、绱紧。袖口折边用三角形针固定于衣片上，正面不能透针，如图7-47所示。

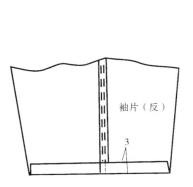

图7-45　粘袖口衬、折底边

图7-46　合袖夹里
中缝、侧缝

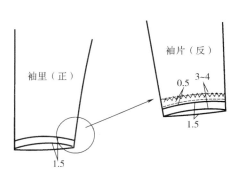

图7-47　做袖口折边

（2）绱袖子：

①核对：装袖前要认真检查左右袖窿的宽窄是否一致，袖窿弧的高低及装袖标记是否正确；左右胸、背宽及后领圈，袖山的大小是否符合要求。

②擦装袖子：

A. 擦缝：绱压明线，缝往哪片倒，哪片的缝份要缩进0.5cm。擦缝时，绱袖对位点要对准，一般前袖缝对位点至前领口，袖片要均匀吃进1～1.5cm。袖窿底部均匀吃进0.5～0.8cm。后袖对位点至后领口要均匀吃进2～2.5cm，如图7-48所示。

B. 核对：擦好后要核对左右袖装袖后是否相同，是否符合要求，前后是否对称，吃势是否匀服，条格是否与衣片对称。

③绱装袖子：按缝份机绱，绱时注意不要将吃势抻长。

④熨烫袖窿：在铁凳或胖形烫具上劈缝或扣烫。

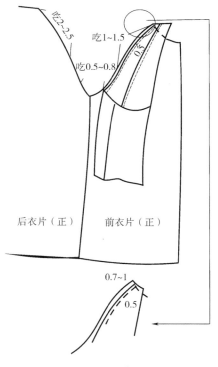

图7-48　绱袖

劈缝要烫平、烫实，不能将胖势烫平，吃的部位不能拉抻开。倒缝的按预留缝烫倒，烫实（可倒向袖片，即在袖片一侧缉压1cm明线至对位点；也可倒向衣片，即在衣片一侧压明线。如在衣片一侧压线，袖片一侧要垫一斜纱牵条，以免衣片一侧缝份过厚，而袖片一侧缝份薄），如图7-49所示。

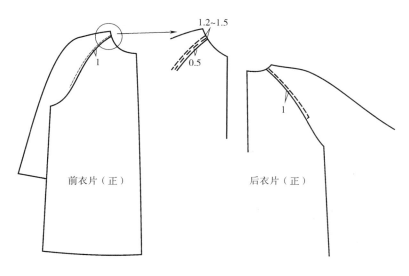

图7-49　压缉袖窿明线

　　⑤缉缥袖里：按各对位点对齐后，按缝份缉缝，注意缉时不能抻吃（吃量同衣片）。烫时缝倒向袖片，中缝倒向后片，按预留量，夹里缝有0.5cm左右的坐势（以防里子紧）。

　　6. 合止口、缥领子

　　服装领子的制作方法分为大做与小做。小做即为合好止口后，再做领、缥领。缥领的方法又有圈领和包领之分。大做的制作方法是先将领面与领里分别与挂面夹里领口和衣片领口缉合，再合衣片止口与外领口。一般小做适合缥领的款式，而大做较适合于连领或立领。本节以大做的方法为例，讲解领子的制作方法。

　　（1）拼接领面、领里：

　　①拼接领面：将领面反面粘衬。将分解后领面的翻领与领座按缝份缉合，缉时注意领座的吃势要均匀。缉合后将缝份劈实，缝迹两边各缉0.1cm明线，如图7-50所示。

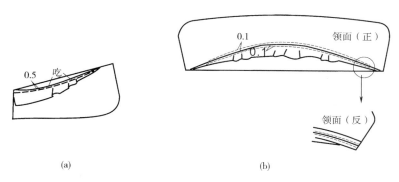

(a)　　　　　　　　　　(b)

图7-50　拼接领面、压缉拼缝明线

②拼接领里：将领里按缝份拼缝，并劈缝。在领里驳口线下0.2cm缉一斜线牵条，缉时颈肩点两侧牵条略拽紧，如图7-51所示。

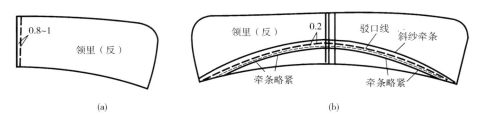

图7-51 拼接领里

（2）绱领里、领面：

①绱领面：将领面各绱领点与衣片夹里领口各点对位，按缝份手针绷缝后机缉。如图7-52所示。

工艺要求：领面左右对称，吃势适当，各绱领点与领口相符，夹里肩缝左右对称，缝份大小适宜，缉线顺直，无明显吃赶现象。

②绱领里：将领里各对位点与衣片领口对好，手针绷缝后，将领里与绱好的领面进行对比，看各对位点是否相符，吃势是否一致。对比合适后，机缉领里。

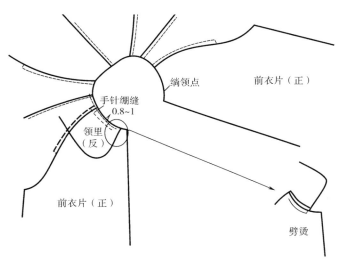

图7-52 绱领面

工艺要求：衣片领面各点与夹里领口各点要相符，领里的吃势与领面要一致，各对位点相对应，缝份适当，领里与领面的里外容量适宜。

（3）合止口：

①将粘好牵条的前衣片止口按净粉线画好止口净线，如图7-53所示。

②将挂面止口与衣片止口对齐，手针绷缝，攥时注意里与面的里外容，如图7-54所示。

③缉缝止口

A.缉右止口：右衣片前止口按净线缉缝，缝份0.8～1cm，缉线要顺直，吃势适当，上下层不得有明显吃赶现象。缉至绱领点倒回针后，将压脚抬起，转向领外口方向，按领净线缉缝。缉领外口时，要注意里外容量及上下层的吃赶量，以防出现反吐或里面扭曲现象，如图7-55所示。

B.缉左止口：缉左衣片前止口时缉线要求与右衣片一致，留出暗门襟开口长不缉。

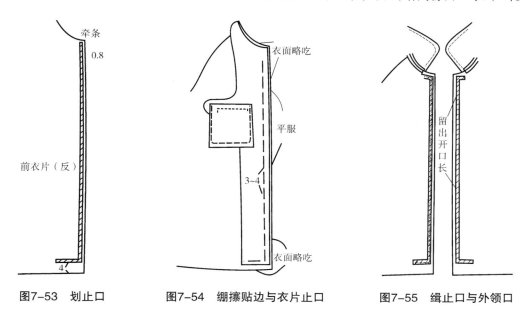

图7-53　划止口　　　　图7-54　绷摙贴边与衣片止口　　　　图7-55　缉止口与外领口

C.扳止口：将缉缝好的止口翻出正面，向衣片扣倒、扣实，将止口扳平实，用倒扎针固定止口，摙时注意面吐0.1～0.2cm，如图7-56所示。

④做暗门襟：

A.将暗门襟布反面粘一层无纺衬，如图7-57所示。

B.缉暗门襟布：将暗襟布分别与左前衣片开口处的衣片面面相对，按0.6～0.8cm缝份勾缉，起始针倒回针，缉线顺直。

C.扣烫暗门襟：将缉好的暗襟向反面扣倒，扣烫时注意面要吐出0.2cm，如图7-58所示。暗门襟衣片止口距边0.8～1cm缉门襟止口明线。

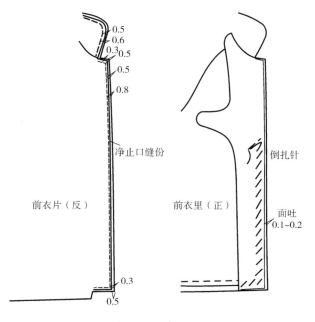

图7-56　扳止口

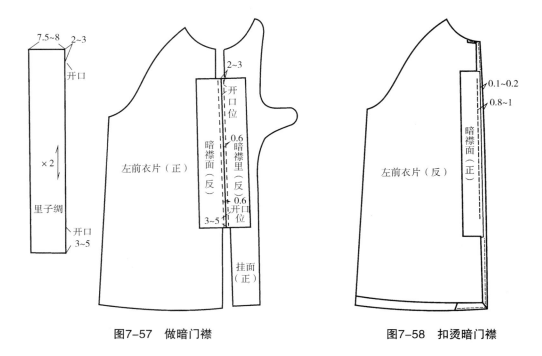

图7-57　做暗门襟　　　　　　　　　　图7-58　扣烫暗门襟

⑤缉止口明线：将扣好的止口距边缉0.8 ~ 1cm明线，要求线迹顺直，美观无接头，针距每12 ~ 14针/3cm。缉至左前衣片止口时，接头要与暗门襟止口明线重合。如图7-59所示。

⑥锁暗门襟扣眼：按扣位将扣眼划好后锁眼，如图7-60所示。

（4）缉门襟明线：左前襟止口距边6 ~ 7cm缉门襟明线，如图7-61所示。

工艺要求：门襟明线的线迹顺直、美观，无接头。封结牢固，弯弧顺滑、匀称。缉线后的衣片无扭曲、毛漏现象。

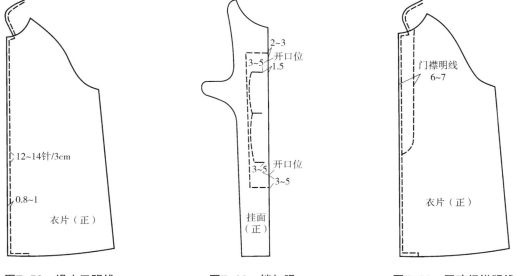

图7-59　缉止口明线　　　　　图7-60　锁扣眼　　　　　图7-61　压暗门襟明线

7. 手缝

（1）缲底边：将扣好的衣片下摆折边用暗缲针单线缲牢。缲缝时将折边滚条掀起，距边0.4～0.5cm缲缝。而衣片反面只挑1～2个布丝，缲好的底摆平整，顺滑，无扭曲和松紧感，如图7-62所示。

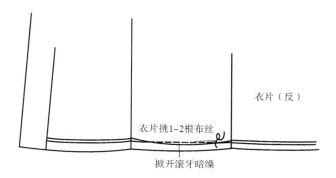

图7-62　缲缝底边

（2）钉攥垫肩：将垫肩找准前后位置，手缝攥于肩部。具体工艺手法为：采用白棉线，将垫肩沿肩缝份攥牢。攥时针距不超过1cm，用双线。注意垫肩的左右、前后位置要适当，左右肩对称（最好先在模特身上试穿，将垫肩位置调整好，正面固定后，再手缝垫肩），如图7-63所示。

（3）固定衣服面与里：

①固定装袖缝的面与里：将衣服里与面的装袖缝反面叠合，用攥针固定针距3～4cm，单线。攥时要注意里要略松于面。

②固定摆缝，背中缝：将摆缝夹里反面缝份与衣片反面缝份叠合，上下位置对准，用攥线固定。针距4cm，底边让出10cm不攥。背中缝的里与面同样手针攥好。

③下摆的摆缝贴边处拉线襻（没有后开衩的款式，背中缝贴边处同样要拉线襻）与夹里吊牢。线襻长3cm左右，如图7-64所示。

④锁门襟明眼、钉扣：暗门襟上端距边1.5cm划一明扣眼，眼大2.3～0.5cm。暗门襟眼位间隔处用丝线固定，如图7-65所示。钉扣的要求同西服。

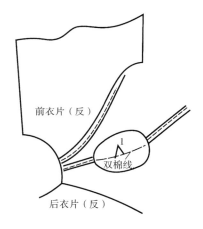

前衣片（反）

双棉线

后衣片（反）

图7-63　攥垫肩

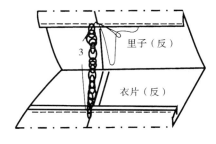

里子（反）

衣片（反）

图7-64　拉底边线襻

三、整熨

　　大衣的熨烫方法与西服基本相同。只是在熨烫时要注意：大衣的挂面为滚牙，它较西服的挂面偏厚，在熨烫前身时需注意熨斗的压力不能过大，以免服装正面出现印痕，影响成品观观。

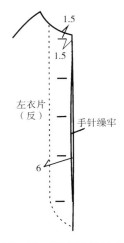

图7-65　固定暗门襟开口

四、缝制工位工序表（表7-6）

表7-6　男插肩袖暗门襟大衣缝制工位工序表（精做单件）

准备工作：1. 检查裁片：明确缝份、检查衣片与零部件有无漏裁、检查刀眼与粉线是否准确
　　　　　 2. 粘衬
　　　　　 3. 打线丁
　　　　　 4. 推归拔烫的工艺处理

工位	工种	工序名称
1	板工	粘左右片前插袋衬、扣插袋嵌线、粘里袋嵌线衬、粘后片袖窿衬、后片底边折边衬、后开衩衬、袖口衬、袖襻衬、粘领衬、粘贴边衬
2	机工	绱左右前插袋牙、袋布、缉合后背中缝、拼接贴边、领里、勾绱袖襻、拼接滚牙条
3	板工	开左右前插袋袋口、劈烫袋口、扣烫后背中缝、劈烫贴边、领里、滚牙条、扣翻袖襻
4	机工	封左右前插袋袋口、缉合袋布、缉背中缝明线、缉袖襻明线、合衣片袖中缝、合夹里袖中缝、合夹里背缝、包贴边滚条、绱里袋嵌线
5	板工	扣烫衣片袖中缝、扣烫夹里袖中缝、扣烫袖口折边、扣烫夹里背缝、扣转贴边滚条、开里袋嵌线
6	机工	缉衣片袖中缝明线、缉合衣片前缝、缉合里子前袖缝、缉压贴边滚条下炕线、包转里袋袋口、封里袋袋口、合里袋袋布
7	板工	劈烫衣片前袖缝、扣烫夹里前袖缝、复核后片夹里与衣片、复核前片夹里与衣片、复核袖子夹里与衣片
8	机工	勾缉袖口、合衣片侧缝、合夹里侧缝、包后领垫布、缉压后领垫布、缉翻领与领座
9	板工	攥袖口、劈烫衣片侧缝、扣烫里侧缝、扣烫衣片底边、扣烫夹里底边、粘暗门襟布衬、劈烫翻领与领座
10	机工	包底边滚条、缉夹里底边明线、绱衣片袖子、绱夹里袖子
11	板工	烫衣片袖缝、烫夹里袖缝、绷攥挂面
12	机工	缉衣片袖山明线、缉压贴边与前衣里、缉合止口、绱暗门襟布、合领外口
13	板工	扣烫止口、扣翻领子
14	机工	绱领子、缉领外口明线及止口明线、缉暗门襟明线
15	板工	缲底摆、绱垫肩、拉线襻、钉扣、锁眼、整熨、整理

五、缝制工艺流程图（图7-66）

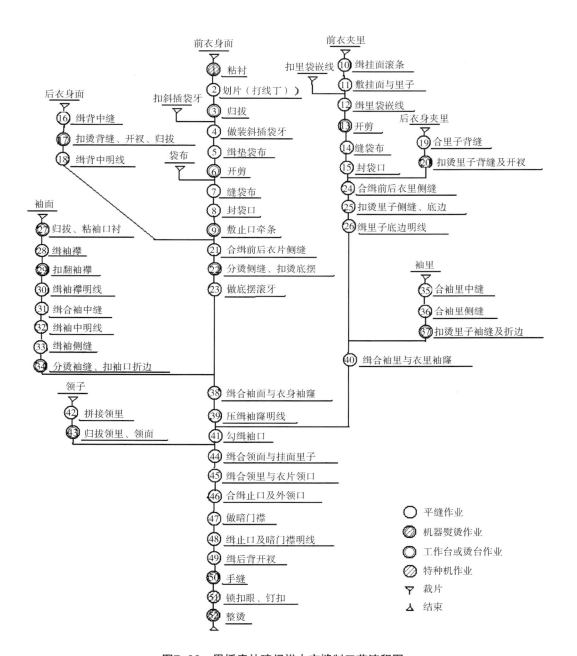

图7-66　男插肩袖暗门襟大衣缝制工艺流程图

第三节　精做男插肩袖暗门襟大衣质量标准

一、裁片的质量标准（表7-7）

表7-7　裁片的质量标准

序号	部位	纱向要求	拼接范围	对条对格部位
1	前衣片	经纱，以领开门线为准，不允许偏斜		左右衣片、袋与衣片、侧缝
2	后衣片	经纱，以背中线为准，倾斜不大于1cm，条格料不允许偏斜		左右后衣片横向对格、侧缝
3	前袖片	经纱，以袖中缝线为准，倾斜不大于1.5cm	不可拼接	前后中缝、前衣片
4	后袖片	经纱，以袖中缝线为准、不大于2cm		前后中缝、后衣片
5	斜袋牙	按袋位处衣片纱向		与衣片对条对格对纱向
6	领面	纬纱，不允许偏斜		与后片对经向条格
7	领里	斜纱或纬纱	可拼接2~3道	
8	贴边	经纱，以横开领线为准，倾斜不大于1.5cm	第一扣位下7cm可拼接2~3道	贴边上段需对条对格，下段可不对条格

二、成品规格测量方法及公差范围（表7-8）

表7-8　成品规格测量方法及公差范围

序号	部位	测量方法	公差/cm	备注
1	衣长	衣服平放于案板上，摊平，由颈肩点垂直下量至底摆	±1.5	
2	袖长	由颈肩点顺肩端点垂直下量至袖口	±1.5	测量时可将衣服套于模台上
3	胸围	将衣服摊平，纽扣扣好，沿腋下水平横量	±2.0	
4	肩宽	将衣服摊平，后片在上，由左肩端点横量至右肩端点	±1.0	
5	领围	顺缝领线围量一周	±2.0	

三、外观质量标准（表7-9）

表7-9　精做男插肩袖暗门襟大衣外观质量标准

序号	部位	外观质量标准
1	衣领、驳头	1. 领子里外围平服，圆顺，左右对称，不荡不抽，串口顺直，左右领尖无翻翘现象 2. 有驳头的款式驳头窝服，外观止口缉线直顺，缉线宽窄一致。条格料领尖、驳头左右对称，对比差距不大于0.3cm 3. 装领正，左右领颈肩点刀眼与肩缝对准，误差不大于0.4cm
2	前衣身	1. 胸部饱满，面、里衬服帖 2. 止口直顺窝服，不搅不豁，门、里襟长短一致，差距不大于0.4cm（一般门襟可稍长于里襟），止口不外翻，不倒吐 3. 斜插袋角度准确，四角方正，左右袋高低前后位置误差不大于0.4cm 4. 底摆边圆顺，窝服 5. 条格面料的前衣片在胸部以下条纹直顺，左右两襟衣片格纹横向对齐，误差不大于0.3cm，斜料左右对称
3	后衣身	1. 背缝顺直无松紧，背衩不搅不豁，平服、自然、长短适宜，两边对比不大于0.2cm 2. 摆缝直顺，两侧对称，后背平整圆顺 3. 条格料，左右后背条料对条，格料对格，误差不大于0.3cm 4. 插肩袖肩头前后平服，不紧，不起波纹
4	袖子	1. 插肩袖前后匀称，前、中、后袖缝吃势适当匀顺，前后一致 2. 前后袖片袖缝的缉线宽窄一致，缉线整齐、顺直、松紧适宜 3. 袖口平整，大小一致，袖口宽窄的对比差不大于0.3cm 4. 左右袖襻安装位置的高低及与袖缝的距离，误差不大于0.4cm，襻纽结实 5. 袖里平服，松紧适宜 6. 条格顺直，以袖山为准，两袖对称，误差均不大于0.5cm 7. 格料袖与前身横向对格，误差不大0.4cm
5	其他部位要求	1. 前后衣片在侧缝部位，格料横向对格，误差不大于0.3cm 2. 贴边、底摆滚条不扭曲，宽窄一致，无皱褶 3. 里袋高低、大小一致，滚条嵌线整齐，袋盖适位，封口牢固。扣与眼相对，商标清楚；左右里袋大小和位置的高低对比差距不大于0.6cm 4. 衣里的松紧适宜，与面服帖 5. 各部位缉线，手缲线整齐、牢固 6. 底边平服不外翻，夹里折边宽窄一致，折边距底边宽窄一致。底边缲牢不透线，正面无针迹 7. 各种辅料性能与面料相适宜，线、扣的色泽、档次与面料一致 8. 熨烫平整、挺括，外观无亮光、水渍

第四节　简做男插肩袖暗门襟大衣缝制工艺

男插肩袖暗门襟大衣简做工艺的缝制方法较精做工艺容易掌握，其贴边不采用滚包工艺，底边可做成死里，如做活里，底边可锁边。由于我们在精做工艺中暗门襟的制作为传统工艺，本节暗门襟的制作方法主要介绍新式暗门襟的做法，里袋介绍一字嵌工艺。

一、面料及零辅料裁剪

（1）面料主件裁片：前衣片2片，后衣片2片，前袖片2片，后袖片2片，领面1片。

（2）面料零料：贴边2片，袋嵌线2片，暗门襟布1片，袖襻面2片，领里2片。如图7-67所示。

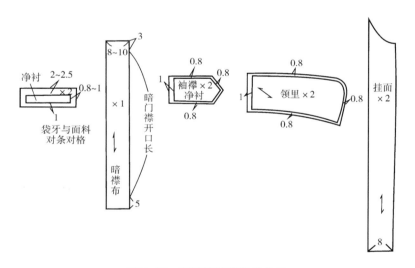

图7-67　面料及零辅料裁剪图

（3）里料主裁片：前衣片里子2片，后衣片里子2片，前袖里2片，后袖里2片（方法同精做大衣）。

（4）里料零料：里袋布4片，大袋布4片，袖襻里2片，里嵌线2片，暗门襟里1片（方法同精做大衣）。

（5）衬料：大身衬2片，后袖窿衬2片，后背开衩衬2片，后衣下摆衬2片，袖口衬2片（方法同精做大衣）。

二、缝制工艺

1. 粘衬、锥眼、打眼刀

将剪好的衬布，机粘于衣片反面。按各对位点扎锥眼，边缘处对位点打0.3cm刀眼，做缝制标记。

2. 拼接缉缝零部件

（1）缉缝零部件：将需要拼接部件按缝份缉缝，如领里、贴边、袖襻、合后衣片背缝、夹里背缝等。

（2）劈、烫、翻零部件：将缉好的零部件分烫、熨实、扣袋牙。

（3）合缉挂面与前衣里：首先将挂面与前片夹里正面相对，按缝份缉合，缉时夹里在上，挂面在下，起始针缉倒回针。然后将缝份倒向里子一侧，并在正面压缉0.1cm明线，如图7-68所示。

（4）合前后衣片袖缝（方法同精做大衣）。

（5）缉缝领子外口、扣翻领子（圈领）将领里、领面正面相对，按缝份缉合，缉时注意里外容量（领面吃进0.1～0.2cm），起始针倒回针。然后将缉好的领子缝份净好后，翻烫扣实，面吐0.1～0.2cm，如图7-69所示。

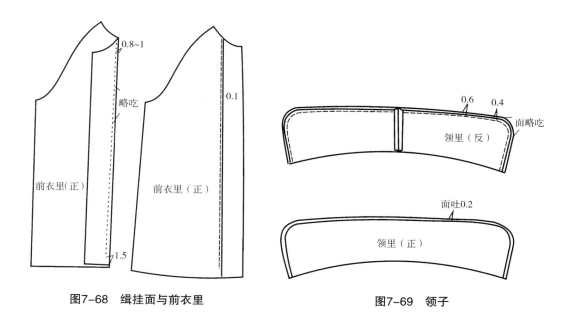

图7-68　缉挂面与前衣里　　　　　　图7-69　领子

3. 做插袋

做装插袋的方法及工艺要求与精做大衣相同。

4. 做暗门襟

（1）粘暗门襟衬：将剪好的暗门襟面、里分别粘一层无纺衬。

（2）定暗门襟开口位，缉缝暗门襟里：暗门襟里按画线勾缉，起始针倒回针，如

图7-70（a）所示。

（3）划扣眼位、锁扣眼：按划好的眼位，将扣眼锁好，眼大为2.1～2.2cm，如图7-70（b）所示。

（4）缉缝暗门襟：将暗门襟面布放平，前端与贴边止口对齐，将暗门襟里布

剪口与面布缉压3～4道倒回针。缉时注意开剪处的毛茬要顶实，封口要顺直、方正。将做好暗门襟的贴边铺平，在扣位间封线，如图7-71所示。

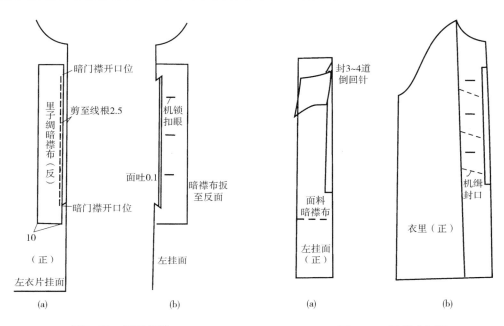

图7-70　缲暗门襟　　　　　　　图7-71　缉缝暗门襟

5. 挖里袋

（1）划里袋位：由颈肩点下量25～27cm，划一水平直线，袋位前端出贴边1cm，袋口大13～14cm，如图7-72所示。

（2）缉缝嵌线：嵌线反面粘一层无纺衬。袋位反面垫一层袋布（袋布高出袋位2cm）。按袋口大小，缉缝嵌线，如图7-73所示。

（3）开袋口：距上袋0.2cm开剪至袋角，开剪线要直顺，无弯曲现象，将嵌线包转至反面，如图7-74所示。

（4）封袋口：

①将下袋口压缉0.1cm明线。

②将下层袋布与上层袋布对齐、铺平，封缉上袋口及袋角明线0.1cm，如图7-75所示。

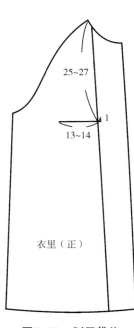

图7-72　划里袋位

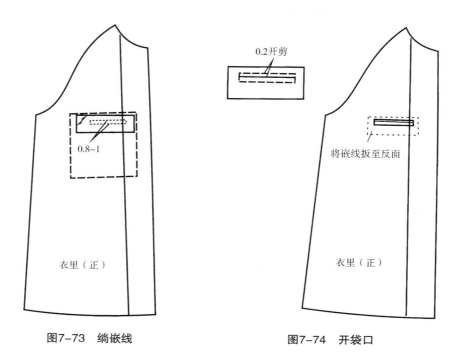

图7-73 绱嵌线　　　　　　　　图7-74 开袋口

6. 合止口

（1）将前衣片与挂面对齐，按缝份缉合。缉时要注意线迹顺直，吃势适当，里外容适宜，如图7-76所示。

（2）净止口缝份：衣面缝份留0.6～0.8cm，挂面缝份留0.3～0.5cm。

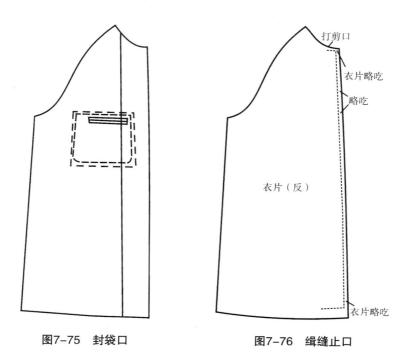

图7-75 封袋口　　　　　　　　图7-76 缉缝止口

（3）扣翻止口：将止口翻至正面，烫干、烫实。面吐0.1～0.2cm，如图7-77所示。

7. 合侧缝、绱袖子

（1）合侧缝：

①前后衣片侧缝正面相对，按缝份缉合。起始针缉倒回针。缉好后劈缝、烫实（方法及工艺要求同精做大衣）。

②前后夹里侧缝正面相对，按缝份缉合。缝份倒向后衣片夹里，坐势0.3～0.5cm（方法及工艺要求同精做大衣）。

（2）绱袖子：

①绱袖面（方法及工艺要求同精做大衣）。

②绱袖里，缝份倒向袖片，坐势0.3～0.5cm（方法及工艺要求同精做大衣）。

8. 绱领子

（1）绱领面：将领面下口缝份与衣里领口缝份对齐，各对位点刀眼要对准，按缝份缉缝，起始针打倒回针。

（2）绱领里：领里下口缝份与衣面领口缝份对齐，各对位点眼刀对准，按缝份勾缉，起始针倒回针。

（3）劈烫领里、领面缝份：将领里、领面缝份在马凳上，分别劈缝、烫实。

（4）攘领口缝份：将劈烫好的领口缝份各对位点对齐后和手针攘缝，针距1～1.5cm。攘线松紧适宜。

9. 缉止口明线、暗门襟明线

（1）缉止口明线：距边1cm压缉止口明线，如图7-78所示。

（2）缉暗门襟明线：距止口边5～6cm压缉暗门襟明线。

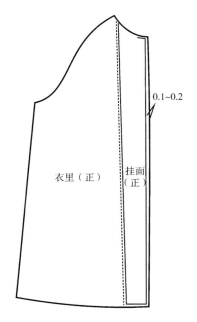

图7-77　扣翻止口

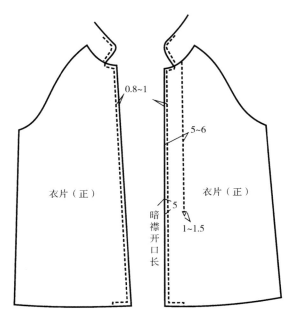

图7-78　缉止口明线

10. **扣烫底摆、缉压里子明线**

（1）扣烫底摆：衣片底摆按净线扣实，夹里底摆按衣片净线进1.5cm扣净、烫实。

（2）缉夹里底摆明线距夹里底边净线1.5cm缉明线，如图7-79所示。

11. **手缝及整熨**

（1）缲底摆：底摆用三角针缲缝，针距0.8cm。

（2）攘垫肩：找准垫肩位置手针攘缝，攘线松紧适宜，左右对称。

（3）缲背衩：方法同精做大衣。

（4）拉线襻、钉纽扣：方法同精做大衣。

（5）整熨：按整熨要求熨烫，整熨前要将线头剪净，具体方法同西服。

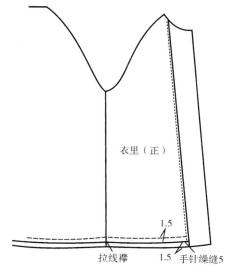

衣里（正）

1.5

拉线襻　　1.5　手针缲缝5

图7-79　做底边

第五节　男插肩袖大衣常见弊病及修正

大衣常见的弊病主要出现在衣领、肩部、前门襟止口，后开衩位，下摆、袖子等部位。

一、前衣身与领部弊病修正

1. **弊病现象之一**

（1）外观形态：缲领不正，向一边歪斜，领外口起翘不平服，如图7-80所示。

（2）产生原因：

①缲领时，领子刀眼与衣片刀眼标记未对准，吃势不一致。

②领子或领口缝份不一致，造成领子左右不对称。

③领子里、面的里外容关系不当或归拔不够，造成领子翻翘。

（3）修正方法：

①将衣领拆下，对准缲领标记，处理好吃势及缝份，重新装配。

②将领里、领面重新制作，处理好领里、领面的里外容关系。

③着重归烫领里，使之与衣片领口及领面的松紧关系相符。

缲领歪斜　领头翻翘

图7-80　领歪斜、外口起翘

2. 弊病现象之二

（1）外观形态：前门襟下叠门搅、豁止口，摆缝下垂或上吊，如图7-81所示。

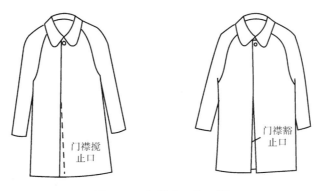

门襟搅
止口

门襟豁
止口

图7-81　门襟止口豁、搅

（2）产生原因：

①裁剪时落肩过大或过小。

②敷前门襟止口牵条时，腰、腹部位拉得过紧或过松。

③推门时归拔量不够或过大。

④敷挂面时，腰腹部位吃势过紧或过松。

（3）修正方法：

①根据体型调整落肩高低。

②前衣片推门时，各部位归拔量要推到位。

③敷牵条时，腰腹部位平敷，要不松不紧。

④敷挂面时，腰部在撩线、缉缝时不松不紧，线路顺直。

二、后衣身与肩部弊病修正

1. 弊病现象之一

（1）外观形态：背衩向左或向右偏斜，或搅或豁，如图7-82所示。

（2）产生原因：

①背中线与背摆缝的腰节抻拔不够。

②由于归拔不适当，使后背横丝移位下垂或上吊。

③背衩牵条过松或过紧。

④两侧摆缝下垂或上吊。

⑤里子窜位或松紧不适当。

（3）修正方法：

①后背归拔处理要适当，特别要注意背中线与摆缝腰节抻拔均匀，适当，不能使横

图7-82　背衩豁、搅

丝下垂或上吊。

②背衩牵条上段约5cm部位略敷紧，下段敷平。

③摆缝处横丝，归烫平服。

④整烫成品时，对背衩进行归烫或拔烫。使背衩止口外斜或内偏的直丝缕平复，背衩止口变直。

⑤将里、面按面铺平，重新插缝背衩里子，缲缝时注意里要略松于面。

2. 弊病现象之二

（1）外观形态：肩部起空或左右肩头处不平服，起"八"字形波纹，如图7-83所示。

图7-83　肩部起空

（2）产生原因：

①垫肩位置缲的不正确或肩部归拔量没掌握好。

②前身和后背横开领裁片尺寸搭配不适当，造成前大后小。

③缉肩缝时，肩部的归拔工艺处理不适当。后肩缝吃势不够，特别是由里肩往外2/3处吃势不够。

④落肩过低或过高，与体型不符。

⑤肩头弧度位置或形状与体型不符。

⑥缲领时，领口被拉抻，使肩缝向后撤，造成前肩部形成皱褶。

（3）修正方法：

①将垫肩拆下，找准前后、左右位置后重新擦缝，肩端点弧度及肩缝重新归拔到位。

②前后领宽按制图比例尺寸配准，前后大小一致。

③缉合肩缝时，注意肩缝的吃量，根据体型调整落肩。

思考与练习

1.如何选配大衣的面、里、衬料。

2.大衣插肩袖有几种裁剪方法。

3.如何计算大衣用料（面、里、衬）。

4.排料时的注意事项。

5.暗门襟大衣对条格的部位及方法。

6.精做男插肩袖暗门襟大衣零、辅料裁剪方法。

7.简述男插肩袖暗门襟大衣缝制工艺。

8.男插肩袖暗门襟大衣的归拔部位及标准。

9.男插肩袖暗门襟大衣的质量标准。

10.简述老式暗门襟的缝制工艺。

11.列出男插肩袖暗门襟大衣的工艺流程表。

12.列出男插肩袖暗门襟大衣的工位工序表。

13.如何才能做好斜插板袋。

14.常见男插肩袖暗门襟大衣的弊病现象有哪些？如何修正？

15.独立制作一件男插肩袖暗门襟大衣。

男夹克缝制工艺

课题名称：男夹克缝制工艺

课题内容：男夹克缝制工艺及弊病修正

课题时间：30 学时

教学目的：通过典型男夹克缝制工艺的学习，掌握男夹克的缝制工艺技术及技巧，
培养学生上装工艺操作能力及上装流程设计能力。

教学方式：示范式、启发式、案例式。

教学要求：1. 在教师示范和指导下，完成高档男夹克的缝制及弊病修正。

2. 通过学生具体操作，掌握男夹克的工艺流程及工艺标准。

3. 掌握男夹克的工位工序排列。

课前/后准备：通过市场调研及资料查询，对高档男夹克的基本特点及结构工艺有
初步了解。课前准备男夹克面料样板、马夹面、辅料及制板工具。
在完成男夹克质量评定的基础上，课后根据本章所学知识，完成高
档男夹克缝制工艺实训报告。实训报告内容包括马夹排料图、工位
工序表、工艺流程图等。

第八章　男夹克缝制工艺

服装面料与辅料的不断发展与更新，产生了新的缝制工艺。本章以男夹克为例，对由服装新材料所构成的夹克缝制新工艺以及缝制技巧进行介绍。为其他款式缝制的学习打下良好的基础。

第一节　概述

一、外形概述与款式图

本款属于羊绒男夹克，外形造型简单，比较适合入冬时穿着的一种款式。领子为平方领，领角呈圆状，翻领与底领分开，前襟装拉链，前衣身左右各装单嵌线斜袋，前后片下摆有活褶，外加一个下摆襻，用下摆襻来做下摆松紧调节，带袖克夫，外袖缝开衩，袖外缝、领子、袖窿缉0.8cm的明线，如图8-1所示。

二、量体加放与规格设计

1.测量的主要部位与方法

（1）衣长：用软尺从颈肩点经胸最高点顺直向下量至所需长度，用"L"表示。

（2）胸围：软尺测量经胸部最突点的水平围长为净胸围尺寸，用"B°"表示。

（3）肩宽：用软尺测量左右肩端点的后肩横弧长，为净肩宽，用"S°"表示。

（4）袖长：用软尺测量从左肩端点沿手臂弯势至所需长度，用"SL"表示。

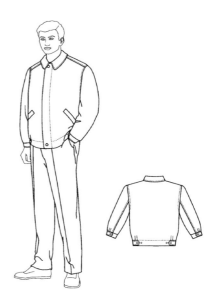

图8-1　男夹克款式图

（5）领围：用软尺测量从喉结下2cm处经后颈椎点的周长，所测尺寸为净领围，用"$N°$"表示。

2. 规格设计

（1）衣长（L）= $0.4G+（5~6）$ cm = 75~76cm。

（2）胸围（B）= $B°+24$ = 120cm。

（3）肩宽（S）= $0.3B°+14$ cm = 50cm或$S=S°+6$=50cm。

（4）袖长（SL）= $0.3G+（6~7）$ cm $+X$（款式变量）= 60.5cm。

（5）领围（N）= $0.25B°+22$ cm = 46cm或$N=N°+（6~8）$ cm。

男夹克的加放是可变的，对于不同种款式，所加放的尺寸不尽相同，所采用的加放量也不相同。通常是在净胸围的基础上加16~30cm，遵循的规律为胖人少加，瘦人多加，肩宽较大者多加，肩宽较窄者少加。

三、结构图

1. 男夹克成品规格表（表8-1）

表8-1 男夹克成品规格表

单位：cm

部位	号型	衣长（L）	胸围（B）	肩宽（S）	袖长（SL）	领围（N）
规格	175/96A	75	120	50	62	46

2. 男夹克裁剪图（图8-2）

四、用料计算与排料图

1. 男夹克的用料计算

（1）面料：由于夹克款式繁多、形态各异，相差很大（如款式的宽松度、分割线的数量、明贴袋的数量、大小等）其用料相差也很大。因此，必须根据实际款式来计算用料。表8-2所列的用料表是胸围在124cm以内，有两个明袋的款式用料计算。

表8-2 夹克面料用料表

面料幅宽 /cm	用料 /cm	备注
90	2×（衣长＋袖长）＋8	—
110	2×（衣长＋袖长）＋10	
144	2×衣长＋10	$B \leqslant 124$cm

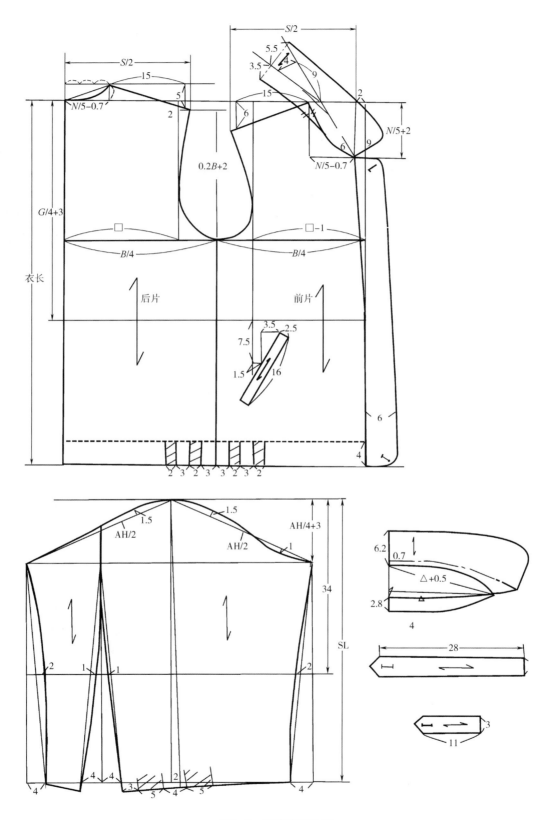

图8-2　男夹克结构图

（2）里料用料：见表8-3。

表 8-3　里料用料

面料幅宽 /cm	用料 /cm	备注
90	2×（衣长+袖长）	—
110	2×衣长+10	
144	衣长+袖长+5	$B \leq 124cm$

（3）其他辅料：见表8-4。

表 8-4　其他辅料用料表

序号	品名	用量
1	有纺衬	80cm
2	缝纫线	一轴
3	拉链	一条
4	纽扣	6个

2. 男夹克排料图

这里以幅宽为144cm为例进行排料，如图8-3所示。

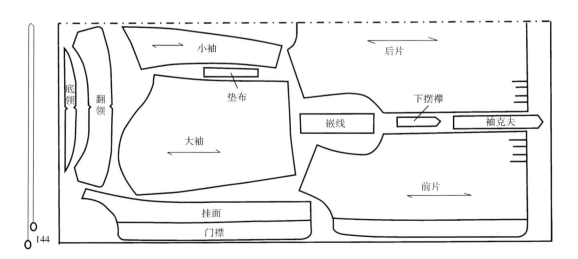

图8-3　男夹克排料图

五、样板图与零部件裁剪

在净样板的基础上做好缝制标记或刀眼并放出缝份，如图8-4所示。零料在这一款中只有袋牙和垫布，下摆襟需要用本料裁剪，并且由于面料有倒顺向，因此，在裁零料的时候要注意纱向，规格大小如图8-5所示。夹里放缝（以毛样为基础）如图8-6所示。有纺衬主要加在前衣片、领子、挂面、袖口等部位，如图8-7所示。

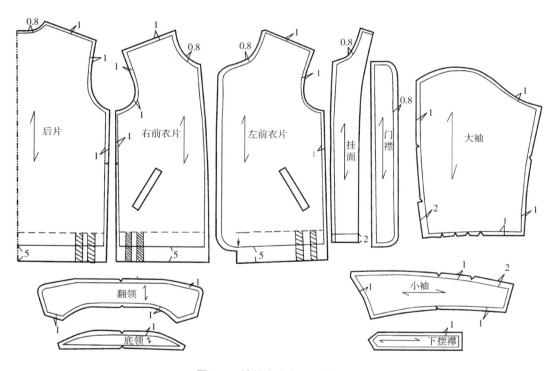

图8-4 缝份大小和刀眼的位置

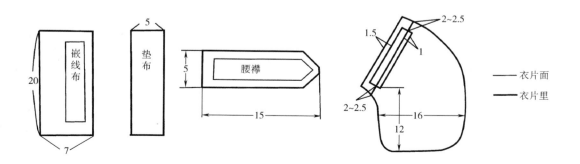

图8-5 男夹克零部件样板图

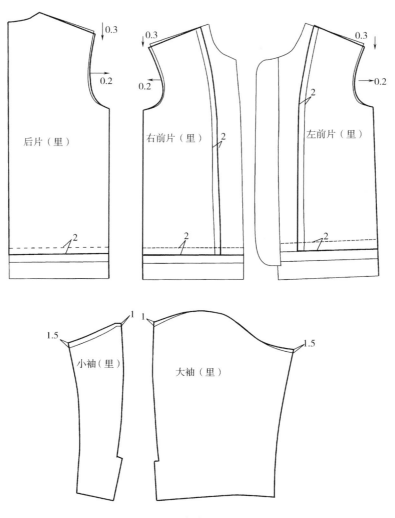

图8-6　男夹克里放缝尺寸

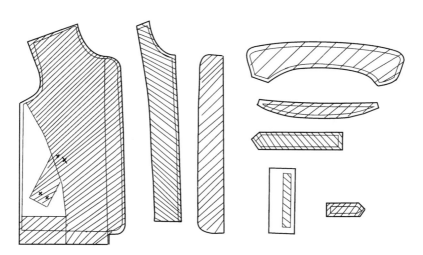

图8-7　有纺衬的位置

第二节　精做男夹克缝制工艺

对于夹克，要充分考虑到面料的特性，根据面料的特点，选配好里、衬、拉链、纽扣等零配件，以充分体现其款式特点。

一、缝制工艺

1. 缝制对位标注
在缝制前，进一步检查以下部位是否漏标，将其完善。

（1）前衣片：绱领点、袋位、下摆、贴边宽、褶裥位、腰节位、挂面宽等。

（2）后衣片：后领中心点、腰节位、褶裥位等。

（3）大袖片：对肩眼刀、袖肘点、褶裥位、开衩位等。

（4）小袖片：袖肘点、开衩位等。

（5）大小领片：后领中心点，颈肩点等。

2. 做前衣片
（1）挖袋：此款夹克前衣片的挖袋方法与单嵌线挖袋方法基本相同，不同之处是此袋嵌线较宽，袋布的处理方法也不同。

①缉袋嵌线、袋垫布：在面料正面将袋口位置画准确。先将嵌线放于袋位处，上下两端余量相同，沿边0.8cm缉线，再将垫布放于袋位处，垫布距嵌线0.9cm，沿边0.8cm缉线，注意两条缉线要平行，长短一致，袋位准确，如图8-8所示。

②开剪：沿袋口缉线中间开剪，距两端1cm剪三角形，三角形剪口距缉线2~3根纱线处为止，不能剪断缉线，但也不能离开太多，否则袋角不规范。垫布、嵌线处的缝份可修剪成1cm，如图8-9所示。

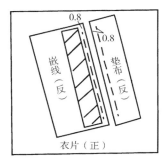

图8-8　缉袋口

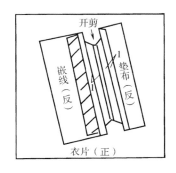

图8-9　开剪

③熨烫嵌线及垫布：分别将嵌线及垫布的缝份进行熨烫，嵌线的缝份烫成分开缝，垫布处的缝份倒向侧缝，要压实。再将嵌线翻进，烫出2.5cm宽的嵌线，三角布分别向两端折烫好。因嵌线较宽，帮嵌线最好用手针撬缝住，如图8-9所示。

④固定袋布：上袋布在下，袋布上下两端要均匀，缝份放齐后，在缝份上将三层面料一起绲住。注意袋布的方向及嵌线宽度。下层袋布放于垫布之上，要与上层袋布对合一致，用手针将下袋布与垫布暂时固定，再将下层袋布放在下面，垫布放在上面，将垫布与袋布进行缝绲。

⑤缝绲袋布：将上下层袋布放齐，将三角布封好，封三角布时嵌线要略拉紧。最后兜绲袋布，上下层袋布松紧要一致，如图8-10、图8-11所示。

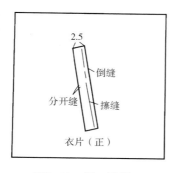

图8-10 烫、撬袋口

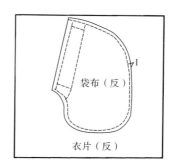

图8-11 固定袋布

（2）做下摆腰襻：将下摆腰襻面料、里料正面相对进行缝绲，面在下，里在上，面松里紧，缝份修成0.6cm绲缝，再将其翻出正面。面比里要凸0.1cm，用熨斗扣烫好。最后沿边绲0.6～0.8cm明线，如图8-12所示。

（3）绲褶裥及绱下摆襻：将前衣片下摆处的褶裥沿中心线对折后缝绲。缝绲靠中心线处的褶裥时，要将下摆襻的缝份夹在褶裥中一起绲位。注意绲线顺直，两端打倒回针，褶裥绲好后，褶裥向前熨倒，褶裥开口指向侧缝线，如图8-13所示。

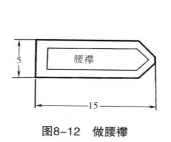

图8-12 做腰襻

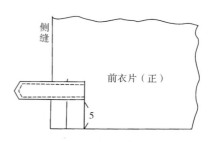

图8-13 绲褶裥及绱下摆襻

工艺要求：嵌线宽窄一致，嵌线平服，松紧适宜袋角不毛漏；形态规范，垫布平服，袋布上下层松紧适宜，袋绲线圆顺、流畅；下摆衩宽窄一致，凸势均匀，明线顺直，位置准确并左右对称。

3. 做前衣身夹里（图8-14、图8-15）

（1）缝合挂面与前衣身夹里：将挂面与前衣身里正面相对进行缝缉，缝时上下两层的松紧要一致。如图8-14所示。

（2）挖里袋：在左右衣里上挖一里袋，嵌线及袋布都用里子绸。里袋的做法与简做单嵌线口袋的制作方法相同，具体操作方法在这里不再介绍。袋在胸围线向下2cm，袋位斜度为1cm，袋口大为15cm，超过挂面1~1.5cm，当胸围较大时，袋位不用超过挂面，直接在里子绸上挖袋即可，如图8-15所示。

工艺要求：挂面缝合位置要准确，里子与挂面松紧一致。里袋袋位左右对称，袋角处无毛漏，嵌线宽窄一致，松紧适宜。

4. 做止口

（1）固定拉链：将拉链放于挂面之上，拉链上口折转，拉链与挂面固定。缉线要离开拉链齿0.3~0.5cm，如果太靠近链齿会影响拉动。缉线时一定注意拉链与衣片松紧一致，拉链的高低位置左右一致。距挂面下端2cm处不缉，以便挂面与前衣身底摆缝合，如图8-16所示。

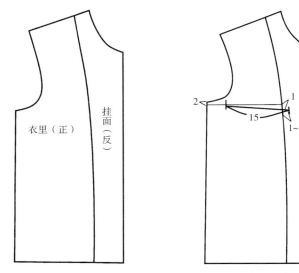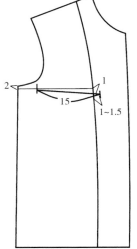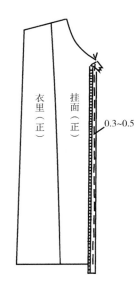

图8-14　缝合挂面与前衣身夹里　　　　图8-15　里袋位置　　　　图8-16　固定拉链

（2）做右止口：先将挂面及里子的下摆与前衣身的下摆进行缝合，距侧缝线6cm处不缉线，以便合侧缝。再将挂面放于右衣身之上，正面相对，沿已固定拉链的线迹进行缉线，上端留1cm不缉，以便缉领子。缉好右止口后，将衣身翻向正面并用熨斗烫实。挂面下摆处的缝份为分开缝，里子下摆的缝份为倒缝，倒向里子绸，如图8-17所示。

（3）固定左挂面与暗襟：将左挂面放于暗门襟之上，沿固定拉链的缉线将其缝缉，上端0.8cm处不缉，下端2~3cm处不缉。要注意上下层松紧一致，上端对齐即可，如图8-18所示。

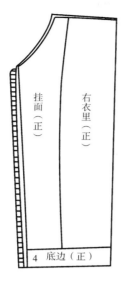

图8-17 做右止口

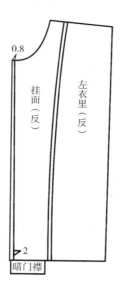

图8-18 固定左挂面与暗襟

（4）做左止口：先将挂面及里子的下摆与前衣片的下摆进行缝合，距侧缝线6cm处不缉线。再将挂面与暗襟的下端进行缝缉，可先将前衣片下摆前端点处进行45°开剪。最后将门襟止口缉好，并翻向正面，用熨斗烫实，门襟止口向外凸0.1cm。如图8-19所示。

工艺要求：左右止口长短一致、平服、顺直，拉链与衣身松紧一致，拉链拉合后上下层衣片要对合一致，门襟不反吐，缉线松紧要一致。

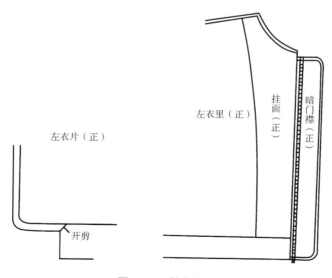

图8-19 做左止口

5. 做后衣片

后衣片的工艺处理比较简单，主要是衣片下摆两侧的褶裥缝制，褶裥的缝制同前衣片褶裥的缝制方法，但没有下摆襟。

工艺要求：褶裥位置准确，缉线顺直，熨烫规范，左右对称一致。

6. 合肩缝

（1）将前衣片的肩缝面面相对进行缝缉。缝份向后衣身烫倒，注意不要拉伸。再将其翻到正面，在后衣身上距肩缝缉0.8cm的明线。

（2）合前后衣身夹里肩缝：将前后衣身夹里肩缝面面相对进行缝缉，为使肩缝处平薄，夹里肩缝可向前衣身烫倒，注意肩缝不能拉伸。

工艺要求：肩缝顺直，熨烫规范，不伸长。明线宽窄一致，无涟形，无漏针现象。

7. 做领、绱领

（1）分别将领面、领里的分割缝进行缝缉，要一段一段进行缝缉，在颈肩点处翻领要有0.5cm的吃势，注意后中心要对位，最后将分割缝烫分开缝，并距分割缝上下缉0.1cm明线，如图8-20所示。

（2）做领：将缉好的分割缝的领面、领里面面相对，领面在下，领里在上，分割缝上下对齐后，领面要有0.2cm的放松量。再将领面、领里的外口对齐，按缝份进行缝缉，在两领角处领面要有吃势。要注意领子两端下口处的缝份不用缉，如图8-21所示。

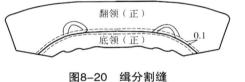

图8-20　缉分割缝

图8-21　做领

（3）翻烫领子：先将领外口的缝份修剪为一层是0.5cm，另一层为0.7cm，圆角处修剪为0.3cm。修剪缝份后将领子翻出，领面凸0.1cm，并烫出窝势。最后修剪领下口，先修剪领里下口缝份为0.8cm，领面下口缝份为1cm，要留出领子的里外容量。在领下口线处将三个绱领点找准，并上下层做记号。

（4）绱领：此领绱法为圈领。将衣领放于衣身的中间，衣身的面在里侧，衣领与衣身领口面面相对。缉缝时衣领在上，衣身在下，先缉领面一侧的领下口线，再缉领里一侧的领下口线，两端打倒回针，绱领点要对好，缉线呈圈状，故称圈领。要注意领面的两端要凸0.1cm，缉线时上下层松紧一致。最后熨烫领下口缝份，面料与面料接合处为分开缝，面料与里子绸接合处为倒缝，倒向里子绸处。再用手缝针将上下层缝份进行攃缝，注意上下绱领点要对位。最后沿领外口缉0.8cm的明线。

工艺要求：绱领点准确，左右领对称，无歪斜，领面、领里松紧一致，领子要有窝势，不反翘。

8. 做袖、绱缝

（1）合外袖缝：将大小袖片的外袖缝进行缝缉，小袖在上，大袖在下，开衩长要留出，里子的开衩点要高于袖面的开衩点0.3cm。缝份要修剪，大袖片缝份为0.6cm，小袖片缝份要大，大于明线宽0.4cm。缝份向前，烫倒并缉0.8cm的明线。

（2）绱袖：绱袖方法同男衬衫袖，肩对点要对齐，袖片袖山处略紧缝份向衣片烫倒，并沿衣片袖窿缉0.8cm明线。

（3）做袖克夫：将袖克夫面面相对，进行缉缝，袖克夫要略松，后翻到正面，面比里吐0.1cm，将袖克夫烫好，在正面缉0.8cm明线。

（4）合袖底缝与侧缝：此缝制工艺与衬衫工艺相同，分别将袖面、袖里的袖底缝、侧缝面面相对后进行缝缉，要注意袖底的十字点要上下对齐，上下层衣片松紧一致，缉线顺直。衣面的袖底缝及侧烫分开缝，衣里的袖底缝及侧缝倒缝，倒缝向后衣片。

（5）绱袖克夫：先将袖面褶裥与袖里褶裥缉住，袖口大为28cm，袖面褶裥开口倒向袖底袖，袖里褶裥方向与袖面褶裥相反，再将袖克夫夹在衣面与衣里之间进行缝缉，注意袖克夫两端与袖口两端要对齐。最后将袖克夫翻到正面，将开衩处的里子缲缝在袖面开衩处，袖里缩进0.2～0.3cm。

工艺要求：袖山无皱褶，缉线顺直。左右袖对称。袖克夫不反吐，宽窄一致，明线顺直。

9. 缝合下摆

将里子与衣片下摆进行缝缉，分别从两侧缝缉，缝份为0.7cm，中间留大约20cm开口不缝，将衣片翻到正面，开口处用手针缲缝。最后将衣身下摆烫好。

工艺要求：缉线顺直，上下层侧缝点要对位，衣身不能吊紧。

10. 缉门襟及下摆明线

先缉门襟明线，沿左挂面缉0.1cm明线，这时左衣身正面中心线处留下一道明线。再缉下摆明线，宽度为4cm，缉下摆明线时要注意不要将里子缉上。

工艺要求：上下层衣片平服，松紧一致，缉线顺直，松紧一致，无漏缝，衣里不吊紧。

11. 绱垫肩、锁扣眼、钉扣

将垫肩绱在肩部，前垫肩量小于后垫肩量1cm，垫肩外侧比袖窿多出0.5cm，在袖窿缝份上与垫肩攥缝，注意攥线即不能太松也不能太紧，太松则垫肩的位置不准，太紧面料上容易出现凹状。

锁扣眼要整齐，此款扣眼为45°斜向扣眼，位置画准确后将扣眼锁好。钉扣是在锁眼的位置的基础上进行的，在锁眼位置的最外端点进行钉扣。

二、整熨工艺

整熨过程要充分考虑到面料的特点，根据不同材质的面料运用不同温度进行处理。

男夹克的整烫，要先烫小部位，例如领子、袖口、袋盖等部位，再烫袖子、袖外缝、袖底缝等部位，再烫前身、后背等大部位。

三、缝制工位工序表（表 8–5）

表 8–5   男夹克缝制工位工序表（精做单件）

准备工作：1. 检查裁片（明确缝份，检查衣片与零辅件有无漏裁，检查刀眼与粉线是否准确）

2. 分清左右衣身，确定口袋位置，褶的位置，打好线丁

3. 明确领子的缝份、中心点、颈肩点

工位	工种	工序名称
1	板工	黏合前身衬、挂面衬、领衬、袖口衬、襻衬、底边衬、口袋位置衬、袋牙衬，烫好内、外袋牙，里袋盖粘无纺衬，烫好袋盖
2	机工	做面袋，做下摆襻，缝合挂面和前衣身里子，缝合外袖缝（里子、面），缝合挂面与拉链，缝合领底和领面的分割线，并缉 0.1cm 明线
3	板工	烫袋、烫挂面和里子缝、外袖缝、领子分缝处
4	机工	做里袋、做领、做袖克夫、外袖缝缉明线
5	板工	扣下摆襻、扣领，扣袖克夫
6	机工	做左右止口
7	板工	烫左右止口
8	机工	合肩缝（里、面）、绱领
9	板工	烫肩缝、烫领
10	机工	绱袖，袖窿缉明线，合袖底缝、合侧缝
11	板工	烫袖底缝、烫侧缝
12	机工	作袖开衩，绱袖克夫，缝合下摆，缉下摆明线
13	板工	绱垫肩，全面整烫
14	机工	锁扣眼
15	板工	钉扣，质检

四、缝制工艺流程图（图8-22）

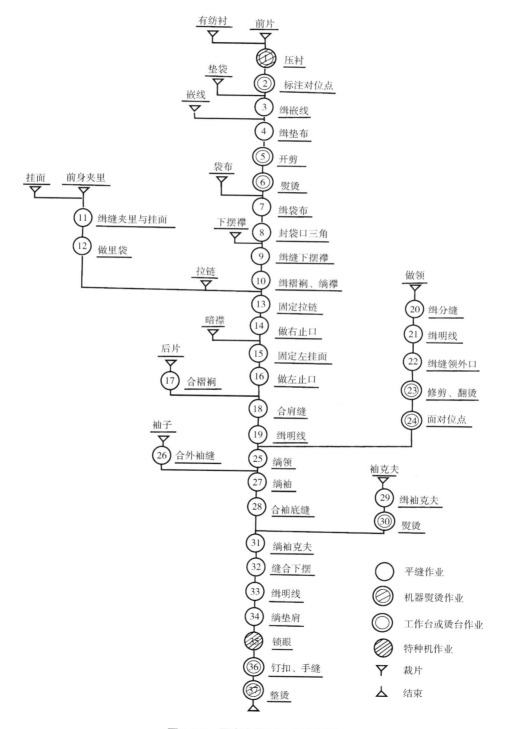

图8-22 男夹克缝制工艺流程图

第三节　精做男夹克质量标准

一、裁片的质量标准（表 8-6）

表 8-6　裁片的质量标准

序号	部位	纱向要求	拼接范围	对条对格部位
1	左右前身	条料顺直，格料对横，互差不大于 0.4cm	不允许拼接	遇格子大小不一致，以衣长 /2 上部为准
2	袋与前身	条料对条，格料对格，互差不大于 0.4cm，贴袋左右对称，互差不大于 0.5cm		遇到格子大小不一致，以袋前部为准
3	左右领尖	条格对称，互差不大于 0.3cm		袖底缝
4	袖子	条料顺直，格料对横，以袖山为准，两袖对称互差不大于 1cm	衣领面不允许拼接，衣领里可拼接两道	左右领角
5	克夫	经纱，以缉袖克夫缝为准，倾斜不大于 0.3cm，条格料不允许斜	不允许拼接	克夫

二、成品规格测量方法及公差范围（表 8-7）

表 8-7　成品规格测量方法及公差范围

序号	部位		测量方法	公差 /cm	备注
1	衣长		由肩缝最高点，垂直量至底边	± 1.0	
2	胸围		闭合拉链（或扣上纽扣）前后身摊平，由袖隆底缝横量（周围计算）	± 1.5 ± 2.0	5·4 系列
3	总肩宽		由肩袖缝的交叉点摊平横量	± 0.8	
4	领围		领子摊平横量，立领量上口其他量下口	± 0.6	
5	袖长	圆袖	由肩缝最高点量至袖克夫边中间	± 0.8	
		连肩袖	后领线迹缝中点量至袖克夫边中间	± 1.2	

三、外观质量标准（表8-8）

表8-8　外观质量标准

序号	部位	外观质量标准
1	领子	领子平挺、两角长短一致，互差不大于0.2cm，并有窝势。领面无皱、无泡、不反吐，领面松紧适宜，不反翘
2	袖	装袖圆顺，前后适宜，左右一致，袖山无皱、无褶
3	袋	袋与袋盖方正，前后高低一致
4	肩	肩部平服、肩缝顺直
5	袖克夫	两袖克夫圆头对称，宽窄一致，止口明线顺直
6	止口	纽扣与扣眼高低对齐，止口平服、门里襟上下宽窄一致
7	底边	卷边宽窄一致，门襟长短一致
8	后背	后背平服
9	缝线	各部位缝线路顺直、整齐、平服、牢固、松紧适宜。各部位不能有跳针，明线不能有断线
10	黏合衬	黏合衬不准有脱胶及表面渗胶
11	拉链	拉链缉线整齐，拉链带顺直
12	钉扣	钉扣牢固，扣脚高低适宜，线结不外露，四合扣上、下扣松紧适宜、牢固，不脱落
13	商标	商标位置端正，号型标志准确清晰
14	熨烫	各部位熨烫平服，无烫黄、水花、污迹、无线头、整洁、美观

第四节　简做男夹克缝制工艺

　　夹克的品种繁多，且款式风格也各有不同。本节以下图所示多明线的牛仔夹克款式为例，进行夹克简做工艺的介绍，如图8-23所示。

一、结构图（图8-23）

1. 牛仔夹克制图规格（表8-9）

图8-23　牛仔夹克款式图

表8-9　制图规格表　　　　　　　　　　　　　　　　单位：cm

号型	肩宽（S）	胸围（B）	腰围（W）	臀围（H）	衣长（L）	袖长（SL）
160/80A	40	92	68	106	58	56

2.牛仔夹克结构制图（图8-24）

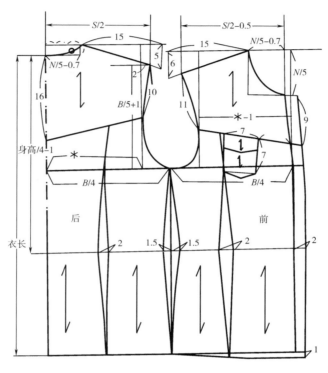

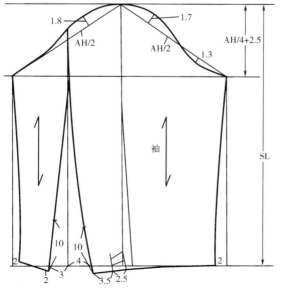

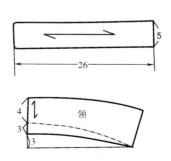

图8-24　牛仔夹克结构图

二、排料图（图8-25）

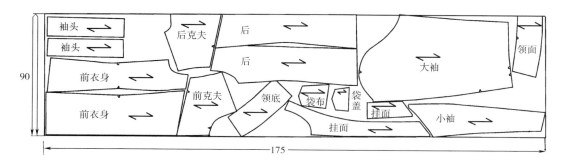

图8-25 排料图

三、缝制工艺

（1）拼缝：缝前后衣身纵向开刀线、拷边并缉双明线。

（2）前身小袋缝制：前身小袋是装饰性的小袋，要用纸板扣净，然后作到衣身的相应位置上。

（3）拼横向缝：将前后衣身横向分割拼接上，注意拼接的位置要码边，并缉双明线。

（4）合肩线：将前后衣片的肩缝合上，并看前片码边缉双明线。

（5）做袖子：将袖子的外袖缝合上，码边，并做出开衩的量，缉明线。

（6）做门襟：将挂面的非止口一边用熨斗扣净，止口的一边与衣身止口合缉并在绱领的位置打剪口，缉双明线。非止口边和衣身缉明线。

（7）绱袖子：绱袖子的方法同衬衫的方法相同，绱好袖子然后码边缉明线。

（8）合侧缝、袖底缝：将袖子底缝合缉，顺到衣身侧缝，码边。

（9）做袖口：袖口做法同衬衫袖相同。

（10）绱领子：领子做好后如同绱筒式裙腰一样做上，然后缉双明线。

（11）包底边：将底边扣1.5cm，然后缉明线。

（12）锁眼、钉扣：最后整理锁眼、砂洗，钉扣。

第五节　男夹克常见弊病及修正

通常男夹克在裁剪与制作的过程中，所出现的弊病较其他合体类款式服装要少，在操作的过程中多加注意就可以避免。

一、领部弊病修正

1.弊病现象之一

（1）外观形态：领子没有窝势，领子饭翘。

（2）产生原因：领没有里外容量。

（3）修正方法：将领面放在下层，领底放在上层，领尖两边的领面各吃进0.3cm，烫的时候也注意领面外吐0.1cm，如图8-26所示。

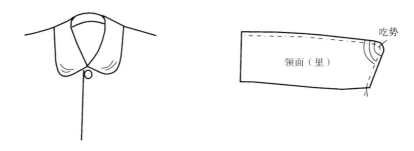

图8-26　领子反翘及修正

2.弊病现象之二

（1）外观形：领子后领窝有横向波浪。

（2）产生原因：领深太浅。

（3）修正方法：衣片后领窝挖深0.3~0.5cm，如图8-27所示。

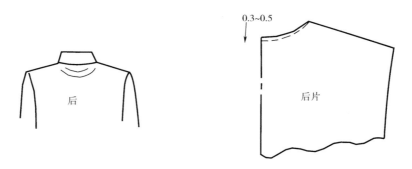

图8-27　后领窝有横向波浪及修正

3.弊病现象之三

（1）外观形态：领子前衣片有纵向波纹。

（2）产生原因：由于领宽不够大造成的。

（3）修正方法：加宽前后衣片的领宽，如图8-28所示。

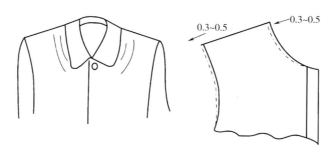

图8-28　领子前衣片有纵向波纹及修正

二、袖子弊病修正

外观形态：袖子有斜向波浪。

产生原因：

（1）由于袖子最高点与衣片的前后肩缝点未对齐。

（2）由于前衣片的袖窿挖的太浅。

修正方法：挖深衣片袖窿弧线0.3cm，如图8-29所示。

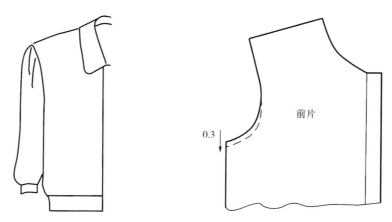

图8-29　袖子有斜向波浪及修正

思考与练习

1.裁剪制作一件夹克。

2.用90cm幅宽，画出男夹克排料图。

3.回答男夹克的对位点。

4.回答男夹克的缝制工位工序。

5.手做一件简式夹克。

6.男夹克的质量标准是什么？

7.设定一款夹克，写出缝制工艺流程表。

8.袖衩的种类及缝制的方法？

9.绱袖的质量要求？

10.整烫的方法及注意事项？

11.男夹克口袋的质量要求？

12.男夹克纱支方向规定？

13.简做男夹克的特点？

14.熟悉男夹克制作工艺、工序表。

质量控制

服装质量控制内容与控制标准

课题名称： 服装质量控制内容与控制标准

课题内容： 服装质量控制内容及服装质量控制标准

课题时间： 6学时

教学目的： 通过教学使学生掌握服装质量的控制内容及服装质量的控制标准。

教学方式： 启发式、案例式结合多媒体教学。

教学要求： 1.通过实物演示，使学生熟练掌握典型服装半成品与成品的质量控制与要求。

2.结合企业生产案例，使学生了解服装质量技术控制标准与方法。

3.结合多媒体课件，使学生了解单服装以外的其他典型服装质量控制标准。

课前/后准备： 课前教师需准备企业生产相关的录像、课件；准备需演示与操作的成品与半成品。

学生课后根据本章所学，完成课程报告。并指导学生进行相应的认识实习与调研。

第九章　服装质量控制内容与控制标准

本章主要介绍服装制作前期、制作中期、制作后期的质量标准，主要介绍质量控制的内容、控制的方法及控制的标准等。

第一节　服装制品质量控制内容

服装制品按加工阶段可分为服装半成品和服装成品，服装制品在这两个不同阶段其质量控制的内容和标准有所不同。

一、服装半成品的质量控制

服装半成品是指在生产过程中，在服装成为成品之前各个阶段的服装制品的总称。对服装半成品的质量控制主要包括产前质量控制、裁剪质量控制与生产中质量控制等几个方面。

1. 产前质量控制

产前质量控制，通常是指在服装产品投入生产之前对其各个方面的质量控制或检验，主要包括以下几个方面：

（1）入库检验：即在产品入库时对其各方面指标是否合乎标准进行检验。主要包括检查面料、里料、辅料及配件的码数、幅宽是否与要求相符合，色差与疵点、缩水率是否在要求标准以内，辅料与配件的数量质量是否合乎标准等。通过入库检验可以为下一步的生产提供充分的质量保证，避免生产中出现不必要的失误和损失。在大多情况下，入库检验通常采用抽查的方法进行检验，以提高工作效率。其中面、辅料的质量控制可以说是服装质量控制的第一关，假如面料出现质量或其他方面的问题，那么生产出来的产品肯定也会有质量问题。因此这一关的控制是相当重要的。面辅材料的质量控制主要体现在以下几点：

①幅宽检查：幅宽的检查除了可以运用人工测量的方法外，许多大型服装企业还运用验布机来完成。面料经过验布机时可以自动测量出幅宽，误差通常控制在1cm以内。

②匹长检查：企业在生产中当需要进行检查的面料数量较少时，可以采用人工测量匹长然后清点层数的方法，当面料数量较多时通常使用验布机来检查匹长，温度最好控制在20～22℃、相对湿度为65%　～67%的标准环境下根据面料的性质放置20～24h，使面料处于松弛状态后再检查，弹性大的面料放置时间相对较长，有时甚至要超过24h；反之，弹性小的面料放置时间可以相对减少。

③纬斜检查：纬斜检查就是指检查面料的纱向是否经平纬直。纬斜包括单向纬斜（纬纱向一个方向发生倾斜）、弓形纬斜（纬纱方向发生S型倾斜）和侧向弓形纬斜。通常平纹纬斜不超过5%，横条或格子纬斜不超过2%，印染条格纬斜不超过1%。如果纬斜过大，应进行矫正或退货。

④色差检查：面料色差的检查也可以用验布机进行。也可以以布板为标准，将货品与面料比较或运用色差卡进行检测。

⑤疵点检查：面料的疵点同样可以通过验布机进行。疵点种类通常有：断经纬、粗经纬、稀路、破洞、油点、污迹、线头等。

⑥辅料检查：

A. 里料检查：主要检查其数量是否与订单相同；幅宽是否与要求一致；测试缩水率是否与面料吻合；质量是否符合要求；色泽是否与面料匹配等。

B. 缝线检查：缝线主要起缝合和装饰作用，有必要对其支数、股数、捻度、强度、伸长度等进行检查。同时还要检查缝线的色泽与面料颜色是否合适；缝线上的节点光滑程度；缝线表面整体效果。

C. 其他类检查：主要包括检查纽扣颜色与面料是否匹配；大小与扣眼是否合适；纽扣与拉链的耐洗、耐磨程度；拉链是否顺滑，两边齿数是否相同，纽扣与拉链的数量是否充足，拉链的颜色是否与面料协调等。

（2）文字检验：主要是对生产工艺单、生产通知单及款式样板的检验。检验通知单中的包装要求、发货日期、包装方式、包装材料、配货装置等是否准确合理及检验生产工艺单中对款式的描述，各部位的尺寸是否详细标注，各部位的缝制标准要求是否正确，特殊工艺是否有说明等。以便安排生产工序，掌握工艺流程。

样板检验：主要是指检验样板是否与要求款式相符，样板数量是否充足各部位标记是否正确，纱向标准，定位与对位标注有无遗漏和错误。具体可分为以下几点：

①标注的各部位尺寸是否准确、合理、清晰有无遗漏。

②省、褶、缩水量是否加上；省、褶位置是否正确；归拔部位是否标出。剪口、袋口、扣眼部位是否标注明确。

③经纱、纬纱、毛、格、条方向是否标明。

④曲线部位圆势的合理度。主要包括袖窿弧线、袖山弧线、领子弧线、底摆弧线等非直线造型部位。

⑤领长与领口弧线长，袖窿弧线与袖山弧线长的吃势是否合理。同时还要检验如侧缝、肩缝等相对部位的尺寸是否合适。

⑥辅件是否齐全，尺寸是否合理。辅件主要是指主料以外的各部位配件，如袋盖、袋布、裤襻等。

⑦净粉线与裁剪线的留量多少是否合适。所谓的留量及常说的缝份，不同的部位要有不同的缝份，不同的面料也要根据其不同的特性留有不同的缝份，一定要细致检验。

⑧要防止纸样遗失、纸样混淆、遗漏记号、纸样边缘磨损、纸张撕裂等问题。如果纸样遗失，裁片数量势必减少，给生产带来损失。纸样如果混淆会造成裁片混乱。如果纸样上记号遗漏，会造成工人在缝制过程无法缝制或缝制发生误差。纸样边缘磨损会造成画片变形，尺寸产生误差。纸样撕裂勾画出的形状也会不准确，等等。

2. 裁剪质控

裁剪质控，即在对服装制品进行裁剪的过程中所进行的质量控制与检验，包括排料检验、铺料检验和裁剪片检验。

（1）排料检验：排料就是以服装款式与工艺要求以及面料幅宽等为基本要求，将样板尽可能紧密合理地排列在单位长度的面料或纸上，以达到节省面料的目的。排料检验包括对衣片的正反面、左右面、面料纱向、对条格以及利用率的检验。排料时必须注意以下事项：

①纸样的纱向是否与面料及服装款式的一致。

②纸样数量与款式要求是否一致。

③标注裁片的型号、尺码，这样可以方便捆绑或分类。

④画线是否清晰。如果画线发生错误最好重画，或用另外一种颜色的画粉继续画线，画线模糊或反复重叠，会造成裁片形状不准确甚至在裁剪的过程中造成失误。

⑤排料图的宽度应比面料幅宽稍微窄一些，这样可以避免因幅宽或排料的误差而造成损失。

⑥对条对格：面料上的条格图案不一定每件都一样，但同一件服装的条格必须完全一致对称（左右衣片，左右袖片，左右领等）。

（2）铺料检验：铺料就是按工艺规定的面料层数、单位长度及正反面的放置要求（单跑皮、双跑皮）将面料重叠平整地铺在裁床上。铺料后需要检验的内容有：铺料层数是否准确，面料层与层之间是否平整，对条对格是否准确，正反面及倒顺毛、倒顺花有无错误。同时，在铺料的过程中最好使用底纸和隔纸，底纸有助于裁剪机顺利经过，使面料不至于变形，各层面料不至于脱落。隔纸方便捆绑。

（3）裁剪检验：铺料之后便开始了正式的裁剪。裁剪之前要对画片的数量、纱向、尺码及尺寸标记、刀口、各定位点进行核对，同时还必须检查面料的对格、对条、对花是否正确，裁片边缘的画线是否光滑、圆顺，对有疵点的面料层是否作出标记。在工具方面要检查刀口是否锋利，以免布边不整齐。裁剪检验具有相当的重要性，一定要认真细致地进行，一旦在这个过程中发生失误将会造成直接的、无法弥补的损失。另外，在裁剪后还要进行一系列的后期检验主要包括：

①尺码标记：每一块裁片的第一层或底纸上都要有尺码标记，用来将不同型号的裁

片加以区分。

②裁片分类：裁片必须来自同一组，如果一捆裁片来自不同组，会造成服装色差。另外，裁片必须是同一尺码且不可漏掉裁片。

③捆扎注意：捆扎时要注意扎工票，配料准确，捆扎松紧适宜，数量准确。

3. 生产中的质量控制

生产中的质量控制，是指服装的各部件在组装成成品之前的在制品控制，即在服装开始进行缝制到熨烫完毕之间对服装半成品的质量进行控制检验。通过这一程序的质量检验，可以尽早发现问题并及时补正、修改提高产品质量。通常半成品的质控先由车间的检查小组或检查员执行，然后再由专门的品质控制部门进行抽查。在生产过程中找出品质问题的根源，可以减少以后的返工和节约成本。

半成品的检查方法通常有两种：一种是抽样检查，另一种是对半成品进行全数检查。抽样检查经常是品质控制部门检查产品品质的方法，这种方法敷盖面相对第二种方法较少，但效率相对要高。反之全数检查虽然敷盖面大，但是耗时较多，效率相对低。但是无论哪一种方法对服装要检验的部位和标准是一致的。

下面举例说明男西服半成品在生产中质量控制的内容与标准。

缝制车间质量检查项目：

（1）前片缝制前检查：

①裁片是否有疵点、油污、色差等。

②袋口和省位是否已做标记，标记是否准确、对称。

③衣片对条、对格、对花、纱向及倒顺毛是否正确。

（2）前片缝制中的质量检查：

①线迹是否顺直，上下线迹松紧是否吻合。

②倒回针是否牢固，针码是否适宜。

③袋口及省的尺寸位置是否合乎标准。

④衬料是否粘合牢固，有无起泡现象。

（3）前后衣片缝制的质量检查：

①缉线是否顺直，尺寸是否正确。

②是否有漏线、重线、线迹不一。

③侧缝是否整齐，止口是否均匀。

④肩缝尺寸是否合，缝份是否准确。

⑤需要标记的位置是否准确、对称有无遗漏，倒回针是否牢固。

（4）袖子缝制中的质量检验：

①袖片纱向是否准确。

②缝线有否断线、起皱，松紧是否适宜。

③各部位标记是否正确有无遗漏。

④检查袖片与衣片袖窿差量是否合适。

⑤检查衣片与袖子各对位点是否对位准确，缝份是否均匀牢固。

（5）衣领缝制过程中的质量检验：

①检查面料纱向是否正确，衬料是否粘合牢固不起泡。

②上下层吃势是否均匀合理，左右领是否对称。

③检查衣片领口弧度与领口弧长是否一致，并保证领子与衣片各对位点对位准确。

（6）里料的缝制过程中的质量检查：

①里料与衣片的差量是否适宜。

②里料纱向是否正确，缝线是否美观、适宜，里外容是否合适。

（7）其他部位的质量检查：

①扣眼位置是否准确，大小是否适宜。

②有明线或绣花的部位线迹是否美观，有无跳线或线脱色的现象。

二、服装成品的质量控制

服装成品质量控制也可以称为服装成品质量检验，即根据服装专业特有的标准规定，对服装的成品进行质量检验，以发现其质量问题，并确定其质量等级。主要包括规格或尺寸控制、疵点控制、色差控制、工艺控制和外形品质控制。

1. 规格或尺寸控制

服装规格或尺寸控制是指检查服装成品的各部位的规格尺寸是否符合其工艺要求。

常见的测量部位有衣长、袖长、裤长、胸围、臀围、领围、腰围、肩宽、袖口、脚口，横裆、膝围、上裆等。具体方法见表9-1，服装成品规格测量部位和方法。如图9-1~图9-3所示。

表 9-1 服装成品规格测量部位和方法

部位名称	测量方法
衣长	由颈肩点垂直量至底边
胸围	将衣服系好扣放平，沿袖窿底缝水平横量乘2
肩宽	在衣服后片左右肩点量
领大	将衣服系好扣放平横量，立领量领上口，其他领量下口
袖长	由肩侧点垂直量至袖口边
裤长	侧缝线上口止点垂直量至裤脚口
腰围	沿腰线水平横量乘2
臀围	沿臀部最丰满处水平横量乘2
膝围	量取裤子膝盖部位的周长
横裆	上裆下部最宽处，通过裤裆量取裤筒的周长
上裆	将裤子放平，从裤子上端至裤裆部直线垂直量取
底边围长	将被测衣、裤底边部位水平铺齐，测量左至右距离后再乘2
袖口	将袖口放平水平围量一周
脚口	将脚口放平水平围量一周

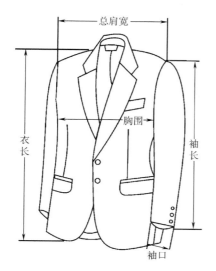

图9-1　男西服测量部位示意图

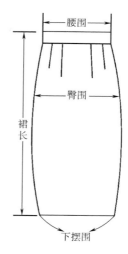

图9-2　女西服裙测量部位示意图

2. 疵点控制

衣服的疵点可以分为致命疵点、严重疵点以及小疵点等。致命疵点是指对人体造成致命伤害的疵点。例如，防辐射服装一旦发生漏洞等问题便会给人体带来伤害。严重疵点是指易被发现但难以或无法弥补的疵点，如面料断纱或有小孔，以及影响服装正常功能，或衣片面料配伍错误等。小疵点是指用户难以发现的疵点，或一些不影响服装正常功能，能进行修补的疵点。

此外，需要强调的是，在服装生产过程中严重疵点和小疵点都有一定的存在比例，而致命疵点是绝对不可以存在的。

3. 色差控制

色差控制通常是根据用户的要求来进行的。色差控制即用色卡对成品进行色差对比检验。色卡是自然存在的颜色在某种材质上的体现，纺织服装行业CNCS色卡，已于2006年由中国纺织信息中心根据各方意见调整。通常高档男女服装1~2号部位，即服装的领面、前后幅、大小袖及前后侧幅，色差应高于4级，其他部位不低于3级；一般服装1~2号部位色差4~5级，其他部位不低于3级。

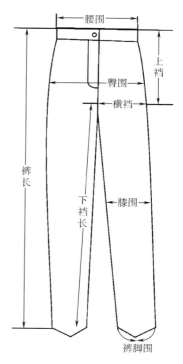

图9-3　男西裤测量部位示意图

4. 工艺控制

服装生产过程中的工艺标准通常由客户来直接确定，但有时也要参照统一标准。工艺方面的质量控制主要有缝迹或针距的密度，缝线效果是否顺直、整齐、牢固、松紧适

图9-4　男衬衫款式图

宜，缝合的效果以及服装整体外观等。

　　5.外观品质控制

　　外观品质控制内容较为繁多，下面举例说明各式服装的外观品质控制的内容与标准。

　　（1）男衬衫的外观检查要点，如图9-4所示。

　　①服装商标是否缝制牢固，位置是否正确。

　　②领子是否平服、对称，有无皱折。

　　③领子明线是否美观，缉线是否顺直，线迹松紧是否适宜。领座与衣片领口是否对位准确，缉线有无起皱、吃紧。前后肩左右是否对称、平服，明线是否美观。

　　④领子扣眼是否位置准确、造型美观。

　　⑤手巾袋是否缝制美观，有无毛漏或线头，封结是否牢固、美观。

　　⑥前片门襟是否对称美观，熨烫是否到位。

　　⑦前片扣眼位置是否准确，大小是否适宜。

　　⑧左右袖子是否对称，位置是否合格。

　　⑨袖山有无死褶，明线是否均匀美观。

　　⑩袖窿处是否缝制结实。

　　⑪左右肩线是否一致。

　　⑫袖缝线迹是否合适，有无抽线等现象。

　　⑬左右袖口是否大小一致，是否熨烫平整。

　　⑭袖口开衩是否对称，平服。

　　⑮袖口钉扣是否对称、牢固，位置是否准确。

　　⑯门襟是否对称美观，平服。

　　⑰底摆是否缉线顺直，线迹流畅。

　　⑱绱领松紧是否适宜。

　　⑲领下部有无起皱。

　　⑳育克是否位置适中，左右对称。

　　㉑侧缝长短是否对称，缝制是否美观，有无抽线。

　　㉒前身熨烫是否平整，有无烫亮、烫焦、漏烫等现象。

　　㉓后身是否熨烫平整，有无烫亮、烫焦、漏烫等现象。

　　㉔底摆是否熨烫平整。

　　㉕底摆是否顺直、平滑，左右是否对称。

　　（2）女西服裙的外形检查要点，如图9-5所示。

　　①检查腰部黏合衬是否黏合牢固，有无起泡现象。

　　②检查腰部宽窄是否一致，缉线是否顺直，线迹是否美观。

③检查腰头面和腰头里有无反吐。

④前片缉省是否对称，缉线是否美观。

⑤前片缉省是否顺直，倒回针是否牢固。

⑥前片有无色差、疵点、毛漏等质量问题。

⑦侧缝缉线是否顺直，线迹是否美观，有无抽紧、跳线，锁边有无毛漏。

⑧两边侧缝长短是否一致，形状是否对称。

⑨后片有无色差、疵点、毛漏。

⑩后片纱向是否正确。

⑪后片缉省是否对称，线迹是否顺直美观。

⑫省道长短是否正确，位置是否适宜。

⑬拉链是否顺滑，位置是否适宜。

⑭拉链缉线是否美观。

⑮开衩部位是否熨烫平整，有无毛漏。

⑯底摆是否水平，折边是否宽窄一致。

⑰腰头扣眼是否美观，大小是否合适。

⑱底摆缉线是否宽窄一致，美观牢固。

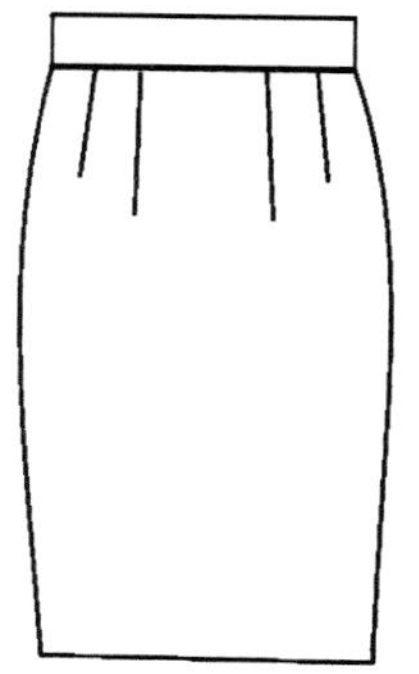

图9-5　女西服裙款式图

（3）男西裤的外形检查要点：如图9-6所示。

①检查前裤片有无色差、疵点或毛漏。

②检查面料纱向是否正确。

③检查各部位刀口是否正确。

④前片兜口位置是否对称，长短是否一致。

⑤检查兜口纱向有无变形。

⑥袋布是否缉线牢固美观。

⑦裤襻有无遗漏，尺寸是否相等。

⑧腰头是否宽窄一致，缉线美观。

⑨前片左右省是否对称，倒回针是否牢固。

⑩门襟缉线是否顺直，里襟是否反吐。

⑪拉链是否顺滑。

⑫腰头扣眼线迹是否美观，大小是否适宜。

⑬烫迹线是否左右对称、挺直，有无歪曲。

⑭左右侧缝是否长短一致，线迹是否适宜，有无抽紧。

⑮锁边线有无毛漏。

⑯后片省位是否对称，面料有无色差、疵点或毛漏等。

⑰袋口位置是否正确，左右是否对称。

⑱袋布缉线是否牢固美观。

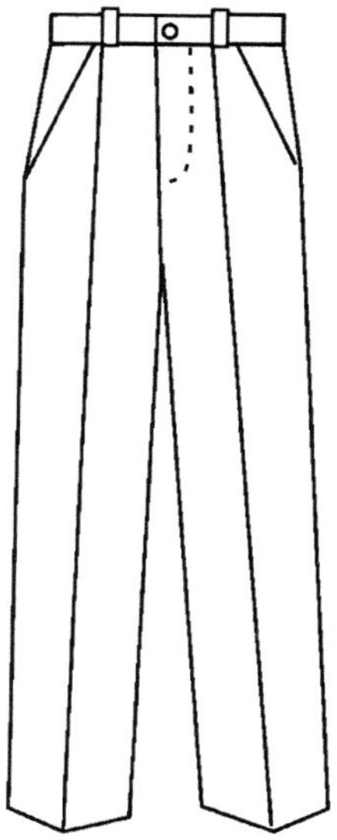

图9-6　男西裤款式图

⑲袋口封结是否牢固。

⑳后片左右烫迹线是否对称挺直。

㉑左右裤脚口是否大小一致。

㉒裤脚口是否圆顺，折边是否大小一致。

㉓左右裤腿长短是否一致。

㉔各部位封结是否牢固，整熨是否平整。

（4）下面以男衬衫为例介绍服装成品外形的品质控制方法（表9-2）。

表 9-2　衬衫成品外观的质量控制方法

检查部位	图示	常见问题	控制方法
上下领	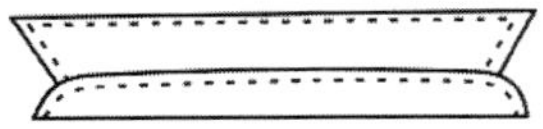	1. 领角不尖 2. 领起皱褶 3. 缉线不顺直	1. 将领面放平检查其领距 2. 由左至右检查 3. 反转领底用同样的方法检测
翻领	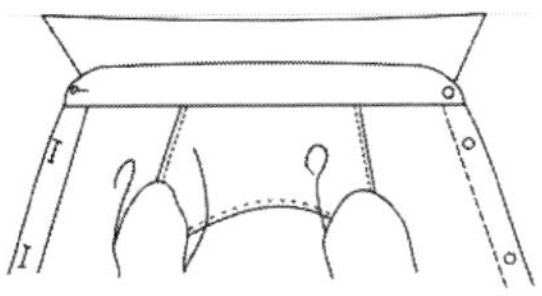	1. 翻领起皱 2. 翻领左右不对称	1. 将领按翻折线折好 2. 将领对折以左边和右边领尖为定点
前衣身	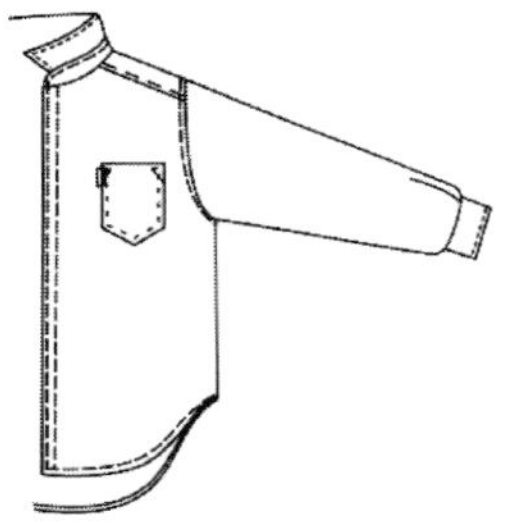	1. 左右肩线长短不一 2. 肩线开线	以领后中线（领骨）为固定点，对齐肩线
袖	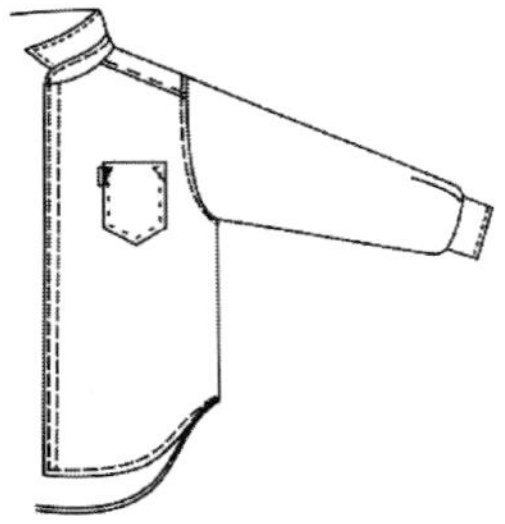	1. 袖长短不一 2. 袖窿长短不一 3. 腋下十字缝未对齐 4. 缉袖打褶 5. 袖口宽窄不一	1. 对齐袖山顶点，将袖折好，对齐袖克夫 2. 用手拿住袖山顶点，拉顺袖窿位置
袖克夫	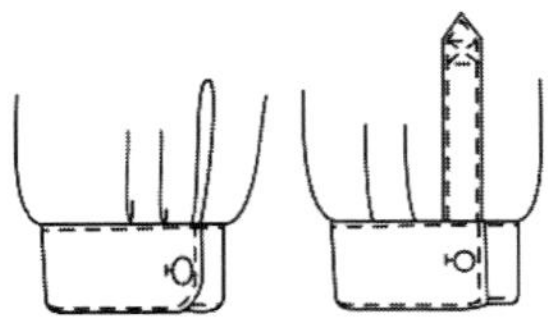	1. 袖头长短不一 2. 袖开衩开线 3. 袖开衩不对称 4. 袖开衩开错位置	1. 将袖头纽扣系好铺平 2. 将袖头纽扣解开将其重叠对齐

续表

检查部位	图示	常见问题	控制方法
衣身正面		1. 扣眼位置不正 2. 门襟扭曲 3. 衣身扭曲 4. 面料有瑕疵	1. 将衣身面向上，由左至右检查 2. 检查左右袖
衣身里面		1. 锁边线松紧不适 2. 锁边线跳线 3. 下摆开线	将衣身反转，里部向上，检查锁边线

第二节　服装质量控制技术标准与方法

　　服装质量控制技术标准包括男女衬衫、男女单服装、男女棉服装、男女儿童装、男女毛呢上衣、大衣和男女毛呢裤等七个标准。这七个标准与"号型系列"标准一样，都是国家服装标准的一部分。每个都对号型规格系列、辅料、技术、等级划分、检验、包装等方面的要求做出明确规定。七个技术标准的这些规定，基本精神是一致的，只是因品种不同，在细节的要求上有所不同。

　　各个技术标准从保证服装质量的各个方面对产品提出了具体要求。这些要求是衡量服装质量的尺度，是服装产品的技术法规。通常说服装质量是否合格，这个"格"就是指"标准"。凡符合技术标准各项要求的产品就是合格品。因此，生产服装的企业，必须以技术标准为准绳来监督和检验服装产品质量。同时，为保证产品质量达到国家标准要求，生产企业还必须制定确保技术标准能彻底执行的措施。下面以男女单服装标准为主，说明技术标准的各项内容。

　　男女单服装因缝制工艺的特点，在面料的使用上有一定的范围。男女单服装标准，适宜于以棉麻或棉型化学纤维等织物为原料的服装。所谓棉型化纤织物是指用棉纺工艺处理方法织成的化纤面料，不包含棉的成分或以化学纤维与棉纤维按棉纺工艺混纺或交织而成的面料。

男女单服装标准，适用于成批生产的服装。所谓成批生产，其特征是：无论生产数量多少，只要在生产前没有经过"量体裁衣"环节，生产后又以商品的形式投放市场的都叫成批生产，属于工业生产的性质。它与门市来料加工的最大区别是：门市来料加工必须对消费者进行具体的量体，并按其体型特点进行裁剪与缝制，是服务性质。

一、号型规格质量标准

1. 号型设置

男女单服装号型设置，必须按《服装号型系列》标准的有关规定进行。在《服装号型系列》所规定的5·4系列、5·2系列中，各地区以能满足市场需要为原则，按品种的需要选用适当的系列并安排生产。号型规格不够使用时，可以增设号型规格。

2. 成品规格的测量方法及公差范围

具体的成品规格测量方法在前一节已经介绍过，这里要特别强调测量长度时，一律以左侧为准。测量的起始点必须按照规定。臀围的策测量方法是以臀围线为准，因此，在测量裤后片臀围时，应将后翘高去掉，才能准确测量臀围。

对正负公差应该有一个正确认识。不要为了省料而利用公差；也不要认为长点或大点好而去追求公差。标准所允许的公差范围，是针对服装在生产过程中的误差提出的，决不要人为允许公差就是不严格要求产品规格，生产中只能以规定的规格尺寸为准。具体的规格公差规定见表9-3。

表 9-3　服装成品规格公差表　　　　　单位：cm

服装种类	部位名称	公差
衬衫	领长	±0.6
	衫长	±1
	袖长（长）	±0.8
	袖长（短）	±0.6
	胸围	±1.5~2
	肩宽	±0.8
男女单服装	衣长	±1
	胸围	±1.5~2
	领长	±0.7
	总肩宽	±0.8
	裤长	±1~1.5
	腰围	±1~1.5
	臀围	±2

续表

服装种类	部位名称	公差			
		上衣	短中大衣	长大衣	裤
男女棉服装	衣长	±1	±1.5	±2	
	胸围	±1.5~2	±1.5~2	±1.5~2	
	领长	±0.7	±1	±1	
	总肩宽	±0.8	±0.8	±0.8~1.5	
	腰围				±1~1.5
	臀围				±2
男女童单服装	衣长	±1			
	胸围	±16			
	领长	±0.6			
	袖长	±0.7			
	总肩宽	±0.7			
	裤长	±1			
	腰围	±1.4			
	臀围	±1.8			
男呢上衣	衣长	±1			
	胸围	±1~1.5			
	领长	±0.6			
	袖长	±0.7			
	总肩宽	±0.7			

服装种类	部位名称	上衣	大衣
女毛呢上衣	衣长	±1	±1.5
	胸围	±1.5~2	±1.5~2
	领长	±0.6	±0.6
	袖长	±0.7	±0.7
	总肩宽	±0.7	±0.7
男女毛呢裤	裤长	±1~1.5	
	腰围	±1.5~2	
	臀围	±2	

二、辅料规定

衬布、缝纫、锁眼线性能直接关系到服装内在质量，线及纽扣也涉及服装外观。因此，质量标准也做出一些规定。衬布的使用，要求化纤面料最好使用化纤衬布，必须预先进行缩水处理。化纤面料的用线，应使用化纤线。

所谓线与面料相适应，包括色泽、质地、牢度、缩水率等方面，两者应大致相当。相适应的原则，以能保证服装的内在质量与外观质量为准。

鉴于目前服装辅料的实际情况，确定四针包缝的全部用线，五针包缝的缝制部分用线，平缝机的缝制用线，必须与面料相适应。包括用线条件不具备的地区，可使用其他线。

纽扣色泽应与面料色泽相称。所谓相称，这里是从色相和色彩明度考虑，色泽应该一致。在同类之间或类似色之间，通常的经验是：深色面料的纽扣，配深不配浅，浅色面料的纽扣配浅不配深。

纽扣在服装上的装饰作用是很重要的，被誉为"服装的眼睛"，因此，纽扣与面料匹配，以及女装与童装中的装饰效果，都要以加强服饰的美感为准。

至于质地相称，是对感觉而言。无论纽扣制作的材料怎样，只要它的外观和质地与面料相称，就可以相匹配。

三、对条对格质量标准

条格是指一个完整的条、格图案设计单元。每个完整的条、格设计单元在1cm以上的，如图9-7所示。遇格子大小不一的情况，图中确定了主要部位，但并不是说，不是主要部位的地方就不对格，只是要求稍放宽一点。

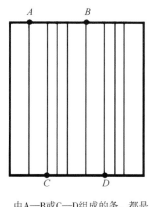

由A—B或C—D组成的条，都是一个完整的设计图案，为一个条

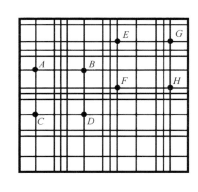

由ABCD或EFGH组成的格，都是一个完整的图案设计单元，称为一个格

图9-7　对条对格质量标准示意图

纬斜允差，指纬纱纱向的允许倾斜程度。指色织格料，不包括印格原料。允许倾斜程度不大于3%，是以衣片宽为基础来衡量的。以纬纱的一端作垂直于经纱的水平线，倾斜纬纱的另一端便与水平线有一定距离，这个距离不能大于衣片宽的3%。纬斜率的计算公式是：

$$纬斜率=（纬纱倾斜与水平线最大距离÷衣片宽）×100\%$$

如前衣片下摆宽30cm，倾斜一端的纬纱与该纬纱水平线的最大距离是0.6cm，那么，其倾斜程度是：

$$0.6 \div 30 \times 100\% = 2\%$$

这个倾斜是允许的。

如果倾斜距离不是0.6cm，而是1cm，那么其倾斜程度是：

$$1 \div 30 \times 100\% = 3.33\%$$

这个倾斜程度超过了允许范围。

简便的计算方法是：

$$衣片宽 \times 纬斜率3\% = 纬纱的最大值（厘米）$$

如果实际倾斜程度，大于用简便方法计算的纬纱允斜的最大值，便不符合标准的要求。

纬斜示意图如图9-8所示。

"标准"中规定前身底边不倒翘。什么是倒翘呢？服装前面的横条纹，高于侧缝（摆缝）处横条纹，不在同一水平线上，谓之倒翘。有倒翘现象的服装，虽纬斜没有超过3%也不允许。倒翘示意图如图9-9所示。

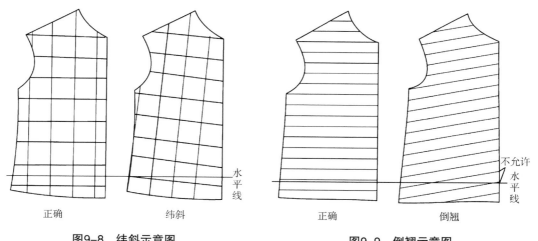

图9-8　纬斜示意图　　　　　　　　图9-9　倒翘示意图

"标准"规定有：倒顺绒、格料，全身顺向一致。倒顺绒是指原料表面的绒毛有方向性的倒伏（如灯芯绒），无论顺毛裁剪或倒毛裁剪，全身必须顺向一致。如图9-10所示。

有的条格料，格条之间排列不对称，或者颜色有差异，如果不注意顺向一致，就不可能对格，影响服装外观。

有的面料图案有主次之分，"标准"规定以主图为主，全身向上一致。如图9-11所示，图中虚线内为主图，各衣片的主图不能颠倒。

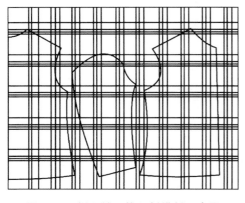

图9-10 倒顺绒，格面料排料示意图

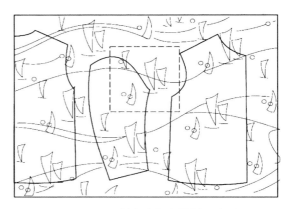

图9-11 面料主次图案排料示意图

四、表面部位拼接范围

"标准"规定，男裤腰接缝在后缝处，女裤腰接缝允许在后腰一处。女裤腰的接缝应在后腰哪一个地方，各地按产品要求自行确定。这个规定是对产品表面部位的要求，对非表面部位（如上装挂面）未作规定。是否可以随便拼接呢，不是，鉴于全国标准不宜规定过细，只从主要方面加以规定和统一，其他方面各地可自行规定。

"标准"还规定：裤后裆允许拼角，长不超过20cm，宽不大于7cm，窄不小于3cm。其拼接范围，如图9-12所示，在示图斜线部分内。其拼缝必须与经纱纱向一致。

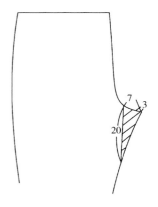

图9-12 裤后裆拼角

五、色差规定

色差规定是对原料的要求。原料质量虽不属服装工业所能决定，但在服装标准上要体现国家和人民的利益。根据纺织工业现有的水平和人们对服装质量的要求，标准应作出相应规定。

"标准"的色差规定：上装领、袋面料、裤侧缝色差高于4级。其含义是色差程度高于4级而不到5级。这几个部位是服装的主要部位，故要求要高一点。其他表面部位4级，其含义达到4级就符合规定。从目前原料的印染质量看，这个要求也是不低。达到这个规定，我们在生产上需要采取许多措施。如再降低规定，消费者就接受不了。因此，色差问题是我们必须认真解决好的一个重要问题。

检验色差的工具——"染色牢度褪色样卡"是用五对灰色标组成的，分为五个等级。五级代表褪色牢度最好，色差等于零，4级至1级代表褪色相对递增的程度，1级表示最严重。

检验服装产品时，将有色差的部位平列置于样卡上，分别与每对灰色标样比较。其色差相当于某对灰色标样，即评为该灰色标样的等级；介于两者之间，则评为中间等级，如2～3级，4～5级等。使用样卡时应将5级标样置于上端，遮盖其他部分，使评记部分露于方孔中。

评级应采用晴天北面光线，光线投射于样卡上的角度约为45°，视线与样卡平面近乎垂直。样卡应妥善保管，防止沾污与擦伤，且避免在阳光下暴晒。样卡如有损坏或变化。应立即停止使用。

六、外观疵点与缝制要求

1. 外观疵点

疵点中有两个问题需要说明。首先每个独立部位只允许疵点一处，如果在同一部位出现两个同样的疵点，应按等级划分中超越一个部位的规定考核，确定其产品的等级，如果在同一部位出现两个不同疵点，按严重的一个来确定产品登记。其次，什么是独立部位？独立部位是"标准"对衣片所划分的区域，按衣片的主次部位，分1、2、3、4四个区域，每个独立部位，就是指衣片上的一个区域。如上装有两个前片，每片胸部都属1部位，每个部位就是一个独立部位，两个1部位就是两个独立部位。在胸部这个独立部位中，既有衣片，又有贴袋和袋盖。标准规定每个独立部位只允许次疵点一处，就是说，衣片上有疵点，在这个独立部位内的贴袋和袋盖上就不允许再有疵点。

2. 缝制要求

针距密度中规定明线（包括不见明线的暗线）的针距，14～18针/3cm。稀密程度相差很大，其原因是面料的品种很多，不同的面料应选不同的针距，以保证产品外观和牢固。如硬质面料针距可以稀一点，原料质地松软的面料一般针距可以密一点。

表面不见线的暗线，按明线规定要求，是保证缝线质量所必需的。锁眼、钉扣的粗、细线规定，按机锁钉与手锁钉而确定。手钉扣每眼不少于四根线，是因一般用双线每眼钉两针而要求的。

误差在线路规定中，线路顺直是指各缝制部位的线路不准随便弯曲，要符合服装造型的需要；整齐，指线路不重叠，无跳针、抛线，针迹清晰好看；牢固，指缝制的起始倒回针牢固搭头线的长度适宜，无漏针、脱线现象；松紧适宜，指缝线松紧要与面料厚薄、质地相适应。

缝制质量中的对称部位，要求基本一致，是因为我们行业仍处于手工操作，对称部位的误差是难以避免的。但没有具体规定范围是多大，其衡量方法是：目测两个对比部位，无明显差异就为基本一致。

七、整烫外观与等级划分

1. 整烫外观

服装外观质量，除衬衫已作为主要项目外，其他产品的外观质量由于包装等原因，还没有作为整个产品的重点项目。"标准"把它作为衡量产品质量等级的一个指标进行考核，对外观质量的提高将起促进作用。"标准"规定各部位熨烫平服整洁、美观、折叠端正，这个要求的中心就是为了保证外观质量。

2. 等级划分

等级划分是衡量产品质量优劣的一把尺子，也是生产效果的最终反映。在等级划分中规定，成品定等以件为单位，分为一等、二等、三等品。在同一件品种内出现不同品等，按最低品等定等。在规格、缝制、外观、色差、疵点五项指标的各条规定中，有一条不合规定，就按其情况进行降等。其要求比较严格，这有利于全面提高产品质量。当然，二等、三等品如能整修，经过整修后符合一等品可不降等。

（1）规格：一等品上衣的衣长、袖长、胸围、领大、总肩宽、裤子的裤长、腰围、臀围各部位规格不超过公差规定。二等品按规定超公差50%以内（包括50%）。三等品为超公差100%以内（包括100%）。

（2）缝制：一等品符合对条对格、表面部位拼接范围和缝制规定。

对条对格，二等品不超过规定一倍，如左右前身规定：条料顺直，格料对横，互差不大于0.4cm。若互差在0.8cm以内是二等品，0.8cm以上就是三等品。

拼接范围，一等品后裆拼角长不超过20cm。若长在20cm以内，不超过规定的10%，为二等品，22cm以上就是三等品。

缝制规定中，一等品各部位线路顺直、整齐、牢固、松紧适宜；领子平服不翻翘；绱袖圆顺，前后基本一致；眼位不偏斜，扣与眼位相对；对称部位基本一致。凡不符合上述规定其中一条或一条以上，但不影响牢度的为二等品，影响牢度的为三等品。

（3）外观：一等品各部位熨烫平服，整洁美观，折叠端正。有轻微污迹的为二等品，有明显污迹的为三等品。这比较抽象，怎样来区分呢？我们认为，凡属目测考核的项目，按60cm的距离和与被测物成45°角的这个规定的方法，衡量其被测物属于什么程度。面积较小，脏污程度较浅的为二等品，严重的为三等品。污迹经洗涤后，不影响外观质量的仍为一等品。

（4）色差：一等品即上装领、袋面料、裤侧缝色差高于4级，其他部位4级。这就明确规定，其他部位4级，而袋、领、裤侧缝高于4级（不包括4级）。

（5）疵点：一等品符合标准第8条规定。即每个独立部位只允许疵点一处。如有两处、按超越一个部位处理，降为二等。如粗于一倍竹节纱，在1号部位允许1~2cm，2号部位是2~4cm，2号部位允许存在疵点如果在1号部位发现，是1号部位规定所不允许的，因此要降等。在等级划分中的"超越"，就是指2号部位允许存在的疵点在1号部位出现，称之为超越一个部位；如3号部位允许的疵点在1号部位出现，称之为超越2个部位。

成品的等级划分，要求相当严格。要使成品逐条逐款的都符合"标准"要求，并不是容易的事。各地在执行等级标准时，必须认真对待，不可以掉以轻心。

八、检验规定与包装标志

1. 检验规定

经检验后的成品不符合一等品的要求，应在商标处，盖等级标志，规定在商标处，一是明显易看，二是有利于消费者监督，体现我们产品的实事求是，按质论价。

漏检率是抽验数量中的不合格率，如抽验规定500件以下的，其抽验数为10件，如果有一件漏验，是符合不高于1%漏验率规定的，可以作为合格品出厂。漏验率若高于10%，应进行第二次抽验，抽验数可增加一倍，如漏验率仍高于10%，应全部整修或调换。

2. 包装标志

成品上要标志"号/型"。在目前对号型还不太熟悉的情况下，允许在"号/型"标志下边或吊牌上同时标明胸围和衣长的规格。修订后的服装号型标志，在服装上只标注号型，不标志组别，这是因为领大、总肩袖长在同一号型内，可以交叉搭配使用。

每件成品必须有商标或厂记，以表示对产品负责。所有的技术标准都把商标作为一条款写在标准里，应引起重视。包装按双方签订合约规定，没有双方规定的，企业可自行规定。此外，常用的企业标准是根据全国中上水平制定的。如地方或单位，为保持本地区或单位的特色，可制定比本标准要求更高的地方或企业标准。原有产品质量高于本标准的地区，在执行本标准时不许降低各自原定的标准要求。对目前尚达不到本标准所规定的水平，应积极创造条件，力争尽快达到标准要求。

第三节　单服装以外的其他质量控制标准有关说明

一、男毛呢上衣

高档与中档毛呢服装的划分是以产品的结构和工艺处理为依据的，而不是以面料好坏为标准。在毛呢服装中，标准只规定了外观质量的要求，对内在质量没有做出具体规定，但内在质量与外观质量是一个紧密联系的整体，没有内在质量的基础，就不能反应外观质量的效果。规定外观质量要求的本身，就是对内在质量的要求。规定外观质量的目的是有利于各地发扬传统工艺特点和不断采用新技术、新工艺的基础上，以促进服装工业的发展。男、女毛呢服装经纬纱向技术规定：前衣片以前领宽线（领开门线）为准，不允斜。在一些教材中，规定前片经纱以开门线为准，不允斜，指的是止口处的垂直线，测量时因撇门关系，规定以开门线下段为准进行测量。因术语未统一，各地理解不一致。

　　该处改为以领宽线为准，其意思是，以领宽线（领开门线）为准。具体应用时，以领宽线的延长线平行移至止口处，测量时，仍以止口下段（即以前材料的开门线下段）的经纱测量。上衣倾斜程度的控制。如图9-13所示。

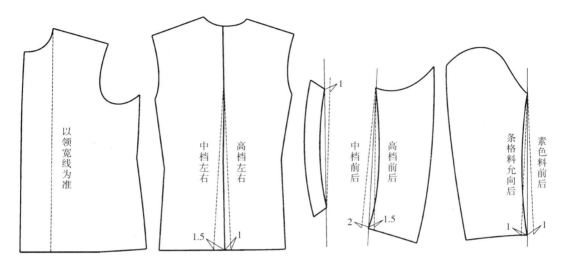

图9-13　上衣倾斜程度示意图

二、男女毛呢裤

　　标准规定中档毛呢裤门、里襟有衬，当前很多地区因辅料原因，中档毛呢裤门、里襟不使用衬布。对此各地区可根据地区情况，以确定其是否使用衬，详见第一章。如图9-14所示。

三、男女棉服装

　　棉服标准包括男女棉上衣、长短大衣以及儿童棉服装。棉服裤子对条、对格规定指出成年人裤子的要求，儿童棉服与单服规定一致，在条格上不做规定。需提出说明的是：铺棉薄厚均匀，适宜。均匀指平坦，适宜指应薄的部位需要薄，应厚的地方需要厚。

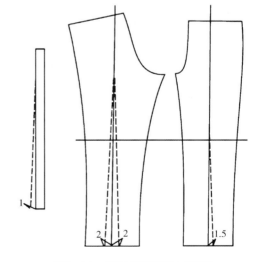

图9-14　裤子倾斜标准示意图

四、男女儿童单棉服

绣花线、嵌线、镶料、花边等色牢度与面料相适应，因这些辅料都是用于主要外观部位，若褪色与面料不适应，会影响服装的美观，故要求与面料相适应。对条、对格只规定了上衣，裤子未做规定，是因童装不宜要求过高，如地方需要可另行规定。

五、衬衫

测量男衬衫衣长要前后身底边拉齐，由领侧最高点垂直量至底边。因男衬衫后肩借给前身较多，所以测量男衬衫衣长与女衬衫和单服上装都不一样。

参考文献

［1］欧阳心力，等．服装工艺学［M］．北京：中国纺织出版社，2000．

［2］孙兆全，等．服装缝制工艺与成衣纸样［M］．北京：中国纺织出版社，2002．

［3］刘国联，等．服装生产管理［M］．沈阳：辽宁美术教育出版社，2001．

［4］包昌法．裁剪缝纫200问［M］．沈阳：辽宁科学技术出版社，1984．

［5］陆根芳．男女服装弊病修正大全［M］．上海：上海科学普及出版社，1990．

［6］濮微．服装面辅材料的选择与应用［M］．上海：中国纺织大学出版社，2000．

［7］张文斌，等．服装工艺学：成衣分册［M］．2版．北京：中国纺织出版社，2001．

［8］李爱娟，等．出口服装质量与检验［M］．北京：中国纺织出版社，1998．

［9］龙晋，等．服装设计裁剪大全［M］．北京：中国纺织出版社，1994．

［10］国家进出口商品检验局检验科技司．出口服装质量与检验［M］．北京：中国纺织出版社，1998．